高等学校大学计算机课程系列教材

应用密码学基础

微课视频版

李晓峰 编著

清華大學出版社
北京

内容简介

本书主要介绍应用密码学相关算法的原理、实现及应用，包括各类密码算法和协议设计的基本思想、密码发展的脉络、密码算法的编程实现、常用的密码分析方法等内容。

全书共18章。第1章为密码学概述，第2章介绍密码学研究内容，第3~5章讲解古典密码、流密码和分组密码，第6~10章讲解公钥密码系统、哈希函数、消息认证码、密钥管理和数字签名，第11章讲解安全服务和安全机制，第12、13章讲解协议及其安全分析，第14章讲解安全多方计算，第15章讲解比特币和区块链，第16、17章讲解可信计算和量子计算，第18章为商用密码应用安全性评估简介。

本书可作为高等院校计算机、信息安全和网络空间安全等相关专业的教学用书，也可作为应用密码学初学者的参考用书，同时适用于从事应用密码学相关行业的开发、研究人员进行查阅和使用。

图书在版编目（CIP）数据

应用密码学基础：微课视频版 / 李晓峰编著. -- 北京：清华大学出版社，2024.12.
（高等学校大学计算机课程系列教材）. -- ISBN 978-7-302-67757-4

Ⅰ. TN918.1

中国国家版本馆CIP数据核字第20243G4C47号

策划编辑：魏江江
责任编辑：葛鹏程
封面设计：刘　键
责任校对：刘惠林
责任印制：沈　露

出版发行：清华大学出版社
网　　址：https://www.tup.com.cn, https://www.wqxuetang.com
地　　址：北京清华大学学研大厦A座　　邮　　编：100084
社 总 机：010-83470000　　邮　　购：010-62786544
投稿与读者服务：010-62776969, c-service@tup.tsinghua.edu.cn
质量反馈：010-62772015, zhiliang@tup.tsinghua.edu.cn
课件下载：https://www.tup.com.cn，010-83470236
印 装 者：三河市龙大印装有限公司
经　　销：全国新华书店
开　　本：185mm×260mm　　印　　张：15.5　　字　　数：367千字
版　　次：2024年12月第1版　　印　　次：2024年12月第1次印刷
印　　数：1～1500
定　　价：49.80元

产品编号：104841-01

前 言

党的二十大报告指出：教育、科技、人才是全面建设社会主义现代化国家的基础性、战略性支撑。必须坚持科技是第一生产力、人才是第一资源、创新是第一动力，深入实施科教兴国战略、人才强国战略、创新驱动发展战略，这三大战略共同服务于创新型国家的建设。高等教育与经济社会发展紧密相连，对促进就业创业、助力经济社会发展、增进人民福祉具有重要意义。

本书是在参考已有教材的基础上，按照自己对“密码学基础”课程的理解组织而成的，符合本科教学的特点。本科“密码学”课程的教学重点应该是使学生了解各类密码算法和协议设计的基本思想，了解密码发展的脉络，理解所设计的密码算法，编程实现基本密码算法，并了解常用的几种密码分析方法。此外，读者也可以通过本书了解与密码应用有关的法律、法规、标准（特别是一些评价和测评标准）等内容。

全书共 18 章。第 1 章为密码学概述，第 2 章介绍密码学研究内容，第 3~5 章讲解古典密码、流密码和分组密码，第 6~10 章讲解公钥密码系统、哈希函数、消息认证码、密钥管理和数字签名，第 11 章讲解安全服务和安全机制，第 12、13 章讲解协议及其安全分析，第 14 章讲解安全多方计算，第 15 章讲解比特币和区块链，第 16、17 章讲解可信计算和量子计算，第 18 章为商用密码应用安全性评估简介。

本书在编写过程中预期达到的目标如下。

（1）通过查阅相关基础材料，可以理解密码算法和协议。

（2）通过编程实现密码算法和协议。算法的实现是本课程的基本能力要求，为此需要特别注意实验课程的安排。实验结果通过码云（gitee）提交，以熟悉一些常用的工程工具。基本算法通过使用 GNU MP 库实现，既可以了解如何使用第三方库实现算法，也可以了解算法底层实现细节。

（3）了解常用的密码分析方法，并能够编程实现常见的分析算法。

（4）本书有时会直接引用原始文献的内容，主要目的是通过原始文献的内容，让读者更多地体会解决问题的思路，而不是只简单地了解结论。为便于读者学习和理解，已将书中所参考的部分经典文献译为中文，在本书目录上方的资源下载二维码中可以获取。

（5）对密码相关法律、法规、标准等有所了解。本书将部分资料直接放进正文中，这些资料在学习相关概念时的帮助很大，有兴趣的读者可以进行扩展。其他资料均放在附录中，这些资料的目的是希望能够扩展阅读、启发思路，并对英文的一些术语进行介绍，有助于读者进行深入学习。

为便于教学，本书提供丰富的配套资源，包括教学课件、教学大纲、电子教案、习题答案和微课视频。

资源下载提示

数据文件：扫描目录上方的二维码下载。

微课视频：扫描封底的文泉云盘防盗码，再扫描书中相应章节的视频讲解二维码，可以在线学习。

由于编者水平有限，书中难免存在错误和不妥之处，请读者不吝指出。

编　者

2024 年 10 月

目 录

资源下载

第1章

密码学概述

CHAPTER 1

本章将对与信息安全、密码学相关的基本概念进行介绍。

1.1 信息的定义

“信息”一词在英文、法文、德文、西班牙文中均是 information，日文中为“情报”，我国台湾称为“资讯”，我国古代用的是“消息”。“信息”作为科学术语最早出现在哈特莱（Hartley）于 1928 年撰写的《信息传输》一文中①。20 世纪 40 年代，信息的奠基人香农（Shannon）② 给出了信息的明确定义。此后，许多研究者从各自的研究领域出发，给出了不同的定义。具有代表意义的信息表述如下③。

（1）信息奠基人香农认为“信息是用来消除随机不确定性的东西”。这一定义被人们看作经典性定义并加以引用。

（2）控制论创始人维纳（Wiener）认为“信息是人们在适应外部世界，并使这种适应反作用于外部世界的过程中，同外部世界进行互相交换的内容和名称”。该定义也被作为经典性定义并加以引用。

（3）经济管理学家认为“信息是提供决策的有效数据”。

（4）电子学家、计算机科学家认为“信息是电子线路中传输的信号”。

（5）我国著名的信息学专家钟义信教授认为“信息是事物存在方式或运动状态，是这种方式或状态直接或间接的表述”。

（6）美国信息管理专家霍顿（Horton）给信息下的定义是：“信息是为了满足用户决策的需要而经过加工处理的数据。”简单地说，信息是经过加工的数据，即信息是数据处理的结果。

根据对信息的研究成果，科学的信息概念可以概括为：信息是对客观世界中各种事物的运动状态和变化的反映，是客观事物之间相互联系和相互作用的表征，表现的是客观事物运动状态和变化的实质内容。

1.2 信息传输示例

现在思考一个问题，假设你看到了如图 1.1 所示的景观。

---

① HARTLEY R V. Transmission of information[J/OL]. The Bell System Technical Journal，1928，7(3): 535-563. DOI: 10.1002/j.1538-7305.1928.tb01236.x.

② 香农被称为信息论的创始人。1938 年，香农获得电气工程硕士学位，其硕士论文题目是“A Symbolic Analysis of Relay and Switching Circuits”（继电器与开关电路的符号分析）。当时他已经注意到电话交换电路与布尔代数之间的类似性，即将布尔代数的“真”与“假”和电路系统的“开”与“关”对应起来，并用 1 和 0 表示。他用布尔代数分析并优化开关电路，奠定了数字电路的理论基础。1948 年 6 月和 10 月，香农在《贝尔系统技术杂志》（*Bell System Technical Journal*）上连载发表了具有深远影响的论文“A Mathematical Theory of Communication”（通信的数学原理）。1949 年，香农又在该杂志上发表了另一著名论文“Communication in the Presence of Noise”（噪声下的通信）。在这两篇论文中，香农阐明了通信的基本问题，给出了通信系统的模型，提出了信息量的数学表达式，并解决了信道容量、信源统计特性、信源编码、信道编码等一系列基本技术问题。两篇论文成为信息论的奠基性著作。1949 年，香农发表了另一篇重要论文“Communication Theory of Secrecy Systems”（保密系统的通信理论），它的意义是使保密通信由艺术变成科学。

③ 本部分信息来自百度百科词条。

图 1.1　看到的景观

信息传输的一般过程如下。

你看到了什么?
你想到了什么?
你想告诉大家什么?（你想发送的信息）
你怎么告诉大家?（编码和传输）
别人收到了什么?（接收编码）
别人得到了什么?（解码）
别人想到了什么?

你面前的事物在感受的同时就已经片面化了，这种感受进入意识里并被意识编码，这种意识转换为想告诉大家的事，即成为想法。此时需要告诉大家对想法用语言进行编码，将语言通过语音传给对方，对方接收、识别后进行反向操作，一直恢复到“想法”层（知道了对方的这个想法）。到这一层通常是没有问题的，但恢复到与对方认知完全相同就很难了。

1.3　Information 与 Message 的对比

在 Oxford 网络词典中，information 的解释如下。

```
information:
1.facts provided or learned about something or someone.
2.what is conveyed or represented by a particular arrangement
or sequence of things.
```

在 Merriam-Webster 网络词典中，information 的解释如下。

```
information:
1.the communication or reception of knowledge or intelligence
2.a
(1) : knowledge obtained from investigation, study, or instruction
```

```
(2) : intelligence, news
(3) : facts, data
2.b: the attribute inherent in and communicated by one of two or more
    alternative sequences or arrangements of something (such as nucleotides
    in DNA or binary digits in a computer program) that produce specific
    effects
2.c
(1) : a signal or character (as in a communication system or computer)
    representing data
(2) : something (such as a message, experimental data, or a picture) which
    justifies change in a construct (such as a plan or theory) that
    represents physical or mental experience or another construct
2.d: a quantitative measure of the content of information
specifically : a numerical quantity that measures the uncertainty in the
outcome of an experiment to be performed
3: the act of informing against a person
4: a formal accusation of a crime made by a prosecuting officer as
distinguished from an indictment presented by a grand jury
```

在 Oxford 网络词典中，message 的解释如下。

```
message:
1. a verbal, written, or recorded communication sent to or left for a
    recipient who cannot be contacted directly.
2. a significant point or central theme, especially one that has political,
social, or moral importance.
```

在 Merriam-Webster 网络词典中，message 的解释如下。

```
message:
1: a communication in writing, in speech, or by signals
Please take this message for me to my friend.
2: a messenger's mission
the girl will go on a message to the shop
— Cahir Healy
3: an underlying theme or idea
the message is that it is time to change
— The Economist
```

从字典的解释可以看出，information 侧重于内在和实质（facts，knowledge or intelligence），message 侧重于特定（in writing，in speech，or by signals）的通信。

1.4 数据

在 Merriam-Webster 网络词典中，data 的解释如下。

```
data:
1: factual information (such as measurements or statistics) used
as a basis for reasoning, discussion, or calculation
2: information in digital form that can be transmitted or processed
3: information output by a sensing device or organ that includes
both useful and irrelevant or redundant information and must
be processed to be meaningful
```

从汉字的解释来看，“数”是量，数量；“据”是可以作为证据的事物。

数据（data）是事实或观察的结果，是对客观事物的逻辑归纳，是用于表示客观事物的未经加工的原始素材。数据可以是连续的值，如声音、图像，称为模拟数据；也可以是离散的值，如符号、文字，称为数字数据。在计算机系统中，数据以二进制信息单元 0，1 的形式表示。数据是信息的表现形式和载体，而信息是数据的内涵。信息加载于数据之上，对数据进行具有含义的解释。

数据可以承载信息，但不是信息的唯一载体。

1.5　编码

Wolfram Mathworld 中关于编码（coding）理论的解释如下。

> Coding theory, sometimes called algebraic coding theory, deals with the design of error-correcting codes for the reliable transmission of information across noisy channels. It makes use of classical and modern algebraic techniques involving finite fields, group theory, and polynomial algebra. It has connections with other areas of discrete mathematics, especially number theory and the theory of experimental designs.

编码理论，有时被称为代数编码理论，涉及纠错码的设计，目的是在有噪声的信道上可靠地传输信息。它利用了有限域、群论和多项式代数等经典和现代代数技术。它与离散数学，特别是数论和实验设计理论相关。①

这种解释是在通信系统中的解释，更为宽泛的一种定义是：编码是信息从一种形式或格式转换为另一种形式的过程，如将字符编码为一串数字，或将数字转换成规定的电脉冲信号等。如果将编码视为一个过程，那么自然就会有一个解码的逆过程与其对应。

文献随录

1.6　计算机字符显示分析示例

1.6.1　信息的表达

语言是进行信息表达的一种主要方式，是人类对于信息的一种编码方式，如英语、汉语。除了语言，人类还有其他信息编码方式，如绘画和音乐也应该是一种信息的编码方式，

① 目前还有一种加了保密编码的分法，这是为了得到安全特性而采用的编码方法。

但是这样的编码方式更加适合感觉、情感的编码。

下面以计算机编码为例，理解信息编码的作用。计算机编码主要分为字符编码、显示编码（点阵编码、轮廓编码）和输入编码，如图 1.2 所示。

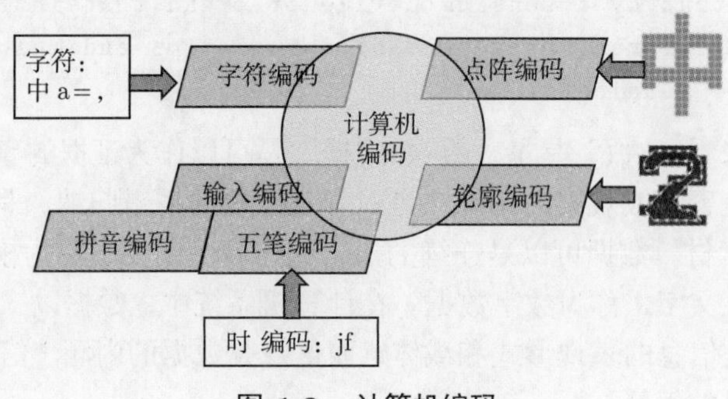

图 1.2　计算机编码

1.6.2　字母和数字的计算机编码

1. ASCII 编码

26 个英文字母和 0~9 的数字在计算机中的编码方式是什么？很多人都会想到 ASCII。ASCII 的定义如图 1.3 所示。

Hex	Dec	Char		Hex	Dec	Char	Hex	Dec	Char	Hex	Dec	Char
0x00	0	NULL	null	0x20	32	Space	0x40	64	@	0x60	96	`
0x01	1	SOH	Start of heading	0x21	33	!	0x41	65	A	0x61	97	a
0x02	2	STX	Start of text	0x22	34	"	0x42	66	B	0x62	98	b
0x03	3	ETX	End of text	0x23	35	#	0x43	67	C	0x63	99	c
0x04	4	EOT	End of transmission	0x24	36	$	0x44	68	D	0x64	100	d
0x05	5	ENQ	Enquiry	0x25	37	%	0x45	69	E	0x65	101	e
0x06	6	ACK	Acknowledge	0x26	38	&	0x46	70	F	0x66	102	f
0x07	7	BELL	Bell	0x27	39	'	0x47	71	G	0x67	103	g
0x08	8	BS	Backspace	0x28	40	(	0x48	72	H	0x68	104	h
0x09	9	TAB	Horizontal tab	0x29	41	)	0x49	73	I	0x69	105	i
0x0A	10	LF	New line	0x2A	42	*	0x4A	74	J	0x6A	106	j
0x0B	11	VT	Vertical tab	0x2B	43	+	0x4B	75	K	0x6B	107	k
0x0C	12	FF	Form Feed	0x2C	44	,	0x4C	76	L	0x6C	108	l
0x0D	13	CR	Carriage return	0x2D	45	-	0x4D	77	M	0x6D	109	m
0x0E	14	SO	Shift out	0x2E	46	.	0x4E	78	N	0x6E	110	n
0x0F	15	SI	Shift in	0x2F	47	/	0x4F	79	O	0x6F	111	o
0x10	16	DLE	Data link escape	0x30	48	0	0x50	80	P	0x70	112	p
0x11	17	DC1	Device control 1	0x31	49	1	0x51	81	Q	0x71	113	q
0x12	18	DC2	Device control 2	0x32	50	2	0x52	82	R	0x72	114	r
0x13	19	DC3	Device control 3	0x33	51	3	0x53	83	S	0x73	115	s
0x14	20	DC4	Device control 4	0x34	52	4	0x54	84	T	0x74	116	t
0x15	21	NAK	Negative ack	0x35	53	5	0x55	85	U	0x75	117	u
0x16	22	SYN	Synchronous idle	0x36	54	6	0x56	86	V	0x76	118	v
0x17	23	ETB	End transmission block	0x37	55	7	0x57	87	W	0x77	119	w
0x18	24	CAN	Cancel	0x38	56	8	0x58	88	X	0x78	120	x
0x19	25	EM	End of medium	0x39	57	9	0x59	89	Y	0x79	121	y
0x1A	26	SUB	Substitute	0x3A	58	:	0x5A	90	Z	0x7A	122	z
0x1B	27	FSC	Escape	0x3B	59	;	0x5B	91	[	0x7B	123	{
0x1C	28	FS	File separator	0x3C	60	<	0x5C	92	\	0x7C	124	|
0x1D	29	GS	Group separator	0x3D	61	=	0x5D	93	]	0x7D	125	}
0x1E	30	RS	Record separator	0x3E	62	>	0x5E	94	^	0x7E	126	~
0x1F	31	US	Unit separator	0x3F	63	?	0x5F	95	_	0x7F	127	DEL

图 1.3　ASCII 定义表

ASCII 除了对字母和数字进行编码外，还对 Space、Esc、Enter 等控制字符和部分格式字符进行编码。

ASCII 第一次作为规范标准发布是在 1967 年，最后一次更新则是在 1986 年。ASCII 至今为止共定义了 128 个字符，其中 33 个字符无法显示（在现代操作系统 Windows 下无法显示，但在 DOS 模式下可显示出诸如笑脸、扑克牌花式等符号），且这 33 个字符多数都已是陈废的控制字符（控制字符主要是用来操控已经处理过的文字）；在 33 个字符之外的是 95 个可显示的字符，按下空白键所产生的空白字符也算作 1 个可显示字符（显示为空白）。

2. 汉字编码

当计算机进入中国后，要想形成本土应用，首先要解决汉字在计算机中的编码问题。北京大学教授、方正的创始人王选院士研发了计算机汉字激光照排技术，汉字编码是其重要研究内容之一。

3. 字符编码

现在常用的编码模式为 Unicode。

查看字符 Unicode 编码，有很多第三方工具可以使用。例如，通过微软的 `C:\Windows\System32\charmap.exe` 工具查找两种字体“等线”和“仿宋”中的“尺”，可以看到其 Unicode 编码显示都是 U+5C3A（0xB3DF）。

图 1.4 是应用程序 charmap 的界面截图。

图 1.4　charmap 界面截图

1.6.3 在计算机屏幕上显示字符

计算机屏幕是由一个个点组成的，那么最直观的想法是，每个字符显示时都对应一个点阵，提前定义好每个字符的点阵，这样就定义了字符在屏幕上的显示方式。

同一个字符有不同风格的书写方式，只要按照不同的书写风格定义出不同的点阵就可以实现。通常将字符的不同书写风格称为字体，将所有字符定义的某种显示方式统称为字库。

1.6.4 字体的显示方式

1. 直接描述点阵

在单片机控制的液晶显示面板上使用这种编码方式，如 8×8 的点阵就是 64 个点。小的液晶面板通常会有一个显示控制板，其重要特点就是有字库。图 1.5 是带字库的显示控制板。

图 1.5 带字库的显示控制板

对于点阵来说，明亮的点相对而言是稀疏的，如何用最小的空间存储是点阵存储所要解决的问题之一。由于这部分内容不是本书所要讲解的重点内容，这里不再赘述，感兴趣的读者可以查阅相关资料。

2. 描述轮廓

在计算机发展初期，王选院士所做的一项重要内容就是汉字的轮廓描述。

常见的 True type font 也是一种轮廓描述字体。图 1.6 是字符“2”的轮廓编码。

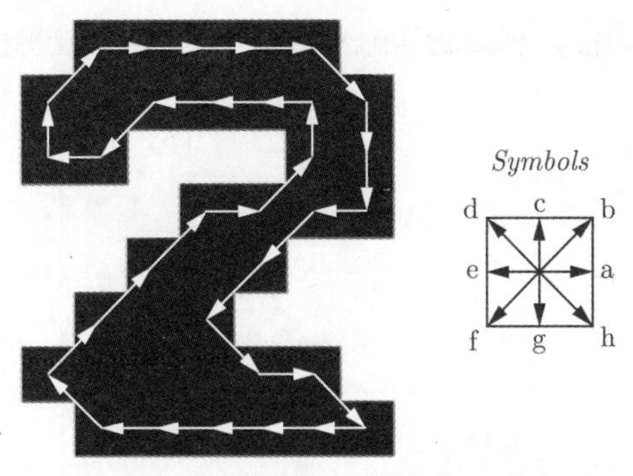

$A =$ aaaahggeffhaheeeeedbbbabceeefecb

图 1.6　字符“2”的轮廓编码

3. 两种方式的区别

想想字体放大缩小这个问题，就可以清楚地看到直接点阵编码和轮廓编码的区别。对于轮廓编码，原则上可以无限放大，而不影响显示效果；对于直接点阵编码，直接放大会出现马赛克，要想获得较好的显示效果，则需要进行显示前预处理。

4. 编辑字体

通过字体编码工具，可以定义一个新的字符（用未占有的编码号），也可以定义一个已有字符的新的显示方式。字体编码工具可分为以下两类。

（1）**微软自带的工具**。微软 Windows 操作系统中有自带的字体编辑工具，如`C:\Windows\System32\eudcedit.exe`，可以在命令行中执行此命令。图 1.7 是 eudcedit 界面截图。

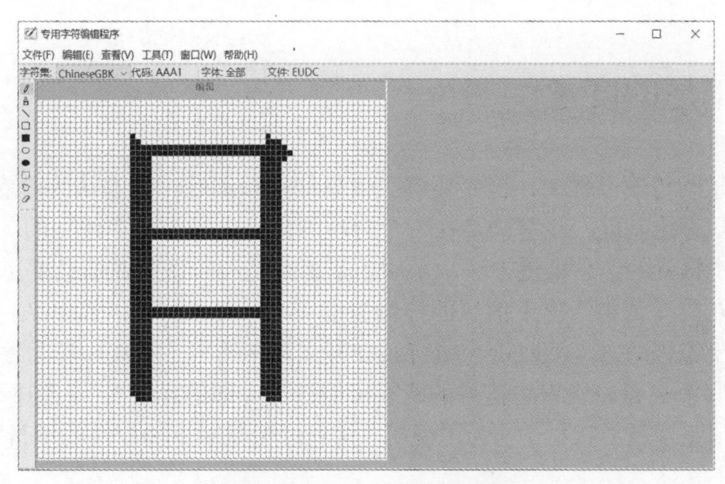

图 1.7　eudcedit 界面截图

（2）**第三方工具**。fontforge 原来是 sourceforge 开源网站上的项目，目前有自己的主页，源代码托管在 github 上。这个开源项目一直处于活跃状态，功能对标商业软件，目前被广泛使用。图 1.8 是 fontforge 界面截图。

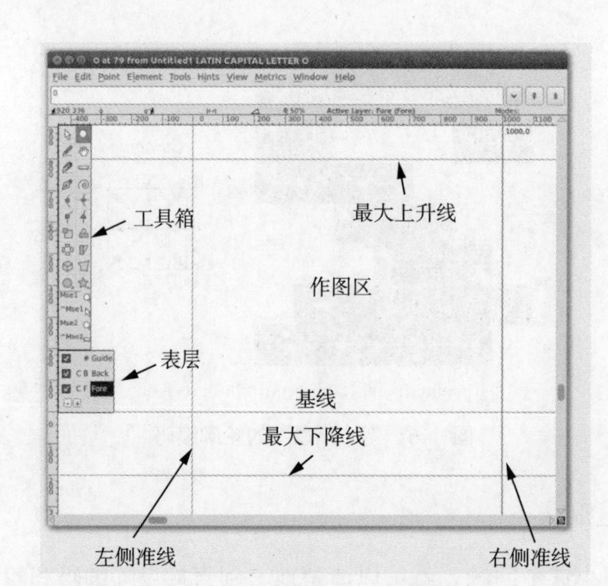

图 1.8 fontforge 界面截图

1.6.5 字符的输入编码

对于汉字输入，常用的有拼音、五笔等输入法，如何“简单”（这里“简单”的含义是降低学习成本）、快速、准确地输入是输入编码需要解决的问题。

在解决问题时，问题往往是在一个受限环境中，问题的解决办法也受这些限制条件的制约，此时要在这样的受限条件下寻找一个合适的解法。

本节所介绍的编码方法，都是在字符显示、字符存储、字符输入等不同阶段的恰当的方法。

1.7 信息的度量

在研究信息的传输过程中，首先要解决信息的度量问题。普遍认为香农于 1948 年奠定了通信的数学理论基础，该基础是在一个合理的信息度量方法上建立的。香农在“通信的数学理论”中提到的信息度量方法，采用了奈奎斯特和哈特莱在信息度量方面的贡献。

奈奎斯特在其文章中给出了信息的传输速度 $W = K\log_2 m$，其中 K 为常数，m 为传输信息时用于编码的电流值数量。哈特莱在其文章中给出了系统中符号序列的信息度量 $H = \log_2 s^n$，其中 s 是每次发送信号的所有可能选择（即信元数），n 是序列长度。

在一些讲信息度量的教材中，为了说明“信息度量是对不确定性的度量”，有时会举出以下例子。

天是蓝的。这句话没有信息量，因为是确定的。

明天下雨。这句话有信息量，因为是不确定的。

在最初的原始文献中指出，要想度量信息，首先要去除信息度量中的人为因素。在上面的例子中，显然并没有去除人为因素，因为对于小孩或视觉障碍者来说，“天是蓝的”是有“信息量”的，所以在通信的技术层面用这个例子不利于初学者理解信息度量。

香农在其文章中直接使用了哈特莱的度量概念，定义信息量为 $\log_2 m$，m 是信号数量或者是序列长度，并在此基础上进一步定义了信道容量、信源、熵等概念。在密码学奠基性论文“保密系统的通信理论”①中，香农也是基于其通信数学模型开展讨论的。

1.8 信息安全模型

站在不同的系统和层级视角，根据不同的安全目标，大家提出了很多的信息安全模型（Information Security Model，ISM）。下面主要介绍保密通信模型、BLP 模型、Biba 模型和 RBAC 模型。

1.8.1 保密通信模型

香农于 1949 年公开发表了一篇经典论文“保密系统的通信理论”，系统地论述了对加密系统的理解。图 1.9 是一个加密系统原理图，后来作为一般的保密通信模型（Secret Communication Model，SCM）被大家广泛引用。

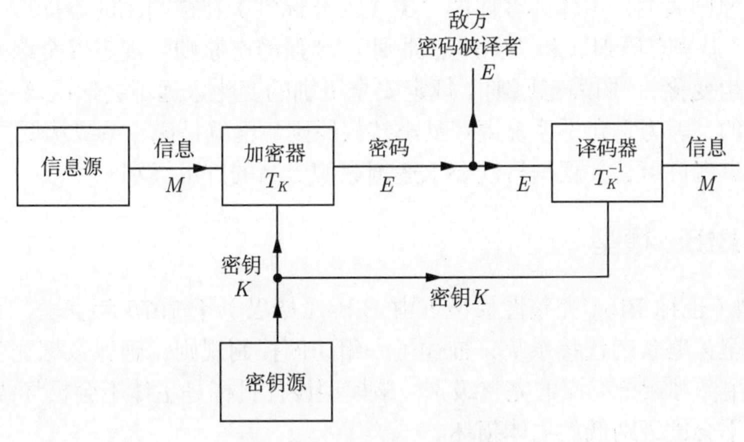

图 1.9 加密系统原理图

1.8.2 BLP 模型

BLP（Bell-LaPadula）模型是一个用于政府和军队的访问控制状态机模型，是 Bell 和 LaPadula 在 1973 年提出的一个安全模型，它形式化了美国国防部的多级安全策略。BLP 模型是一个计算机安全策略的形式化状态迁移模型，它描述了一组访问控制规则，在模型中使用了客体的安全标签（security labels on objects）和主体安全标签（clearances for subjects），安全标签等级为从最高的（如“机密”）到最低的（如“公开”）。

① 香农这两篇文章的编译本可以参考“信息安全经典翻译”项目。

BLP 模型侧重于数据保密性和对机密信息的受控访问。在这个形式化模型中，信息系统中的实体被划分为主体和客体，同时定义了“安全状态”，每一个状态迁移都是从一个安全状态到一个安全状态，这样可以归纳地证明系统满足模型的安全目标。BLP 模型建立在状态机的概念上，定义了计算机系统中具有一组允许的状态，从一种状态到另一种状态的迁移由转换函数定义。

如果主体对客体的唯一允许访问模式符合安全策略，则系统状态被定义为“安全”。为了确定是否允许某个访问，需要将主体的安全标签与客体的安全标签进行比较，以确定该访问是否被授权。该模型定义了一个自主访问控制（Discretionary Access Control，DAC）规则和两个强制访问控制（Mandatory Access Control，MAC）规则。

（1）DAC 规则：自主安全属性使用访问矩阵①来指定自主访问控制。

（2）MAC 简单安全属性：处于给定安全级别的主体无法读取处于更高安全级别的客体。

（3）MAC*（星形）安全属性：处于给定安全级别的主体不能写入处于较低安全级别的任何对象。

BLP 安全模型是访问控制模型，其特点是“上写下读”（Write Up Read Down，WURD）。后来根据应用环境的变化，对某些规则进行了调整，如加入增强星属性（strong star property）、静态原则（tranquility principle）等。

（1）增强星属性是 * 属性的替代。在该属性中，主体仅可写入相同安全级别的客体。

（2）静态原则表明，主体或客体的分类（安全标签）在被引用时不能改变。静态原则有两种形式：“强静态原则”和“弱静态原则”。“强静态原则”规定安全级别在系统正常运行期间不发生变化，“弱静态原则”规定安全级别的变化永远不会违反既定的安全策略。弱静态是可行的，因为它允许系统遵守最小特权原则，也就是说，系统从低许可级别开始，而不考虑其所有者许可，并根据行动要求逐渐累积更高的许可级别。

1.8.3　Biba 模型

Biba 模型（也称 Biba 完整性模型）由 Biba（毕巴）于 1975 年发表，它是一种形式化的计算机安全策略状态迁移系统，描述了一组访问控制规则，确保数据完整性。在该模型中，数据和主体被赋予有序的完整级别。该模型设计目标是主体不会损坏级别高的数据，且主体的数据不会被级别低的主体损坏。

一般来说，数据完整性保护有以下 3 个目标。

（1）防止未授权方修改数据。

（2）防止授权方未经授权修改数据。

（3）保持内部和外部一致性（即数据反映真实世界）。

Biba 模型旨在实现数据完整性（而非保密性），其特点是“上读下写”，这与 BLP 模型正好相反。

---

① 访问控制矩阵可以表示为：

	file1	file2	file3	program1
s1	owner，read，write	read，write		run
s2	read		read，write	
s3		read		run，read

。

在 Biba 模型中，用户只能创建不高于自身完整性级别的内容，相反地，用户只能查看不低于自身完整性级别的内容。可以类比军事指挥链，将军可以向上校下达命令，上校可以向少校发布这些命令（也就是说上校告诉少校有这样的命令后，少校可以去将军那里读取），以这种方式，将军的原始命令保持不变（“上读”完整性）。相反地，二等兵不能向中士下达命令，中士也不能向中尉下达命令，这也保护了任务的完整性（“下写”完整性）。

Biba 模型定义了一组安全规则，前两个类似 BLP 模型，但与 BLP 规则相反。

（1）简单完整性属性：具有给定完整性级别的主体不得读取较低完整性级别的数据（不下读）。

（2）*（星形）完整性属性：具有给定完整性级别的主体不得写入具有更高完整性级别的数据（不上写）。

（3）调用属性：来自下面的进程不能请求更高的访问，仅可请求主体相同或更低级别的访问。这样可以防止低级别主体通过调用高级别程序或服务实现绕过访问控制。

1.8.4　RBAC 模型

随着计算机系统越来越庞大，用户情况越来越复杂。基于角色的访问控制（Role-Based Access Control，RBAC）模型被提出并得到广泛应用。

RBAC 是一种围绕角色和权限定义的策略中立的访问控制机制，其组件（如角色—权限关系、用户—角色关系和角色—角色关系等）简化了用户权限分配。NIST（美国国家标准局）的一项研究表明，RBAC 解决了商业和政府组织的许多需求。在拥有数百个用户和数千个权限的大型组织中，RBAC 更易于实施安全管理。尽管 RBAC 不同于 MAC 和 DAC 访问控制框架，但它依然可以执行相关策略。

RBAC 在组织中为各种工作职能创建角色，将执行某些操作的权限分配给特定角色，成员或员工（或其他系统用户）被分配特定角色，以此获得执行特定系统功能所需的权限。由于用户不被直接分配权限，而是仅通过角色（或多个角色）获得权限，因此个人用户权限的管理变成了简单地将适当的角色分配给用户账户的问题，这简化了日常操作，如添加用户或更改用户的部门。

RBAC 的 3 个基本规则如下。

（1）角色分配：只有当主体选择或分配了角色时，主体才能行使权限。

（2）角色授权：必须为主体授权主体的活动角色。使用角色分配规则，该规则确保用户只能承担其授权的一个角色。

（3）权限授权：只有对主体的活动角色授权后，主体才能行使权限。使用角色分配和角色授权规则，以确保用户只能行使其被授权的权限。

2004 年，NIST 发布了 RBAC 标准，在该标准中定义了以下 3 个基本的 RBAC。

（1）核心 RBAC（core RBAC）。

（2）层级 RBAC（hierarchical RBAC），增加了对角色间继承的支持。

（3）受限 RBAC（constrained RBAC），增加了职责分离（separation of duties）。

1.9 何为安全

在 Merriam-Webster 网络词典中，security 和 secure 的解释如下。

```
Definition of security
1 : the quality or state of being secure: such as
a : freedom from danger : SAFETY
b : freedom from fear or anxiety
c : freedom from the prospect of being laid off.
    job security
```

```
Definition of secure (Entry 1 of 2)
1a : free from danger
b : affording safety.//a secure hideaway
c : TRUSTWORTHY, DEPENDABLE.//a secure foundation
d : free from risk of loss
```

由此可以看出，安全是一种状态，是一种“感觉”。这种“安全的感觉”在不同时期会有所变化，在不同情境下也有所不同。

冯登国院士在《计算机通信网络安全》中将安全属性概括为机密性、完整性、非否认、可认证和访问控制。

（1）机密性（confidentiality）：保护信息不被泄露或暴露给未授权的实体。

（2）完整性（integrity）：保护数据防止未授权的改变、删除或替代。

（3）非否认（non-repudiation）：防止参与某次通信交换的一方事后否认本次交换曾经发生过。

（4）可认证（authentication）：提供某个实体（人或系统）的身份的保证。

（5）访问控制（access control）：防止资源被非法使用或操纵。

在维基百科的 information security 词条解释中，关于安全属性的描述见文献随录。

安全威胁是对安全目标的破坏，通常可以分为以下几类。

（1）信息泄露：信息被泄露或透露给某个未授权的实体。这种威胁主要来自如窃听、搭线或其他更加复杂的信息探测攻击。

（2）完整性破坏：数据的一致性通过未授权的创建、修改或删除。

（3）拒绝服务：无条件地阻止对信息或其他资源的合法访问。例如，攻击者通过浪费大量系统资源，使得系统资源耗尽，正常访问无法进行。此外，也可能是系统在物理或逻辑上遭到破坏而中断服务。

（4）非法使用：资源被未授权实体或以某种未授权方式使用。例如，互联网上大量被黑客控制的肉鸡。

一些常见的具体安全威胁如下。

（1）假冒（masquerade）：某个实体（人或系统）假装成另外一个不同的实体。这是突破某个安全防线最为通用的方法。某个未授权实体，通过某种方法使鉴定实体相信未授权实体是一个合法实体，以此获得某些权力或特权。黑客经常会采用假冒攻击的手段。

（2）旁路控制（bypass control）：为了获得未授权的权力或特权，某个攻击者会挖掘系统的缺陷或安全漏洞，利用这些漏洞绕过保护机制而渗透到系统内部。

（3）授权侵犯（insider attacks）：也称内部威胁，被授权以某一区域使用某一系统或资源的实体，将此权限用于其他未授权的目的。

（4）特洛伊木马（Torjan horse）：这是一种恶意软件，其在计算机中伪装成合法程序。通常攻击者会采用一些社会工程（social engineering）方法进行分发，以此获得系统权限。

（5）陷门（trapdoor/backdoor）：在某个系统或文件中设置触发条件，当条件触发时，执行违反安全策略的操作或特权操作。

（6）窃听（eavesdropping/sniffing）：信息从被监视的通信过程中泄露。

（7）业务流分析（traffic analysis）：通过对通信业务流模式（如有、无、数量、方向、频率等）进行观察，使得信息被泄露给未授权的实体。

（8）人员疏忽（employee negligence）：一个授权的人为了利益或由于粗心大意将信息泄露给其他未授权的人。

（9）媒体清理（Social media attacks）：从废弃的媒体中获得信息，如废硬盘、光盘、打印纸等。

1.10　柯克霍夫斯原则

现代密码系统的基本设计原则是一个德语教授在《军事密码学》中提出的，他指出“密码系统的安全性应该仅仅取决于所使用的密钥的机密性，而不是对该方案本身的保密”，这也就是现在被大家广泛接受的“柯克霍夫斯原则”①。

柯克霍夫斯原则的确立是有发展过程的。20 世纪 70 年代，DES（Datad Encryption Standard）公开，实践证明其是安全的。20 世纪 80 年代，EES（Escrowed Encryption Standard）采用内部设计，只提供芯片而不公开算法，实践证明其是不安全的。20 世纪 90 年代，AES（Advanced Encryption Standard）在世界范围内公开征集、评价，最后证明确定的方案是安全的。

1.11　密码系统的安全概念

1.11.1　完全保密

1. 完全保密

完全保密（perfect secrecy）系统，通俗来讲，就是在获得密文后，对于了解明文没有任何帮助的系统。假设消息 M 的概率为 $P(M)$，在知道密文 E 的情况下，消息 M 的概率为 $P_E(M)$，一个完全保密系统是指对于所有可能的 E 和 M，有 $P(M) = P_E(M)$。这

① 柯克霍夫斯是巴黎大学的德语教授，出生后起名为“Jean-Guillaume-Huber-Victor-Francois-Alexandre-Auguste kerckhoffs von Nieuwenhof”，后将其名字缩短为“Auguste kerckhoffs”。他的职业生涯大部分在教英语和德语，偶尔也教意大利语、拉丁语、希腊语、历史学和数学。他出版的书包括语法学、德国喜剧起源、艺术与宗教的关系等方面，当然也包括密码学。

个公式的含义可以理解为：消息 M 的概率与在知道密文 E 后的消息 M 的概率相同，即“保密”意味着密文不给出任何明文的信息。

文献随录

香农对完全保密给出的数学定义见文献随录。

对于完全保密也可以给出其他形式的定义。Boneh 在 *A Graduate Course in Applied Cryptography* 中利用不可区分的概念给出了完全保密的定义。

定义 假设 $\varepsilon=(E,\ D)$ 是定义在 $(K,\ M,\ C)$ 上的密码系统，对其进行随机试验，空间 K 上有一个均匀分布的随机变量 k，如果对于所有的 m_0，$m_1\in M$，所有的 $c\in C$，都有

$$Pr(E(k,\ m_0)=c)=[Pr(E(k,\ m_1)=c)$$

则称 ε 是一个完全保密的密码系统。

2. 一次一密

一次一密（one-time pad）的重要特征是其密钥是一个随机序列，密钥只使用一次，且密钥的长度等于明文序列的长度。一次一密系统是理论上不可攻破的密码系统，即一次一密系统是一种完全保密系统，是完全保密系统的一类实现。AT&T 曾经实现过一个一次一密的加密机 Vernam，在本节的文献随录中有此加密机的信息线索，感兴趣的同学可以进行阅读。

1.11.2 可证明安全

文献随录

首先不对可证明安全（provable security）进行形式化的定义，而引用冯登国院士于 2005 年在《软件学报》上发表的文章“可证明安全性理论与方法研究”[①]的前言部分，以此作为可证明安全的介绍（见文献随录）。

常用的安全证明方法有基于游戏的证明和基于模拟的证明（simulation proof）两大类，其中基于游戏的证明又分为安全规约（security reduction）方法和 game hopping 方法。

关于 game hopping，可以参考 Victor Shoup 的文章“Sequences of games: a tool for taming complexity in security proofs”。

关于模拟证明，可以参考 Yehuda Lindell 的电子书 *How To Simulate It—A Tutorial on the Simulation Proof Technique*。

1.11.3 语义安全

语义安全（sematic security）是一种可证明安全的定义。语义安全通常有两种不同形式的定义，一种是基于模拟器的语义安全定义，另一种是基于比较的语义安全定义。

设 $\Pi=(E,\ D)$ 是定义在 $(K,\ M,\ C)$ 上的香农密码，随机变量 k 在 K 上均匀分布，ϕ 是 C 上的所有谓词[②]。为了使概率表达更明显，下面使用 $P_r[\cdot]$ 表示概率。

---

① 冯登国. 可证明安全性理论与方法研究. 软件学报，2005，16(10): 1743-1756.

② 这是逻辑中的谓词逻辑概念，应该在离散数学中有所涉及。例如，如果一元谓词 S 表示“是一个学生”，那么“小明是一个学生”就记为 S("小明")。

对于任意两个明文 m_0，m_1，如果 $P_r[\phi(E(k,\ m_0))] = P_r[\phi(E(k,\ m_1))]$，则称 Π 是完全安全的密码系统（或者称为香农安全的密码系统），即消息 m_0，m_1 加密后在概率意义上不可区分。此时可以非形式化地进行解释：对于任意两个明文加密后的密文，无论采用何种方式（任意破解方式，即谓词表达），其概率都是相等的，即从概率上无法区分。

假设 E 是一个概率算法（probabilistic algorithm），用 $c \xleftarrow{R} E(k,\ m)$ 表示执行 $E(k,\ m)$ 输出一个随机变量 c[①]。由于 E 是加密算法，因此虽然其是一个概率算法，但还是应该满足加密算法的基本要求，即可逆。也就是说，当 E、D 是概率算法时，其应该满足的要求为

$$c \xleftarrow{R} E(k,\ m),\ m' \xleftarrow{R} D(k,\ c),\ P(m = m') = 1$$

将加解密函数进行扩展，密码体系可以分为两种。如果加解密函数是确定型函数（deterministic function），则称为确定型密码（deterministic cipher）；如果加解密函数是概率算法，则称为计算型密码（computational cipher）。

1. 攻击游戏

下面进行思想实验，通常称为攻击游戏（attack game），在此实验中有一个挑战者（challenger）和一个敌手（adversary）。

（1）实验 0（Experiment 0，简写为 Exp0）。

① 敌手选择或计算 m_0，$m_1 \in M$（m_0，m_1 的长度相同），发给挑战者。

② 挑战者计算 $k \xleftarrow{R} K$，$c \xleftarrow{R} E(k,\ m_0)$，将 c 发给敌手。

③ 敌手输出 b，b 为 0 或 1。

（2）实验 1（Experiment 1，简写为 Exp1）。

① 敌手选择或计算 m_0，$m_1 \in M$（m_0，m_1 的长度相同），发给挑战者。

② 挑战者计算 $k \xleftarrow{R} K$，$c \xleftarrow{R} E(k,\ m_1)$，将 c 发给敌手。

③ 敌手输出 b，b 为 0 或 1。

2. 语义安全定义

定义两个事件 W_0 和 W_1，W_0 表示敌手在 Exp0 实验中返回 1，W_1 表示敌手在 Exp1 实验中返回 1。定义敌手的优势（advantage）：

$$\text{Adv} = P_r(W_0) - P_r(W_1)$$

如果敌手的优势可以忽略，则认为这个加密系统是语义安全的[②]。

语义安全允许敌手在两个明文 m_0 和 m_1 之间进行选择，并接收任一明文对应的密文。如果敌手无法以比 1/2 更高的概率猜测给定密文是消息 m_0 还是 m_1 的密文，则此加密方案在语义上是安全的。该概念也被称为加密的不可区分性（indistinguishability），有时会简记为 IND。历史上，“语义”一词来源于这样一个定义，即无论加密中嵌入何种语义，加密都不会显示任何信息。已经证明，此定义等同于 CPA 下的不可区分性。

① 此处 R 是 random 的意思。

② 不同的教材对于语义安全的形式化定义会略有不同，但其本质上相同。

语义安全的定义要比香农安全的定义弱，但是更加接近实际情况。在语义安全中，加解密算法可以是确定型，也可以是计算型。这里给出的语义安全的定义依然不是一个严格的形式化定义，如“什么是可忽略”就没有严格定义，但是从其半形式化定义可以看到语义安全的基本思想。

1.12 加密的常识

下面是一些对于加密应该有的常识。

（1）不要使用保密的算法。

（2）使用低强度加密比不进行任何加密更危险，这会令使用者产生错误的安全感。16世纪苏格兰女王玛丽对密码盲信，将刺杀伊丽莎白女王计划写入密信，被送上了断头台就是一个典型的事例。

（3）任何加密总有一天都会被破解。

（4）加密只是安全的一部分。一个非常安全的加密系统，仍然可以使用其他方法使其无效。例如，社会工程方法，攻击者通过内线电话打给单位职工，冒充网管进行系统测试，让其修改为指定的密码。

习题

1. 在密码学中，将没有加密的消息和加密后的消息分别称为什么？
2. 基本安全属性有哪些？
3. 简述被动攻击和主动攻击的定义，列出并简单定义各类攻击。
4. 简述对抗被动攻击和主动攻击的一般性原则。
5. 什么是柯克霍夫斯原则？
6. 什么是完全保密？
7. 什么是一次一密？
8. 简述根据攻击者掌握的信息所划分的密码攻击类型，并对每种类型进行简单解释。
9. 什么是对称密码体制和非对称密码体制？
10. 什么是计算安全？

第2章

密码学研究内容

CHAPTER 2

2.1 密码设计

密码学就是研究如何设计一种满足“安全目标的”密码系统，包括密码设计的方法学和具体的密码设计。按照不同的分类方法，密码设计可以分为公钥密码体制（public key cryptosystem）和对称密码体制（secret key cryptosystem/symmetric cryptosystem），也可以分为流密码（也称序列密码，stream ciphers）和分组密码（block ciphers）等。

通常在实际应用时，基本的密码算法会在系统的不同实现层次进行应用，并且会用来实现不同的安全目标，而这些也应该是密码应用的研究范畴。

根据密码的应用，可以将密码学分为以下几部分。

（1）含糊的安全目标。

（2）形式化的安全目标。

（3）密码协议。

（4）密码学构建模块。

（5）密码学构建模块的实现。

密码算法设计中的通用要求如下。

（1）可逆性（reversible）：要求有解密算法的存在，这是基本要求。

（2）对合性（involution）：要求加解密算法中的基础计算部分是可以重用的，以使算法实现的工作量减半，这是从实现角度方面考虑的结果。

2.1.1 密码体制

一个密码体制可以通过如下数学映射体现。

（1）明文消息空间 M，某个字母表上的串集，M 表示 message。

（2）密文消息空间 C，可能的密文消息集，C 表示 cipher。

（3）加密密钥空间 K_e，可能的加密密钥集，K 表示 key，e 表示 encrypt。

（4）解密密钥空间 K_d，可能的解密密钥集，d 表示 decrypt。

（5）加密算法 $E: M \times K_e \to C$，也可写为 $c = E_{k_e}(m)$。

（6）加密算法 $D: C \times K_d \to M$，也可写为 $m = D_{k_d}(c)$。

（7）密码体制满足 $D_{k_d}(E_{k_e}(m)) = m$。

当一个消息的加密密钥和解密密钥相同时，则称这种加密方法为对称密码体制，反之称为非对称密码体制。

需要注意的是，在 Michael O. Rabin 提出概率算法的概念后，1984 年 Shafi Goldwasser 和 Silvio Micali 提出了概率加密模型，该模型加密体制中的 E 和 D 可以是概率算法，而不一定是确定性函数。

2.1.2 基于计算困难问题的密码体制设计

已知可以构造一个完全保密密码算法，但是这类密码算法的一个要求就是密钥长度和明文一样长，显然这不具有实操性。那么是否能将“数学上的安全”降低为“计算安全”，即并不保证“完全安全”而保证破解是件需要消耗大量资源的事情，如需要投入 100 万台计算机并使其运行 100 年。也就是说，如果在选择最有效的算法的前提下，破译者破解一个密码体制依然需要很大的资源，而这个资源是破译者无法承受的，则称这个密码体制是计算安全的。

Dan Boneh 和 Voctor Shoup 在 *A Graduate Course in Applied Cryptography* 中对密码体制的描述见文献随录。

文献随录

对计算安全比较通俗的解释是：如果使用最好的算法来破译一个密码体制至少需要 n 次操作，而 n 是一个非常大的数，则称这个密码体制是计算上安全的。

Denning 在 *Cryptography and Data Security* 中对密码体制的描述见文献随录。

文献随录

现代密码理论中的计算安全是基于计算复杂理论（computational complexity）进行讨论的，关于这部分较详细的理论可以参考 Dan Boneh 和 Mao Wenbo 的书。计算复杂理论一直是理论计算的重要研究内容，并且成为数学研究的一个重要分支。Noam Nisan 因其在计算机复杂理论方面的贡献，曾获得 2021 年阿贝尔奖和 2024 年图灵奖。

2.1.3　密码困难假设

下面列出了一些常见的密码困难假设（common cryptographic hardness assumptions），以及一些使用它们的加密协议。

（1）整数分解。

① Rabin 密码系统。

② Blum Blum Shub 密码系统。

③ Okamoto-Uchiyama 密码系统。

④ Hofheinz-Kiltz-Shoup 密码系统。

（2）RSA 问题（强度低于整数分解）。

例如，RSA 密码系统。

（3）二次剩余问题（强度高于整数分解）。

例如，Goldwasser-Micali 密码系统。

（4）判定性复合剩余假设[①]（强度高于整数分解）。

例如，Paillier 密码系统。

（5）高阶剩余问题（强度高于整数分解）。

① Benaloh 密码系统。

② Naccache-Stern 密码系统。

（6）Phi-隐藏假设（强度高于整数分解）。

例如，Cachin-Micali-Stadler PIR。

（7）离散对数问题。

（8）计算性差异假设（强度高于离散对数问题）。

例如，Diffie-Hellman 密码交换。

（9）判定性差异假设（强度高于计算性差异假设）。

例如，ElGamal 加密。

---

① DCRA 是指给定一个合数 n 和一个整数 z，判断 z 是否为模 n^2 的一个 n 剩余，或者是否存在 y 满足 $z \equiv y^n \pmod{n^2}$。

（10）最短向量问题。

① NTRU 加密。

② NTRU 签名。

2.2 密码分析

密码分析是指在不知道及其解密所需要的秘密信息的情况下对信息进行解密。通常需要寻找一个密钥，即破解密码。

根据密码分析员的能力，可以将密码分析员对密码系统的攻击分为以下几种。

（1）密码分析员掌握除了密钥外的密码系统的加密和解密算法。

（2）仅知密文攻击（Ciphertext Only Attack），密码分析员能够获得密文。

（3）已知明文攻击（Known Plaintext Attack），密码分析员能够获得某些明文及其对应的密文。

（4）选择明文攻击（Chosen Plaintext Attack，CPA），密码分析员能够有选择地获得明文及其对应的密文。

（5）选择密文攻击（Chosen Ciphertext Attack，CCA），密码分析员可以像合法用户那样发送加密的信息。

（6）密码分析员可以改变、截取或重新发送信息。

按照分析的方法，可以将对密码系统的攻击分为以下几种。

（1）穷举法：字典攻击。

（2）数学攻击：统计攻击、差分攻击、线性攻击、代数攻击、相关攻击等。

（3）物理攻击：侧信道分析（Side Channel Attack）和与硬件相关的能量分析、时间分析、声音分析、电磁辐射等。理论上安全的算法，但由于物理实现上的不足，可能会出现安全性问题，这就对硬件设计、密码芯片设计提出了更高要求。

2.3 密码测评

如何评价密码算法的安全性、性能及其在产品实现中的安全性，在系统实现中都是很重要的问题。

密码测评（cipher evaluation）与密码分析有着很多相同点，但又是不同的概念。特别是随着密码的产业化应用，这种不同越来越重要，并且相互不能等同。

文献随录

对于密码测评和分析概念不同的描述见文献随录。

习题

1. 简述密码体制的基本定义。
2. 密码学通常认为的两个分支是什么？

第3章

古 典 密 码

CHAPTER 3

本章将对古典密码[①]进行详细介绍。

3.1 简单替换密码

在简单替换密码（simple substitution cipher）中，消息中的每个字母都被一个固定的替代字母代替。假设有如下消息。

$$M = m_1 m_2 m_3 m_4 \cdots$$

如果 m_1，m_2，$\cdots$ 是连续的字母，则

$$\begin{aligned} E &= e_1 e_2 e_3 e_4 \cdots \\ &= f(m_1) f(m_2) f(m_3) f(m_4) \cdots \end{aligned}$$

通常 $f(m)$ 函数有逆函数，密钥是字母表的排列（当替代物是字母时），例如：

XGUACDTBFHRSLMQVYZWIEJOKNP

此时，第一个字母 X 是 A 的替代物，第二个字母 G 是 B 的替代物，其他字母可以此类推。

3.2 换位（固定周期 d）密码

在换位（transposition）密码中，消息被分为长度为 d 的组，有一个置换作用于第一组，相同置换作用于第二组，以此类推。置换是密钥，可以由前 d 个整数的置换表示。因此，对于 $d = 5$，可能有 2 3 1 5 4 作为置换。例如：

$$m_1\ m_2\ m_3\ m_4\ m_5\ m_6\ m_7\ m_8\ m_9\ m_{10} \cdots$$

$$m_2\ m_3\ m_1\ m_5\ m_4\ m_7\ m_8\ m_6\ m_{10}\ m_9 \cdots$$

两个或多个转置的顺序应用称为复合转置（compound transposition）。如果加密周期为 d_1，d_2，$\cdots$，d_s，则结果是周期 d 的转置，其中 d 是 d_1，d_2，$\cdots$，d_s 的最小公倍数。

换位密码的加密过程如下。

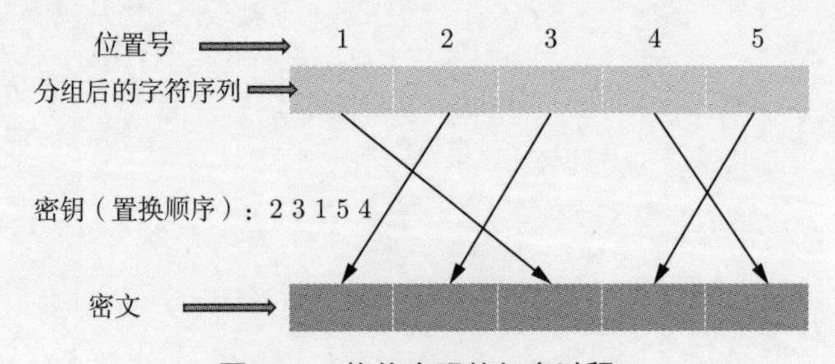

图 3.1 换位密码的加密过程

① “古典”本身就是一个模糊的定义，通常认为香农经典论文发表之前的为“古典”，而利用香农的基本思想设计的密码系统不是“古典密码”。

3.3 凯撒密码

凯撒（Caesar）密码的加密表达式如下。

$$\begin{cases} c = m + 3 (\bmod\ 26), & 0 \leqslant m \leqslant 25 \\ m = c - 3 (\bmod\ 26), & 0 \leqslant c \leqslant 25 \end{cases} \tag{3.1}$$

下面通过示例说明凯撒密码的具体实现过程。

例 利用凯撒密码对“LI XIAO FENG SHI LAO SHI”进行加密。

分析：需要加密消息的都是大写，使用 ASCII 对其编码并去掉空格，将其变为“LIXIAOFENGSHILAOSHI”。因为 A~Z 的 ASCII 为 65~90，所以编码运算要减去 65，而解码运算要加上 65。

消息：LI XIAO FENG SHI LAO SHI
密码：OL ZLDR IHQJ VKL ODR VKL

3.4 移位变换（加法）密码

移位变换（shift transformation）密码的加密表达式如下。

$$\begin{cases} c = m + k (\bmod\ 26), & m \geqslant 0，k \leqslant 25 \\ m = c - k (\bmod\ 26), & c \geqslant 0，k \leqslant 25 \end{cases} \tag{3.2}$$

3.5 维吉尼亚密码

在维吉尼亚（Vigenère）密码中，密钥由 d 个字母序列组成。这些字母在消息下方重复书写，消息和密文模 26 加（考虑字母表编号从 $A=0$ 到 $Z=25$），即

$$e_i = m_i + k_i (\bmod\ 26)$$

其中，k_i 在索引 i 中为周期 d。如果密钥为 G A H，则

消息： N O W I S T H E
重复密钥： G A H G A H G A
密码： T O D O S A N E

对该计算过程说明如下。

获得示例加密过程中字母对应的数字：

A=0	B=1	C=2	D=3	E=4	F=5
G=6	H=7	I=8	J=9	K=10	L=11
M=12	N=13	O=14	P=15	Q=16	R=17
S=18	T=19	U=20	V=21	W=22	X=23
Y=24	Z=25				

则该过程可以写为

消息:	13	14	22	8	18	19	7	4
重复密钥:	6	0	7	6	0	7	6	0
密文:	19	14	3	14	18	0	13	4

周期为 1、密钥为 D 的维吉尼亚称为凯撒密码。它是一种简单的替换，其中 M 的每个字母在字母表中前进一个固定的量。这个量是密钥，可以是 0~25 的任何数字。所谓的博福特（Beaufort）密码和变异博福特（variant Beaufort）密码类似于维吉尼亚密码，这两种方式分别通过以下表达式加密。

$$e_i = k_i - m_i \pmod{26} \tag{3.3}$$

$$e_i = m_i - k_i \pmod{26} \tag{3.4}$$

周期为 1 的博福特密码称为反向凯撒密码。

两个或多个维吉尼亚密码按顺序的应用称为复合维吉尼亚密码，其公式为

$$e_i = m_i + k_i + l_i + \cdots + s_i \pmod{26}$$

其中，k_i，l_i，$\cdots$，s_i 有不同的周期。通常以它们的和（$k_i + l_i + \cdots + s_i$）的周期作为一个复合变换，该周期是各周期的最小公倍数。

当维吉尼亚密码使用一个没有限制的密钥且永不重复时，可以形成如下维吉尼亚系统。

$$e_i = m_i + k_i \pmod{26} \tag{3.5}$$

其中，k_i 是在 0，1，$\cdots$，25 中随机且独立选择的。如果密钥是有意义的文本，则称其为“运行密钥”（running key）密码。①

3.6 乘法密码

乘法密码的加密表达式如下。

$$\begin{cases} c = am \pmod{26} \\ m = bc \pmod{26}，b = a^{-1} \pmod{26} \end{cases} \tag{3.6}$$

3.7 仿射变换密码

仿射变换（affine transformation）密码的加密表达式如下。

$$\begin{cases} c = am + b \pmod{26} \\ m = a^{-1}(c - b) \pmod{26}, \quad a \geqslant 0，b \leqslant 25，\gcd(a，26) = 1，a^{-1}a = 1 \pmod{26} \end{cases} \tag{3.7}$$

其中，a，b 是密钥。

① “有意义的文本”通常是指一个单词或一个短语，如密钥是“little boy”等。

3.8 多表代换密码

多表代换密码将明文 M 进行分组，每组长度为 n 个字母[①]，分组后的明文序列 $\boldsymbol{M}_1$，$\boldsymbol{M}_2$，$\cdots$，$\boldsymbol{M}_f$，$\boldsymbol{M}_i$ ($i=1$，2，$\cdots$，f) 表示分组消息，其加密表达式如下。

$$\boldsymbol{C}_i = \boldsymbol{A}\boldsymbol{M}_i + \boldsymbol{B} \pmod N,\ i=1,\ 2,\ \cdots,\ f$$

其中，$\boldsymbol{A}$ 是 $n\times n$ 可逆矩阵，满足 $\gcd(|\boldsymbol{A}|, N)=1$；$|\boldsymbol{A}|$ 表示矩阵 $\boldsymbol{A}$ 的行列式；$\boldsymbol{B}$ 为 $n\times 1$ 矩阵；$\boldsymbol{M}_i$ 为一分组的 $n\times 1$ 矩阵表示；$\boldsymbol{C}_i$ 是加密后所得密文分组的 $n\times 1$ 矩阵表示。对密文分组的解密表达式如下。

$$\boldsymbol{M}_i = \boldsymbol{A}^{-1}(\boldsymbol{C}_i - \boldsymbol{B}) (\mathrm{mod}\ N)$$

对字母进行加密时，通常取 $N=26$。

3.8.1 游乐场密码

游乐场密码（playfair cipher）是一种特殊类型的二元图替换，它将乱序的 25 个字母写在 5×5 的正方形中（字母 J 在字母方阵中经常被丢弃，因为 J 很少见，当它出现时，可以用 I 代替）。假设密钥正方形如下。

L	Z	Q	C	P
A	G	N	O	U
R	D	M	I	F
K	Y	H	V	S
X	B	T	E	W

图 3.2 密钥正方形

其中，数字符号 AC 的替代物是由 A 和 C 定义的矩形的其他两个角上的一对字母，即 LO（首先取 L，因为它在 A 的上面）。如果数字符号与 RI 在一条水平线上，则使用它们右边 DF 的字母即 RF 变为 DR。如果字母在垂直线上，则使用它们下面的字母，即 PS 变为 UW。如果字母相同，则可以使用空值进行分隔或省略一个字母等。

3.8.2 自动密钥密码

自动密钥密码（autokey cipher）是一种维吉尼亚类型的系统，消息本身或生成的密文被用作“密钥”，称为自动密钥密码。加密从“启动密钥”（整个密钥）开始，并继续使用消息或密文，其长度即启动密钥的长度所取代。

---

① 注意分组密码时的填充问题，即当最后一组密码的长度小于 n 时需要补齐，补齐时需要考虑解密方如何判断解密后的信息是补齐的信息还是原信息。

假设启动密钥是 COMET。如果用消息作为“密钥”，则

消息：　SENDSUPPLIES ···

密钥：　COMETSENDSUP ···

密文：　USZHLMTCOAYH ···

如果用密文作为“密钥”[①]，则

消息：　SENDSUPPLIES ···

密钥：　COMETUSZHLOH ···

密文：　USZHLOHOSTS ···

习题

1. 利用凯撒密码对“nice”进行加密，产生的密文是什么？
2. 简述加法密码和凯撒密码之间的关系。
3. 假设乘法密码的加密函数为 $c = 11m \pmod{26}$，则其解密密钥是多少？
4. 仿射密码通用加密函数为 $c = am + b \pmod{26}$，其中 m 为明文，c 为密文。通常将仿射密码体制中的什么视为此体制的密钥？如果采用了仿射加密，那么在相互传输消息时需要先将密钥告诉对方。假设密钥的交换采用文件方式且文件是通过安全信道传输，试想有几种具体实现的方案，并实现验证。
   提示：
   （1）可以直接将两个变量以二进制的方式写入文件，在使用时依次读出。
   （2）可以定义一个结构体，然后将此结构体直接写入文件，在使用时读出此结构体。
   （3）如果是 Windows 系统，则可以使用 Windows 的 API WritePrivateProfileString 和 GetPrivateProfileString，具体可参考微软官网上的示例代码。当然，也可以自定义函数来实现 WritePrivateProfileString 和 GetPrivateProfileString 功能，以此提高程序的可移植性。Linux 系统中有 ini 文件操作库，则可以定义一个接口库（函数壳），根据不同的编译参数决定链接 Windows 库还是 Linux 库，同样也可以提高程序的可移植性。
5. 仿射密码加密函数为 $c = 17m + 2 \pmod{26}$，求其解密函数。
6. 假设敌手用模 26 的仿射密码加密，获取的密文为 gzyyf。已知明文是“he”开头，请破解此消息。
7. 假设仿射变换的加密是 $\boldsymbol{E}_{11,\ 23}(m) = 11m + 23 \pmod{26}$，对明文“the national security agency”加密，并用解密变换 $\boldsymbol{D}_{11,\ 23}(c) = 11^{-1}(c - 23) \pmod{26}$ 进行解密验证。

---

① 从保密的角度来看，这个系统是微不足道的，因为除了开头的 d 个字母外，敌人会拥有整个“密钥”。

8. 假设由仿射变换对一个明文加密得到的密文为 “edsgickxhuklzveqzvkxwkzzukvcuh”。已知明文的前两个字符为 “if”，对该明文解密。

9. 已知一个多表替代的加密函数如下，计算该加密函数对应的解密函数。

$$\begin{pmatrix} y_1 \\ y_2 \end{pmatrix} = \begin{pmatrix} 11 & 2 \\ 5 & 23 \end{pmatrix} \begin{pmatrix} x_1 \\ x_2 \end{pmatrix} \pmod{26} \tag{3.8}$$

其中，(y_1, y_2) 为密文，(x_1, x_2) 为明文。

10. 假设在多表代换密码中，$\boldsymbol{A} = \begin{pmatrix} 3 & 13 & 21 & 9 \\ 15 & 10 & 6 & 25 \\ 10 & 17 & 4 & 8 \\ 1 & 23 & 7 & 2 \end{pmatrix}$，$\boldsymbol{B} = \begin{pmatrix} 1 \\ 21 \\ 8 \\ 17 \end{pmatrix}$ 加密为 $\boldsymbol{C}_i = \boldsymbol{A}\boldsymbol{M}_i + \boldsymbol{B} \pmod{26}$，对明文 “PLEASE SEND ME THE BOOK，MY CREDIT CARD NO IS SIX ONE TWO ONE THREE EIGHT SIX ZERO ONE SIX EIGHT FOUR NINE SEVEN ZERO TWO” 用解密变换 $\boldsymbol{M}_i = \boldsymbol{A}^{-1}\boldsymbol{C}_i - \boldsymbol{B} \pmod{26}$ 验证结果，其中 $\boldsymbol{A}^{-1} = \begin{pmatrix} 23 & 13 & 20 & 5 \\ 0 & 10 & 11 & 0 \\ 9 & 11 & 15 & 22 \\ 9 & 22 & 6 & 25 \end{pmatrix}$。

11. 假设在多表代换密码 $\boldsymbol{C}_i = \boldsymbol{A}\boldsymbol{M}_i + \boldsymbol{B} \pmod{26}$ 中，$\boldsymbol{A}$ 是二阶矩阵，$\boldsymbol{B}$ 是零矩阵。已知明文 “dont” 被加密为 “elni”，求矩阵 $\boldsymbol{A}$。

第4章

流　密　码

CHAPTER 4

流密码（stream ciphers）是指利用初始密钥产生一个密钥流，并利用密钥流对数据流进行加密。

从直观上来讲，流（stream）是一个接着一个的运动方式。“个”是一个最小单位，如“人流”中的“个”就是人，“水流”“泥石流”的单位与研究者的研究粒度和方法有关。

下面给出一段文字（65 个字符，包含标点符号）：

```
这是一门网络空间安全学科的基础课，是信息安全专业的一门专业基础课，
学生通过学习这门课要理解加解密的基本原理，掌握基本的加解密方法。
```

这些文字以纯文本模式存储会占 195 字节（TXT 文件可能会占用 4KB 的磁盘空间，读者可以想下原因），简单计算可知一个字符占 3 字节，用十六进制显示如下。

```
E8BF99 E698AF E4B880 E997A8 E7BD91 E7BB9C E7A9BA E997B4 E5AE89 E585A8
E5ADA6 E7A791 E79A84 E59FBA E7A180 E8AFBE EFBC8C E698AF E4BFA1 E681AF
E5AE89 E585A8 E4B893 E4B89A E79A84 E4B880 E997A8 E4B893 E4B89A E59FBA
E7A180 E8AFBE EFBC8C E5ADA6 E7949F E9809A E8BF87 E5ADA6 E4B9A0 E8BF99
E997A8 E8AFBE E8A681 E79086 E8A7A3 E58AA0 E8A7A3 E5AF86 E79A84 E59FBA
E69CAC E58E9F E79086 EFBC8C E68E8C E68FA1 E59FBA E69CAC E79A84 E58AA0
E8A7A3 E5AF86 E696B9 E6B395 E38082
```

将这段信息以二进制编码的方式显示如下。

```
00000000: 11101000 10111111 10011001 11100110 10011000 10101111  ......
00000006: 11100100 10111000 10000000 11101001 10010111 10101000  ......
0000000c: 11100111 10111101 10010001 11100111 10111011 10011100  ......
00000012: 11100111 10101001 10111010 11101001 10010111 10110100  ......
00000018: 11100101 10101110 10001001 11100101 10000101 10101000  ......
0000001e: 11100101 10101101 10100110 11100111 10100111 10010001  ......
00000024: 11100111 10011010 10000100 11100101 10011111 10111010  ......
0000002a: 11100111 10100001 10000000 11101000 10101111 10111110  ......
00000030: 11101111 10111100 10001100 11100110 10011000 10101111  ......
00000036: 11100100 10111111 10100001 11100110 10000001 10101111  ......
0000003c: 11100101 10101110 10001001 11100101 10000101 10101000  ......
00000042: 11100100 10111000 10010011 11100100 10111000 10011010  ......
00000048: 11100111 10011010 10000100 11100100 10111000 10000000  ......
0000004e: 11101001 10010111 10101000 11100100 10111000 10010011  ......
00000054: 11100100 10111000 10011010 11100101 10011111 10111010  ......
0000005a: 11100111 10100001 10000000 11101000 10101111 10111110  ......
00000060: 11101111 10111100 10001100 11100101 10101101 10100110  ......
00000066: 11100111 10010100 10011111 11101001 10000000 10011010  ......
0000006c: 11101000 10111111 10000111 11100101 10101101 10100110  ......
00000072: 11100100 10111001 10100000 11101000 10111111 10011001  ......
00000078: 11101001 10010111 10101000 11101000 10101111 10111110  ......
0000007e: 11101000 10100110 10000001 11100111 10010000 10000110  ......
00000084: 11101000 10100111 10100011 11100101 10001010 10100000  ......
0000008a: 11101000 10100111 10100011 11100101 10101111 10000110  ......
00000090: 11100111 10011010 10000100 11100101 10011111 10111010  ......
```

```
00000096: 11100110 10011100 10101100 11100101 10001110 10011111  ......
0000009c: 11100111 10010000 10000110 11101111 10111100 10001100  ......
000000a2: 11100110 10001110 10001100 11100110 10001111 10100001  ......
000000a8: 11100101 10011111 10111010 11100110 10011100 10101100  ......
000000ae: 11100111 10011010 10000100 11100101 10001010 10100000  ......
000000b4: 11101000 10100111 10100011 11100101 10101111 10000110  ......
000000ba: 11100110 10010110 10111001 11100110 10110011 10010101  ......
000000c0: 11100011 10000000 10000010 00001010                    ......
```

如何分析上面的数据流，与处理方法或加密方法有关。通常将“流”看作一个二进制数据流。

4.1 流密码的基本概念

有限域（finite field），也称伽罗瓦域（Galois field），通常记为 GF，如 GF(2) 表示有两个元素的有限域，下面主要介绍域中的加定义和乘定义。

GF(2) 中的“加”运算也称“异或”运算，通常用符号“$\oplus$”表示，在不引起歧义的情况下也可写为“+”，其运算/函数定义如表 4.1 所示。

表 4.1 “异或”运算/函数定义（真值表）

x	y	$z = x \oplus y$
0	0	0
0	1	1
1	0	1
1	1	0

GF(2) 中的“乘”运算也称“与”运算，通常用符号“$\wedge$”表示，在不引起歧义的情况下也可写为“×”（或者直接简写，如将 $a \times b$ 写为 ab），其运算/函数定义如表 4.2 所示。

表 4.2 “与”运算/函数定义（真值表）

x	y	$z = x \wedge y$
0	0	0
0	1	0
1	0	0
1	1	1

在目前的数字计算机体系下，可以将信息看作一串二进制数据流，也就是 GF(2) 的元素流，加解密操作就是在其上的运算。

如果用 m，c，k 表示二进制的位（m 表示原始数据，c 表示加密后数据，k 表示密钥），用 E 表示二进制的运算（也可称为函数、算子），那么对于一个流加密可以表示为

$c_i = E(m_i, k_i)$，其中 $i = 0, 1, 2, \cdots$。由此可以看到，流密码的核心就是设计 E 和密钥流 $k_0, k_1, k_2, \cdots$。由于流加密是位运算，因此 E 只能是异或运算，因为乘没有逆运算。异或运算还有一个优点，即自身就是逆运算，所以加解密都可以用这个运算。

流密码的设计将归结为密钥的设计，即设计如何产生一个密钥流 $k_i = G(s)$，其中 $i = 0, 1, 2$；s 是产生密钥的种子（seed），也称初始密钥，即产生密钥流的一个初始值；G（generator）是密钥生成算法，并且产生的这个密钥流是别人无法预测的，或者不知道某个密钥的情况下是无法预测的。

流密码的加解密可以写为：

$$\begin{cases} G(s) \oplus m_i = c_i \\ G(s) \oplus c_i = m_i \end{cases} \tag{4.1}$$

4.2 密钥的产生

根据香农对完全安全系统的定义，如果密钥流是一个随机数，则这个系统就是一个完全安全加密系统。实际中，对于真随机的要求，通常无法或很难达到，因此用“接近”随机的数（伪随机数）来代替，并设计伪随机数发生器 PRG（Pesudo Random Generator）来产生密钥流。

4.2.1 线性同余发生器

通常可以利用 $x_n = (ax_{n-1} + b) \bmod m$ 产生一个周期不超过 m 的伪随机数序列，其中 x_0 为种子（密钥）。这种方法称为线性同余发生器（Linear Congruential Generator，LCG）。

LCG 不用在密码学中，因其在 1977 年被 J.A. Reeds 破译而找到预测的方法。但是 LCG 在一些需要产生随机数的场合下依然有应用，如在一些测试中。

下面通过示例对 LCG 进一步解释。

例 4.1 已知某序列的同余递推式如下，且初始值 $x_0 = 3$，求其输出序列。

$$x_n = 2x_{n-1} \pmod 5$$

初始值 $x_0 = 3$，产生的序列依次为 $x_1 = 1$，$x_2 = 2$，$x_3 = 4$，$x_4 = 3$，$x_5 = 1$，$x_6 = 2$，$x_7 = 4$，则可见其输出的循环序列为 $(3, 1, 2, 4)^*$。

例 4.2 已知某序列的同余递推式如下，求其输出序列。

$$x_n = 2x_{n-1} + 3 \pmod{307}$$

在 SageMath 内编写一小段程序（见图 4.1），以分析其产生的序列。

```
sage: b=67
....: for i in range(0,307):
....:     a=b
....:     b=mod(2*a+3,307)
....:     print i,":",b
....:
```

图 4.1　例 4.2 同余递推式输出序列的 SageMath 程序

start
0 : 137
1 : 277
2 : 250
3 : 196
4 : 88
5 : 179
6 : 54
7 : 111
8 : 225
9 : 146
10 : 295
11 : 286
12 : 268
13 : 232
14 : 160
15 : 16
16 : 35
17 : 73
18 : 149
19 : 301
20 : 298
21 : 292
22 : 280
23 : 256
24 : 208
25 : 112
26 : 227
27 : 150
28 : 303
29 : 302
30 : 300
31 : 296
32 : 288
33 : 272
34 : 240
35 : 176
36 : 48
37 : 99
38 : 201
39 : 98
40 : 199
41 : 94
42 : 191
43 : 78
44 : 159
45 : 14
46 : 31
47 : 65
48 : 133
49 : 269
50 : 234
51 : 164
52 : 24
53 : 51
54 : 105
55 : 213
56 : 122
57 : 247
58 : 190
59 : 76
60 : 155
61 : 6
62 : 15
63 : 33
64 : 69
65 : 141
66 : 285
67 : 266
68 : 228
69 : 152
70 : 0
71 : 3
72 : 9
73 : 21
74 : 45
75 : 93
76 : 189
77 : 74
78 : 151
79 : 305
80 : 306
81 : 1
82 : 5
83 : 13
84 : 29
85 : 61
86 : 125
87 : 253
88 : 202
89 : 100
90 : 203
91 : 102
92 : 207
93 : 110
94 : 223
95 : 142
96 : 287
97 : 270
98 : 236
99 : 168
100 : 32
101 : 67
****
102 : 137
103 : 277
104 : 250
105 : 196
106 : 88
107 : 179
108 : 54
109 : 111
110 : 225
111 : 146
112 : 295
113 : 286
114 : 268
115 : 232
116 : 160
117 : 16
118 : 35
119 : 73
120 : 149
121 : 301

122 : 298
123 : 292
124 : 280
125 : 256
126 : 208
127 : 112
128 : 227
129 : 150
130 : 303
131 : 302
132 : 300
133 : 296
134 : 288
135 : 272
136 : 240
137 : 176
138 : 48
139 : 99
140 : 201
141 : 98
142 : 199
143 : 94
144 : 191
145 : 78
146 : 159
147 : 14
148 : 31
149 : 65
150 : 133
151 : 269
152 : 234
153 : 164
154 : 24
155 : 51
156 : 105
157 : 213
158 : 122
159 : 247
160 : 190
161 : 76
162 : 155
163 : 6
164 : 15
165 : 33
166 : 69
167 : 141
168 : 285
169 : 266
170 : 228
171 : 152
172 : 0
173 : 3
174 : 9
175 : 21
176 : 45
177 : 93
178 : 189
179 : 74
180 : 151
181 : 305
182 : 306
183 : 1
184 : 5
185 : 13
186 : 29
187 : 61
188 : 125
189 : 253
190 : 202
191 : 100
192 : 203
193 : 102
194 : 207
195 : 110
196 : 223
197 : 142
198 : 287
199 : 270
200 : 236
201 : 168
202 : 32
203 : 67
204 : 137
205 : 277
206 : 250
207 : 196
208 : 88
209 : 179
210 : 54
211 : 111
212 : 225
213 : 146
214 : 295
215 : 286
216 : 268
217 : 232
218 : 160
219 : 16
220 : 35
221 : 73
222 : 149
223 : 301
224 : 298
225 : 292
226 : 280
227 : 256
228 : 208
229 : 112
230 : 227
231 : 150
232 : 303
233 : 302
234 : 300
235 : 296
236 : 288
237 : 272
238 : 240
239 : 176
240 : 48
241 : 99
242 : 201
243 : 98
244 : 199
245 : 94
246 : 191
247 : 78
248 : 159
249 : 14
250 : 31
251 : 65
252 : 133
253 : 269
254 : 234
255 : 164
256 : 24
257 : 51
258 : 105
259 : 213
260 : 122
261 : 247
262 : 190
263 : 76
264 : 155
265 : 6
266 : 15
267 : 33
268 : 69
269 : 141
270 : 285
271 : 266
272 : 228
273 : 152

274 : 0	283 : 305	292 : 202	301 : 270
275 : 3	284 : 306	293 : 100	302 : 236
276 : 9	285 : 1	294 : 203	303 : 168
277 : 21	286 : 5	295 : 102	304 : 32
278 : 45	287 : 13	296 : 207	305 : 67
279 : 93	288 : 29	297 : 110	306 : 137
280 : 189	289 : 61	298 : 223	
281 : 74	290 : 125	299 : 142	
282 : 151	291 : 253	300 : 287	

注意：线性同余发生器的优点是速度快，每位只需要很少的运算。然而，线性同余发生器不能用在密码学中，因为它们是可预测的。线性同余发生器首先被 Jim Reeds 于 1977 年破译后，Joan Boyar 于 1982 年也提出了一个一般性破译方法，并破译了二次同余发生器：

$$X_n = (aX_{n-1}^2 + bX_{n-1} + c) \pmod m$$

和三次同余发生器：

$$X_n = (aX_{n-1}^3 + bX_{n-1}^2 + cX_{n-1} + d) \pmod m$$

一些研究人员将 Boyar 的成果扩展到了任意多项式同余发生器，3N 假短线性同余发生器和未知参数的截短线性同余发生器也被破译。上述证据表明：同余发生器在密码学中并不适用。

线性同余发生器在非密码学应用中得到了使用，如仿真。在大多数测试实践中，线性同余发生器具有很好的统计性能。关于线性同余发生器实现方面的重要信息，可以在 P L'Ecuyer 的文章"Random Numbers for Simulation"中找到。

许多学者考察了组合线性同余发生器，发现它并没有增加安全性，但是它有更长的周期并在某些随机性测试方面具有更好的性能。

4.2.2 线性反馈移位寄存器

下面分析一个工程实践中的实际情况，就是利用线性反馈移位寄存器（Linear Feedback Shift Register，LFSR）产生一个无限长序列。

LFSR 可以用逻辑电路图进行表示，如图 4.2 所示。

LFSR 也可以用图形化进行表示，如图 4.3 所示。

下面给出有 3 个寄存器的例子。

首先设计一个移位寄存器，反馈直接由最低位（输出）到最高位，如图 4.4 所示。寄存器初始值为 101，输出序列变化过程如图 4.5 所示，其中输出位用波浪线标识。由此可以看出，输出序列为 $\underbrace{101}\underbrace{101}\underbrace{101}\cdots$，周期为 3。

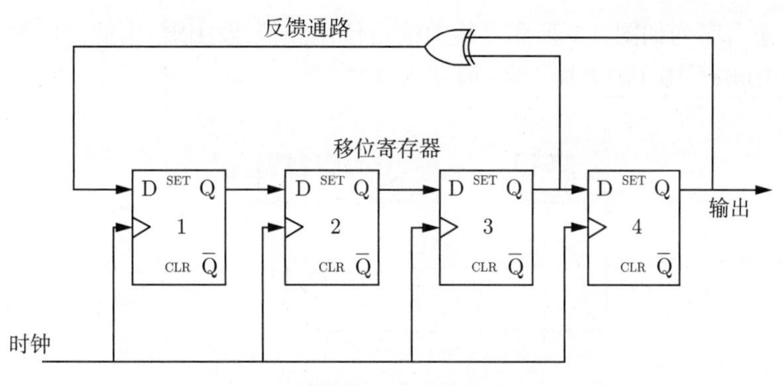

图 4.2　LFSR 的逻辑电路图表示

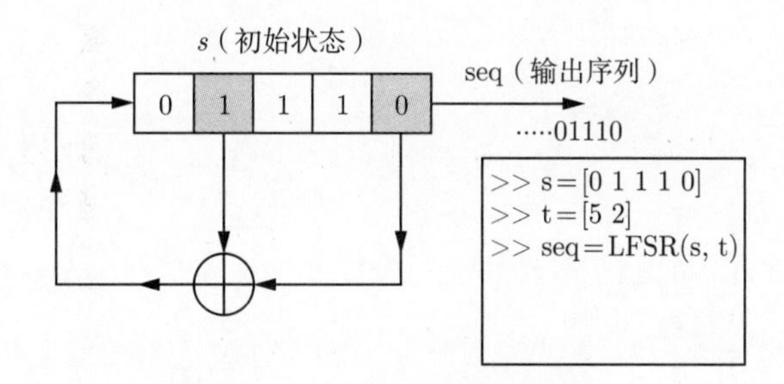

图 4.3　LFSR 的图形化表示

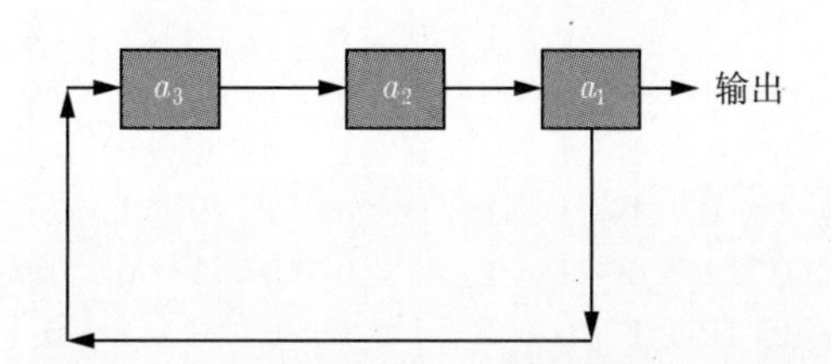

图 4.4　直接输出最高位反馈的移位寄存器

$$
\begin{array}{lllllllllll}
1 & 0 & \underset{\sim}{1} \\
1 & 1 & \underset{\sim}{0} & 1 \\
0 & 1 & \underset{\sim}{1} & 0 & 1 \\
1 & 0 & \underset{\sim}{1} & 1 & 0 & 1 \\
1 & 1 & \underset{\sim}{0} & 1 & 1 & 0 & 1 \\
0 & 1 & \underset{\sim}{1} & 0 & 1 & 1 & 0 & 1 \\
1 & 0 & \underset{\sim}{1} & 1 & 0 & 1 & 1 & 0 & 1 \\
1 & 1 & \underset{\sim}{0} & 1 & 1 & 0 & 1 & 1 & 0 & 1 \\
0 & 1 & \underset{\sim}{1} & 0 & 1 & 1 & 0 & 1 & 1 & 0 & 1
\end{array}
$$

图 4.5　直接反馈移位寄存器输出序列

下面同样采用 3 个寄存器，但是采用不同的反馈方式，如图 4.6 所示。寄存器初始值依然为 101，输出序列如图 4.7 所示，其中输出位用波浪线标识。由此可以看出，输出序列为 $\underbrace{1010011}\ \underbrace{1010011}\ \underbrace{1010011}\ 10\cdots$，周期为 7。

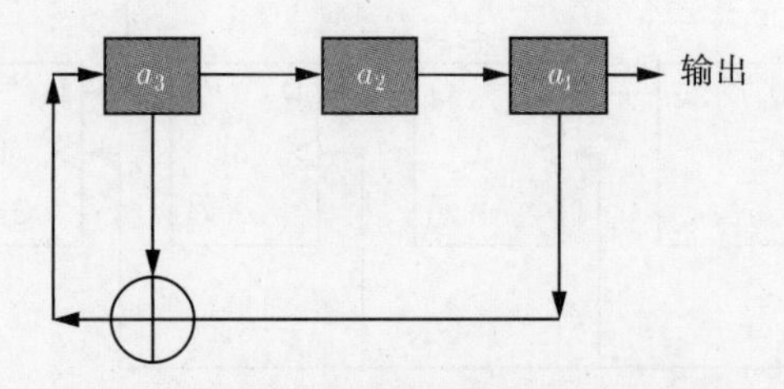

图 4.6　最长循环周期反馈的移位寄存器

$$
\begin{array}{l}
1\ 0\ \underset{\sim}{1}\\
0\ 1\ \underset{\sim}{0}\ 1\\
0\ 0\ \underset{\sim}{1}\ 0\ 1\\
1\ 0\ \underset{\sim}{0}\ 1\ 0\ 1\\
1\ 1\ \underset{\sim}{0}\ 0\ 1\ 0\ 1\\
1\ 1\ \underset{\sim}{1}\ 0\ 0\ 1\ 0\ 1\\
0\ 1\ \underset{\sim}{1}\ 1\ 0\ 0\ 1\ 0\ 1\\
1\ 0\ \underset{\sim}{1}\ 1\ 1\ 0\ 0\ 1\ 0\ 1\\
0\ 1\ \underset{\sim}{0}\ 1\ 1\ 1\ 0\ 0\ 1\ 0\ 1\\
0\ 0\ \underset{\sim}{1}\ 0\ 1\ 1\ 1\ 0\ 0\ 1\ 0\ 1\\
1\ 0\ \underset{\sim}{0}\ 1\ 0\ 1\ 1\ 1\ 0\ 0\ 1\ 0\ 1\\
1\ 1\ \underset{\sim}{0}\ 0\ 1\ 0\ 1\ 1\ 1\ 0\ 0\ 1\ 0\ 1\\
1\ 1\ \underset{\sim}{1}\ 0\ 0\ 1\ 0\ 1\ 1\ 1\ 0\ 0\ 1\ 0\ 1\\
0\ 1\ \underset{\sim}{1}\ 1\ 0\ 0\ 1\ 0\ 1\ 1\ 1\ 0\ 0\ 1\ 0\ 1\\
1\ 0\ \underset{\sim}{1}\ 1\ 1\ 0\ 0\ 1\ 0\ 1\ 1\ 1\ 0\ 0\ 1\ 0\ 1\\
0\ 1\ \underset{\sim}{0}\ 1\ 1\ 1\ 0\ 0\ 1\ 0\ 1\ 1\ 1\ 0\ 0\ 1\ 0\ 1\\
0\ 0\ \underset{\sim}{1}\ 0\ 1\ 1\ 1\ 0\ 0\ 1\ 0\ 1\ 1\ 1\ 0\ 0\ 1\ 0\ 1\\
1\ 0\ \underset{\sim}{0}\ 1\ 0\ 1\ 1\ 1\ 0\ 0\ 1\ 0\ 1\ 1\ 1\ 0\ 0\ 1\ 0\ 1\\
1\ 1\ \underset{\sim}{0}\ 0\ 1\ 0\ 1\ 1\ 1\ 0\ 0\ 1\ 0\ 1\ 1\ 1\ 0\ 0\ 1\ 0\ 1\\
1\ 1\ \underset{\sim}{1}\ 0\ 0\ 1\ 0\ 1\ 1\ 1\ 0\ 0\ 1\ 0\ 1\ 1\ 1\ 0\ 0\ 1\ 0\ 1\\
0\ 1\ \underset{\sim}{1}\ 1\ 0\ 0\ 1\ 0\ 1\ 1\ 1\ 0\ 0\ 1\ 0\ 1\ 1\ 1\ 0\ 0\ 1\ 0\ 1\\
1\ 0\ \underset{\sim}{1}\ 1\ 1\ 0\ 0\ 1\ 0\ 1\ 1\ 1\ 0\ 0\ 1\ 0\ 1\ 1\ 1\ 0\ 0\ 1\ 0\ 1\\
0\ 1\ \underset{\sim}{0}\ 1\ 1\ 1\ 0\ 0\ 1\ 0\ 1\ 1\ 1\ 0\ 0\ 1\ 0\ 1\ 1\ 1\ 0\ 0\ 1\ 0\ 1
\end{array}
$$

图 4.7　最长循环周期反馈移位寄存器输出序列

通过上面的例子可以看出，对于同等数量的寄存器，如果采用不同的反馈方法，则输出序列的周期不同。这就引出两个问题，输出序列的最长周期是多少？如何输出最长周期？

1. 有限域上的多项式

在一个域 F 上可以定义一个多项式交换环，记为 $F[x]$。$F[x]$ 与整数环类似，两者有着相同的除计算方法。

GF(2) 的多项式（polynomial）环，记为 GF(2)[x]，这个多项式的系数（coefficient）来自 GF(2)。

定义 4.1（多项式的度） 一个多项式的最高次数，称为此多项式的度（degree）。多项式 $f(x)$ 的度记为 $\deg(f(x))$，有时在不引起混淆的情况下，也记为 $\deg f(x)$。

对于多项式 x^4+x^3+x+1 和 x^2+x+1，度分别为 4 和 2。

下面通过示例给出多项式环的加运算和乘运算解释。

例 4.3 多项式的完整表达。

$$x^7+x^6+1=1\cdot x^7+1\cdot x^6+0\cdot x^5+0\cdot x^4+0\cdot x^3+0\cdot x^2+0\cdot x^1+1\cdot x^0$$

这个多项式的完整表达的系数可以唯一地表示这个多项式，该多项式系数为

$$11000001$$

例 4.4 加/减运算示例。

$$\begin{aligned}&(x^4+x^3+x+1)+(x^4+x^2+x)\\=&(1\cdot x^4+1\cdot x^4)+(1\cdot x^3+0\cdot x^3)+(0\cdot x^2+1\cdot x^2)+(1\cdot x+1\cdot x)+(1\cdot x^0+0\cdot x^0)\\=&0\cdot x^4+1\cdot x^3+1\cdot x^2+1\end{aligned}$$

上面的加运算也可以用系数序列直接表示：

$$\begin{array}{rl} & 11011\\ + & \underline{10110}\\ & 01101 \Longrightarrow x^3+x^2+1\end{array}$$

例 4.5 乘运算示例。

$$\begin{aligned}&(x^2+x+1)(x+1)\\=&x^3+x^2+x+x^2+x+1\\=&x^3+1\end{aligned}$$

上面的乘运算也可以用系数序列直接表示：

$$\begin{array}{rcccc} & & 1 & 1 & 1\\ \times & & 0 & 1 & 1\\ \hline & & 1 & 1 & 1\\ & 1 & 1 & 1 & \\ \hline & 1 & 0 & 0 & 1 \end{array} \Longrightarrow x^3+1$$

在多项式环中并没有“除”运算的定义，而是来自多项式环的“除性质”[①]（division property for polynomials），所以“除”运算其实是分解多项式的算法。

① q 表示 quotient（商），r 表示 remainder（余）。

定理 4.1（**多项式的除性质**） $[F,+,\cdot]$ 是一个域，$F[x]$ 是域上的多项式环，$f(x)$ 和 $g(x)$ 是 $F[x]$ 的两个元素且 $g(x)\neq\mathbf{0}$，如果在 $F[x]$ 中存在唯一多项式 $q(x)$ 和 $r(x)$，则

$$f(x)=g(x)\cdot q(x)+r(x),\ \deg(r(x))<\deg(g(x)) \tag{4.2}$$

例 4.6 除运算示例。

根据除的基本定义计算：

$(x^4+x^3+x+1)/(x^2+1)\Rightarrow$

$(x^4+x^3+x+1)\text{xor}[(x^2+1)\cdot\underline{\underline{x^2}}]=(x^4+x^3+x+1)\text{xor}(x^4+x^2)=x^3+x^2+x+1\Rightarrow$

$(x^3+x^2+x+1)\text{xor}[(x^2+1)\cdot\underline{\underline{x}}]=(x^3+x^2+x+1)\text{xor}(x^3+x)=x^2+1\Rightarrow$

$(x^2+1)\text{xor}[(x^2+1)\cdot\underline{\underline{1}}]=0$

商是 x^2+x+1，余是 0。

上面的计算过程可以写成长除式：

$$\begin{array}{r|llllll}
 & x^2 & +x & +1 & & & \\
\hline
x^2+1\surd & x^4 & +x^3 & & & +x & +1 \\
 & x^4 & & +x^2 & & & \\
\hline
 & & x^3 & +x^2 & +x & & \\
 & & x^3 & & +x & & \\
\hline
 & & & x^2 & & +1 & \\
 & & & x^2 & & +1 & \\
\hline
 & & & & & 0 &
\end{array}$$

对上面的写法进行简化，直接写系数，这样就变成了二进制序列的除法。运算结束后，再将二进制序列转换为多项式。

此时，x^4+x^3+x+1 对应序列 11011，x^2+1 对应序列 101。

长除式：

$$\begin{array}{r|ccccc}
 & & & 1 & 1 & 1 \\
\hline
101\surd & 1 & 1 & 0 & 1 & 1 \\
 & 1 & 0 & 1 & & \\
\hline
 & & 1 & 1 & 1 & \\
 & & 1 & 0 & 1 & \\
\hline
 & & & 1 & 0 & 1 \\
 & & & 1 & 0 & 1 \\
\hline
 & & & & & 0
\end{array}$$

由此可见，“除”并非域上算子，而是一个计算 $q(x)$ 和 $r(x)$ 的算法。

定义 4.2（**多项式的阶（order）**） 设 $p(x)$ 是 GF(2) 上的多项式，且 $p(0)\neq 0$，则多项式 $p(x)$ 的阶是一个最小整数 e，且 e 满足 $p(x)$ 能整除 x^e+1。

对于多项式 x^2+x+1，从小到大地遍历 x^e+1，$e=3$，4，$\cdots$。通过定义可知，x^2+x+1 阶为 3，$\dfrac{x^3+1}{x^2+x+1}=0$。

素多项式（prime polynomial）是指不能表示为两个多项式乘积的多项式。对于任何度 n，最少存在一个素多项式 $p(x)$，并且使用这个素多项式可以构成一个有限域，通常记为 $\mathrm{GF}(2^n)$。需要注意的是，$\mathrm{GF}(2^n)$ 和 $\mathrm{GF}(2)$ 表示的含义有很大不同，$\mathrm{GF}(2^n)$ 表示的是一个多项式有限域。有些教材为了明确是多项式域，有时也记为 $\mathrm{GF}(2^n)[x]$，并描述以 $p(x)$ 为模对多项式域形成一个划分，在整数域上有剩余系等概念。

例 4.7　利用素多项式构造 $\mathrm{GF}(2^4)$。

$p(x)=x^4+x+1$ 是一个素多项式，用这个素多项式构造 $\mathrm{GF}(2^4)$。

$$
\begin{aligned}
x^0(\mathrm{mod}\ p(x)) &= \mathbf{1}(\mathrm{mod}\ p(x))\\
x^1(\mathrm{mod}\ p(x)) &= x(\mathrm{mod}\ p(x))\\
x^2(\mathrm{mod}\ p(x)) &= x^2(\mathrm{mod}\ p(x))\\
x^3(\mathrm{mod}\ p(x)) &= x^3(\mathrm{mod}\ p(x))\\
x^4(\mathrm{mod}\ p(x)) &= x^4\ \mathrm{xor}\ p(x) = x^4\ \mathrm{xor}\ x^4+x+1 = x+1\\
x^5(\mathrm{mod}\ p(x)) &= x\cdot x^4 = x(x+1) = x^2+x(\mathrm{mod}\ p(x))\\
x^6(\mathrm{mod}\ p(x)) &= x\cdot x^5 = x(x^2+x) = x^3+x^2(\mathrm{mod}\ p(x))\\
x^7(\mathrm{mod}\ p(x)) &= x\cdot x^6 = x(x^3+x^2) = x^4+x^3(\mathrm{mod}\ p(x))\\
&= (x^4+x^3)\mathrm{xor}(x^4+x+1) = x^3+x+1\\
x^8(\mathrm{mod}\ p(x)) &= x\cdot x^7 = x(x^3+x+1) = x^4+x^2+x(\mathrm{mod}\ p(x))\\
&= (x^4+x^2+x)\mathrm{xor}(x^4+x+1) = x^2+1\\
x^9(\mathrm{mod}\ p(x)) &= x\cdot x^8 = x(x^2+1) = x^3+x(\mathrm{mod}\ p(x))\\
x^{10}(\mathrm{mod}\ p(x)) &= x\cdot x^9 = x(x^3+x) = x^4+x^2(\mathrm{mod}\ p(x))\\
&= (x^4+x^2)\mathrm{xor}(x^4+x+1) = x^2+x+1\\
x^{11}(\mathrm{mod}\ p(x)) &= x\cdot x^{10} = x(x^2+x+1) = x^3+x^2+x(\mathrm{mod}\ p(x))\\
x^{12}(\mathrm{mod}\ p(x)) &= x\cdot x^{11} = x(x^3+x^2+x)(\mathrm{mod}\ p(x))\\
&= (x^4+x^3+x^2)\mathrm{xor}(x^4+x+1) = x^3+x^2+x+1\\
x^{13}(\mathrm{mod}\ p(x)) &= x\cdot x^{12} = x(x^3+x^2+x+1)(\mathrm{mod}\ p(x))\\
&= (x^4+x^3+x^2+x)\mathrm{xor}(x^4+x+1) = x^3+x^2+1\\
x^{14}(\mathrm{mod}\ p(x)) &= x\cdot x^{13} = x(x^3+x^2+1)(\mathrm{mod}\ p(x))
\end{aligned}
$$

$$= (x^4 + x^3 + x)\text{xor}(x^4 + x + 1) = x^3 + 1$$

$$[-1mm]x^{15}(\text{mod } p(x)) = x \cdot x^{14} = x(x^3 + 1)(\text{mod } p(x)) = (x^4 + x)\text{xor}(x^4 + x + 1) = \mathbf{1}$$

$$x^{16}(\text{mod } p(x)) = x \cdot x^{15} = x(\text{mod } p(x))$$

通过以上运算形成集合 $\{\mathbf{1}，x，x^2，x^3，x+1，x^2+x，x^3+x^2，x^3+x+1，x^2+1，x^3+x，x^2+x+1，x^3+x^2+x，x^3+x^2+x+1，x^3+x^2+1，x^3+1\}$，这个多项式序列对应的二进制序列为 {0001，0010，0100，1000，0011，0110，1100，1011，0101，1010，0111，1110，1111，1101，1001}。该序列共 15 个元素，即 2^4-1 个元素。根据定义，可知 x 是 GF(2^4) 生成元。

实际中，寻找素多项式是一个困难问题，通常都需要查表。

"$f(x)$ 是一个 n 次多项式，$f(x)$ 为不可约之模 2 多项式，则 $f(x)$ 必能除尽 $1+x^{2^n-1}$；若对任何正整数 $r < 2^n-1$，$f(x)$ 不能除尽 $1+x^r$，则称 $f(x)$ 为 n 次"本原多项式"(primitive polynomial)"。由此可见，素多项式是本原多项式的必要不充分条件，如果是充分必要条件，那么这两个概念就等价了。

文献随录

Partow 给出的本原多项式列表（$2 \leqslant n \leqslant 8$）见文献随录。

也可以用其他方法进行表示，如 Schneier 在《应用密码学——协议、算法与 C 源程序》中将系数为 1 的 x 的指数值列出，如 (1，0) 表达的本原多项式为 $x+1$，(8，4，3，2，0) 表达的本原多项式为 $x^8+x^4+x^3+x^2+1$。

因为 x^0 总存在，所以也有些本原多项式列表直接列出系数为 1 的 x 的非零指数值，例如：

$1 \xRightarrow{\text{表达的本原多项式}} x+1$

$8，4，3，2 \xRightarrow{\text{表达的本原多项式}} x^8+x^4+x^3+x^2+1$

如果这个本原多项式 $p(x)$ 的度为 n，那么以 $p(x)$ 为模对 GF(2)[x] 进行划分，可以形成有限域 GF(2^n)。

2. 生成函数

生成函数（generating function）是研究序列的一种工具。

序列 $\{a_0，a_1，\cdots\}$ 的普通生成函数（Ordinary Generating Function，OGF）定义为

$$G(x) = a_0 + a_1 x + a_2 x^2 + \cdots \tag{4.3}$$

在一些研究场景下，也可能会用到其他类型的生成函数，如指数生成函数（Exponential Generating Functions，EGF），$G(x) = a_0\dfrac{x^0}{0!} + a_1\dfrac{x^1}{1!} + a_2\dfrac{x^2}{2!} + \cdots$。此外，还有其他生成函数，感兴趣的读者可以查阅相关资料。

例 4.8 对于序列 $a_n = \begin{pmatrix} k \\ n \end{pmatrix}$，$n \leqslant k$，当 $n > k$ 时，$a_n = 0$ 的普通生成多项式[①]为

$$G(x) = \sum_{n=0}^{k} \begin{pmatrix} k \\ n \end{pmatrix} x = (1+x)^k \tag{4.4}$$

① 根据二项式定理可以获得这个结果。

对于序列 $\{a_n\}$ 和 $\{b_n\}$，如果将序列的加定义为 $c_i = a_i + b_i$（$i = 0, 1, 2, \cdots$），乘定义为 $c_i = \sum\limits_{j=0}^{i} a_i b_{i-j}$，那么序列 $\{c_n\}$ 的生成函数分别是序列 $\{a_n\}$ 和 $\{b_n\}$ 生成函数的乘和加。

对于 LFSR，反馈给出了序列的递推关系，通过推导可得

$$G(x) = \frac{\sum\limits_{i=1}^{r} c_i x^i (a_{-i}x^{-i} + \cdots + a_{-1}x^{-1})}{1 - \sum\limits_{i=1}^{r} c_i x^i} \tag{4.5}$$

其中，a_{-r}，$\cdots$，a_{-1} 通常是指初始状态。

由式 (4.5) 可以看出，$G(x)$ 取决于初始条件 $\{a_{-r}, \cdots, a_{-1}\}$、反馈系数 $\{c_1, c_2, \cdots, c_r\}$ 和分母上的多项式。实际上，分母多项式与初始条件没有关系，而只与反馈有关。

3. LFSR 的多项式表示

对于有 n 个寄存器的 LFSR，可以用一元多项式进行表示，如图 4.8 所示。移位寄存器序列的递推关系为

$$a_n = c_1 a_{n-1} + c_2 a_{n-2} + \cdots + c_n a_0 \tag{4.6}$$

式 (4.6) 可以变换为

$$a_n + c_1 a_{n-1} + c_2 a_{n-2} + \cdots + c_n a_0 = 0 \tag{4.7}$$

如果引入延迟因子 x，即 $a_n x = a_{n-1}$，$a_n x^2 = a_{n-2}$，那么式 (4.7) 可以写为

$$a_n(1 + c_1 x + c_2 x^2 + \cdots + c_n x^n) = 0 \tag{4.8}$$

由此可以看出，反馈关系与多项式 $1 + c_1 x + c_2 x^2 + \cdots + c_{n-1}x^{n-1} + c_n x^n$（$c_i \in 0, 1$）是一一对应的。图 4.8 中最右一级的反馈总是存在的，即 $c_n = 1$ 是恒定的。这个多项式是该 LFSR 的一个重要特征，称为该 LFSR 的特征多项式（characteristic polynomial）。特征多项式与 LFSR 是一一对应的。

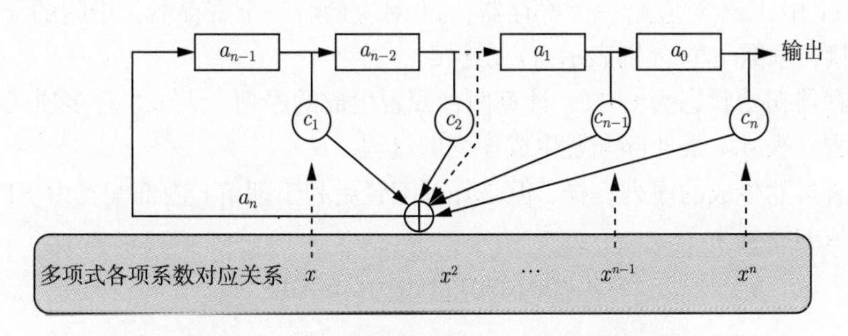

图 4.8 用一元多项式表示 n 位移位寄存器

例 4.9 图 4.9 为 3 位循环移位寄存器，求其对应的多项式。

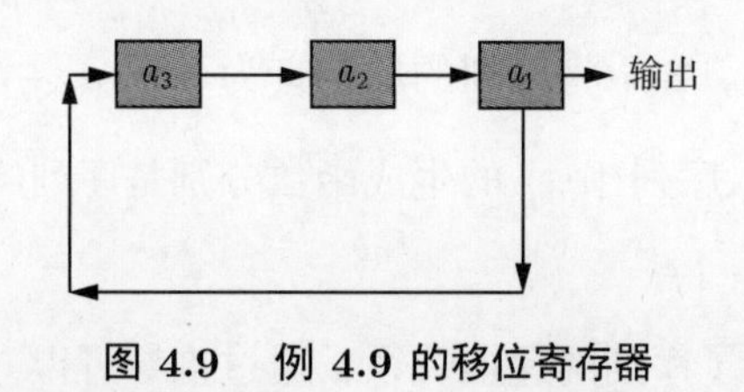

图 4.9 例 4.9 的移位寄存器

解：该移位寄存器对应的多项式为 x^3+1。

例 4.10 图 4.10 为 3 位移位寄存器，求其对应的多项式。

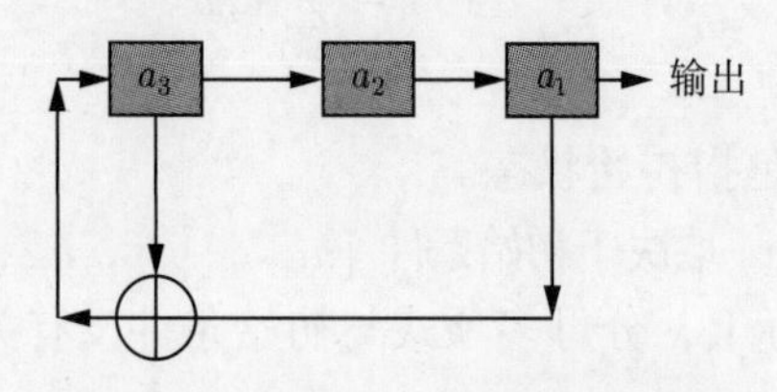

图 4.10 例 4.10 的移位寄存器

该移位寄存器对应的多项式为 x^3+x+1，按图 4.10 的顺序为 $1+x+x^3$，查表或根据定义验证可知 x^3+x+1 是一个本原多项式。

图形化表示 LFSR 有两种方式。图 4.8 是斐波那契配置（Fibonacci configuration），也称外部配置（external configuration）。另一种方式是伽罗瓦配置（Galois configuration），也称内部配置（internal configuration）。内部配置更加适合软件实现。

本原多项式 x^4+x+1 对应的内部配置和外部配置如图 4.11 所示。

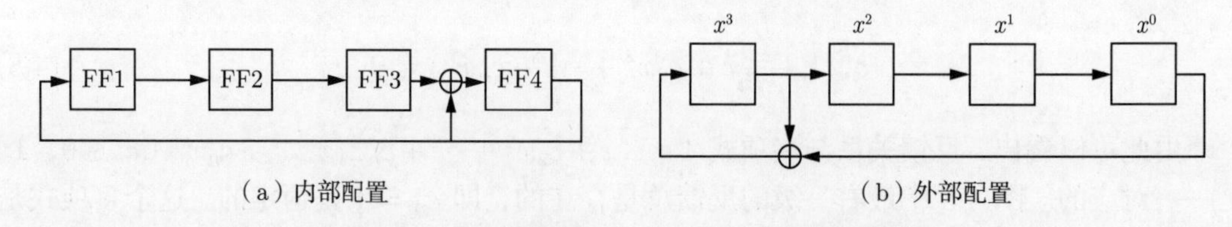

图 4.11 本原多项式 x^4+x+1 对应的两种配置

在图 4.11 中，x^0 对应第一个寄存器，x^4 对应最后一个寄存器，中间的 x^i 是 FF_i 到 FF_{i+1} 的连接，系数 1/0 分别表示有/无连接。

假设寄存器初始状态为 0011，计算两种配置生成的序列，表 4.3 是多项式移位运算生成序列的过程，表 4.4 是外部配置生成序列的过程。

两种配置虽然生成的序列一样，但是外部配置更利于理解。内部配置由 FF1 寄存器抽头引出，生成的序列为

$$\underline{100100011110101}10010$$

外部配置从最右边的寄存器引出，生成的序列为

$$\underline{110010001111010}11001$$

表 4.3 多项式移位运算生成序列

寄存器状态 (FF1FF2FF3FF4)	$p(x)x$	$p(x)x \mod x^4+x+1$	多项式对应序列
1100	$x+1$	$x+1$	1100
0110	x^2+x	x^2+x	0110
0011	x^3+x^2	x^3+x^2	0011
1101	x^4+x^3	x^3+x+1	1101
1010	x^5+x^4	x^2+1	1010
0101	x^6+x^5	x^3+1	0101
1110	x^7+x^6	x^2+x+1	1110
0111	x^8+x^7	x^2+x	0110
1111	x^9+x^8	x^3+x^2+x+1	1111
1101	$x^{10}+x^9$	x^3+x+1	1101

表 4.4 外部配置生成序列

寄存器状态	寄存器状态	寄存器状态	寄存器状态	寄存器状态
0011	0001	1111	1010	1001
1001	1000	0111	1101	0100
0100	1100	1011	0110	0010
0010	1110	0101	0011	0001

如果当前寄存器状态表示为多项式 $p(x)=\sum_{i=0}^{r-1}a_ix^i$，反馈对应的本原多项式为 $Q(x)$，那么下一个状态为 $p(x)x \mod Q(x)$，这种计算方法即多项式移位运算。

对于由 n 个寄存器组成的 LFSR，其可能的状态最多是 2^n 个。在全零状态下，LFSR 的后续状态不会变化，所以需要除去这个状态。因此，由 n 个寄存器组成的 LFSR 最多可能有 2^n-1 个状态。

在一定的资源配置下，通常希望得到周期最长的伪随机序列。下面给出 LFSR 的几个重要结论。

定理 4.2（LFSR 最大周期） *n 级 LFSR 生成的序列最大周期为 2^n-1，最大周期序列称为 m 序列。*

定理 4.3（LFSR 最大周期必要条件） *n 级 LFSR 生成的序列为最大周期 2^n-1 的必要条件是其特征多项式不可约。*

定义 4.3（本原多项式） *若 n 次不可约多项式 $p(x)$ 的阶为 2^n-1，则称 $p(x)$ 为 n 次本原多项式。*

定理 4.4（m 序列充要条件） *对于 $\{a_i\}\in G(p(x))$，$\{a_i\}$ 为 m 序列的充要条件是 $p(x)$ 为本原多项式。*

在研究其周期、最大周期等问题时，通常会采用生成方程（generating function）的研究方法，但是如果需要考虑计算寄存器状态、输出序列或研究破解问题，则矩阵方法（matrix method）是常用的一种方法。因此，一个问题转换为什么样的数学描述，或者说用什么样的数学工具来解决问题，选择往往很重要。

例 4.11 LFSR 的特征多项式为 x^3+x^2+1，x^3+x^2+1 是一个本原多项式，x 是 $\mathrm{GF}(2)[x]/x^3+x^2+1$ 的乘法生成元，试计算所有元素。

$$
\begin{array}{ccccc}
x^0 & 1 & \xrightarrow{\text{对应序列}} & 001 \\
x^1 & x & \xrightarrow{\text{对应序列}} & 010 \\
x^2 & x^2 & \xrightarrow{\text{对应序列}} & 100 \\
x^3 & x^2+1 & \xrightarrow{\text{对应序列}} & 101 \\
x^4 & x^2+x+1 & \xrightarrow{\text{对应序列}} & 111 \\
x^5 & x+1 & \xrightarrow{\text{对应序列}} & 011 \\
x^6 & x^2+x & \xrightarrow{\text{对应序列}} & 110 \\
x^7 & 1 & \xrightarrow{\text{对应序列}} & 001 \\
x^8 & x & \xrightarrow{\text{对应序列}} & 010 \\
x^9 & x^2 & \xrightarrow{\text{对应序列}} & 100 \\
x^{10} & x^3 & \xrightarrow{\text{对应序列}} & 101
\end{array}
$$

其中，组合序列 x^3+x+1 对应的内部配置如图 4.12 所示。

假设初始状态为 100（高位为 1），则生成的序列如表 4.5 所示。

从上面的对比可以看出，对于 LFSR 的内部配置，寄存器初始状态给定了循环的起始点，可以产生最大周期序列。

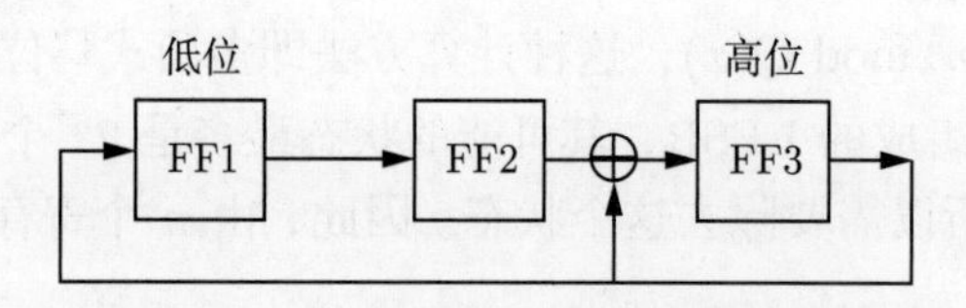

图 4.12 x^3+x+1 对应的内部配置

表 4.5 x^3+x+1 内部配置生成序列

寄存器状态	正常序列表示	对应多项式
001	100	x^2
101	101	x^2+1
111	111	x^2+x+1
110	011	$x+1$
011	110	x^2+x
100	001	1
010	010	x
001	100	x^2
101	101	x^2+1
111	111	x^2+x+1

4. LFSR 的矩阵表示

有时为了计算方便，也可以使用矩阵来表示 LFSR 的时间序列。

如果将 n 位 LFSR 在初始时刻的状态看作一个 n 维向量 $\boldsymbol{\alpha}_0 = [a_0 \quad a_1 \quad \cdots \quad a_{n-1}]$，那么迁移到下一个时刻的状态向量 $\boldsymbol{\alpha}_1 = [a_1 \quad a_2 \quad \cdots \quad a_n]$，根据 LFSR 反馈函数可知：

$$a_n = c_1 a_{n-1} + c_2 a_{n-2} + \cdots + c_n a_0 \tag{4.9}$$

则状态的迁移可以表示为

$$\boldsymbol{\alpha}_1 = \boldsymbol{\alpha}_0 \boldsymbol{A} \tag{4.10}$$

即

$$\begin{bmatrix} a_1 & a_2 & \cdots & a_n \end{bmatrix} = \begin{bmatrix} a_0 & a_1 & \cdots & a_{n-1} \end{bmatrix} \begin{bmatrix} 0 & 0 & \dots & 0 & c_n \\ 1 & 0 & \dots & 0 & c_{n-1} \\ 0 & 1 & \dots & 0 & c_{n-1} \\ \vdots & \vdots & \ddots & \vdots & \vdots \\ 0 & 0 & \dots & 1 & c_2 \\ 0 & 0 & \dots & 0 & c_1 \end{bmatrix} \tag{4.11}$$

4.3 序列的伪随机性

流密码的安全性取决于密钥流的“安全性”，密钥流的安全性是指其不易被破解，即具有好的随机性。那么，什么是“好的随机性”？

下面给出几个基本概念，然后分析 Golomb（哥伦布）定义的“随机序列”。

首先给出游程的概念，游程是指在一个序列中连续出现的相同数字。对于序列 0100110001110101111（长度为 19），从左到右依次有

0 的 1 游程
1 的 1 游程
0 的 2 游程
1 的 2 游程
0 的 3 游程
1 的 3 游程
0 的 1 游程
1 的 1 游程
0 的 1 游程
1 的 4 游程

总结可知，0 的 1 游程有 3 个，1 的 1 游程有 2 个，0 的 2 游程有 1 个，1 的 2 游程有 1 个，0 的 3 游程有 1 个，1 的 3 游程有 1 个，1 的 4 游程有 1 个。根据游程可以计算

序列长度：

$$1\times3+1\times2+2\times1+2\times1+3\times1+3\times1+4\times1=19$$

序列中 0 的个数：

$$1\times3+2\times1+3\times1=8$$

序列中 1 的个数：

$$1\times2+2\times1+3\times1+4\times1=11$$

定义 4.4（序列的自相关函数） GF(2) 上的周期为 T 的序列 a_i 的自相关函数为

$$R(\tau)=\frac{1}{T}\sum_{k=1}^{T}(-1)^{a_k}(-1)^{a_{k+\tau}},\ 0\leqslant\tau\leqslant T-1 \tag{4.12}$$

已知：

$$(-1)^1=-1,\ (-1)^0=1$$

$$(-1)^1(-1)^1=1,\ (-1)^0(-1)^0=1,\ (-1)^1(-1)^0=-1$$

则当 $a_k=a_{k+\tau}$ 时，$(-1)^{a_k}(-1)^{a_{k+\tau}}=1$；当 $a_k\neq a_{k+\tau}$ 时，$(-1)^{a_k}(-1)^{a_{k+\tau}}=-1$。

易知当 $\tau=0$ 时，$R(0)=1$。

下面给出一个简单计算示例。

例 4.12 假设有一个周期为 5 的序列 01010，已知 $R(0)=1$，试计算 $R(1)$。

将序列右移 1 位，与原序列关系为

原序列	0	1	0	1	0	0
$\tau=1$		0	1	0	1	0
对比计算		−1	−1	−1	−1	1

由此可得，$R(1)=-\dfrac{3}{4}$。

Golomb 提出了伪随机周期序列应该满足的 3 个随机性公设：

（1）在序列的一个周期内，0 与 1 的个数相差最多为 1。

（2）在序列的一个周期内，长为 1 的游程占游程总数的 $\dfrac{1}{2}$，长为 2 的游程占游程总数的 $\dfrac{1}{2^2}$，$\cdots$，长为 i 的游程占游程总数的 $\dfrac{1}{2^i}$，以此类推。在等长的游程中，0 的游程个数与 1 的游程个数相等。

（3）自相关函数是 0 和一个常数。

公设（1）说明序列 a_i 中 0 与 1 出现的概论基本上相同。公设（2）说明 0 与 1 在序列中每个位置上出现的概率相同。由公设（3）可知，通过对序列与其平移后的序列进行比较，不能给出其他任何信息。

从密码系统的角度看，伪随机序列还应满足以下条件。

（1）a_i 的周期相当大。

（2）a_i 的确定在计算上是容易的。

（3）由密文和相应明文的部分信息，不能确定整个密钥序列 a_i。

定理 4.5（m 序列随机性定理） GF(2) 上的长度为 n 的 m 序列 a_i 具有以下性质。

（1）在一个周期内，0、1 出现的次数分别为 $2^{n-1}-1$ 和 2^{n-1}。

（2）在一个周期内，总游程数为 2^{n-1}。对 $1 \leqslant i \leqslant n-2$，长为 i 的游程有 2^{n-i-1} 个，且 0、1 游程各半；长为 $n-1$ 的 0 游程有一个；长为 n 的 1 游程有一个。

（3）a_i 的自相关函数：

$$R(\tau)=\begin{cases}1, & \tau=0\\ -\dfrac{1}{2^n-1}, & 0<\tau\leqslant 2^n-2\end{cases}$$

4.4 伪随机序列的命名

在抛掷一枚均匀的硬币时，若出现正面记为 1，出现背面记为 −1，则可以得到一个随机的二元序列。当抛掷的次数足够多时，所得序列具有以下随机特性。

（1）序列中 1 的个数与 −1 的个数接近相等。

（2）将连在一起的 1（或 −1）称为“游程”，其中 1（或 −1）的个数称为此游程的长度。序列中长度为 1 的游程约占游程总数的 1/2，长度为 2 的约占 1/4，长度为 3 的约占 1/8，以此类推。在同长度的所有游程中，1 的游程与 −1 的游程各占一半。

（3）序列的自相关函数的均值（期望值）在原点处最高，在离开原点后迅速下降。

以上是完整的二元随机序列的特性，通常所谓的“伪随机序列”是指具有此三条特性的二元序列。之所以带有“伪”字，是因为这些序列尽管表面上满足随机特性，但实际上都是按一定规律形成的“确定性”序列。序列是否随机取决于其产生过程，仅由其最终形式是无法判定的。

在实际应用中，自相关函数的绝对值在原点处应远远大于在其他点处，以便在相关检测时进行区分。因此，自相关特性（3）应当特别注意。

4.5 流密码的分类

流密码通常分为两大类，即同步流密码（synchronous stream cipher）和自同步流密码（self-synchronizing stream ciphers）。

同步流密码是指密钥流在产生时与明文和密文都没有关系，其加解密过程如图 4.13 所示。

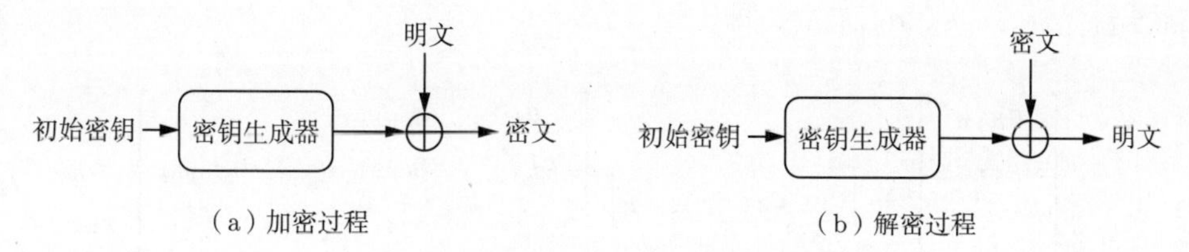

图 4.13 同步流密码加解密过程

自同步流密码是指使用已有的部分密文参与密钥流的生成，其加解密过程如图 4.14 所示。

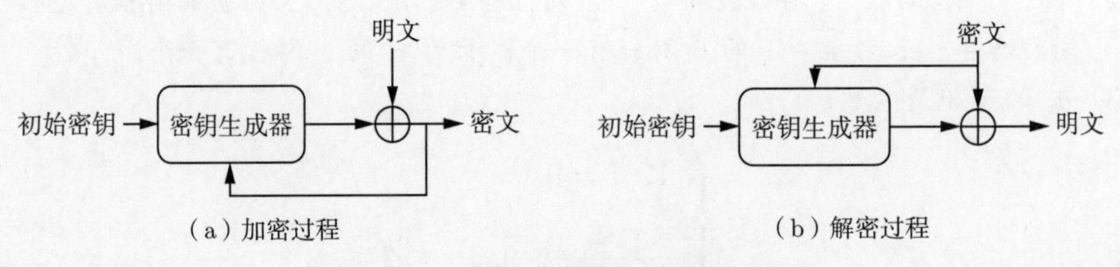

图 4.14 自同步流密码加解密过程

文献随录

在 Springer 整理的 *Encyclopedia of Cryptography and Security* 中，关于两类流密码的定义见文献随录。

4.6 m 序列的破解

下面介绍 m 序列的流加密，主要对已知明文攻击进行分析。

假设已知密钥是 n 级 LFSR 生成的 m 序列，且已获得连续的 $n+1$ 个长度的信息和对应的明文，则可以根据密文 c_i 和明文 m_i 对计算密钥。因为 $c_i = m_i \oplus k_i$，所以有 $c_i \oplus m_i = (m_i \oplus k_i) \oplus m_i = k_i$，此时可以计算出长度为 $n+1$ 的密钥序列，记为

$$a_h,\ a_{h+1},\ a_{h+2},\ \cdots,\ a_{h+n} \tag{4.13}$$

假设密钥序列的特征方程系数分别为 c_n，c_{n-1}，$\cdots$，c_1，则递推式为

$$a_{h+n} = c_n a_{h+n-1} + c_{n-1} a_{h+n-2} + \cdots + c_1 a_h \tag{4.14}$$

式 (4.14) 可用向量表示为

$$\boldsymbol{A} = a_{h+n} = \begin{bmatrix} c_1 & c_2 & \cdots & c_n \end{bmatrix} \begin{bmatrix} a_h \\ a_{h+1} \\ \vdots \\ a_{h+n-1} \end{bmatrix} \tag{4.15}$$

假设可以获取后面的 $n-1$ 个密文和对应的明文信息，则同理可以计算其对应的密钥序列 a_{h+n+1}，a_{h+n+2}，$\cdots$，a_{h+2n-1}，即

$$\begin{bmatrix} a_{h+n} \\ a_{h+n+1} \\ \vdots \\ a_{h+2n-1} \end{bmatrix} = \begin{bmatrix} c_1 & c_2 & \cdots & c_n \end{bmatrix} \begin{bmatrix} a_h & a_{h+1} & \cdots & a_{h+n} \\ a_{h+1} & a_{h+2} & \cdots & a_{h+n+1} \\ \vdots & \vdots & \ddots & \vdots \\ a_{h+n-1} & a_{h+n} & \cdots & a_{h+2n-1} \end{bmatrix} \tag{4.16}$$

式 (4.16) 中的密钥序列可记为

$$
\boldsymbol{D}=\begin{bmatrix} a_h & a_{h+1} & \cdots & a_{h+n} \\ a_{h+1} & a_{h+2} & \cdots & a_{h+n+1} \\ \vdots & \vdots & \ddots & \vdots \\ a_{h+n-1} & a_{h+n} & \cdots & a_{h+2n-1} \end{bmatrix} \tag{4.17}
$$

如果 $\boldsymbol{D}$ 存在逆，则可以根据获得的 $2n$ 个数据求出特征方程系数，即可破解此密码系统。求得特征方程后，即可根据计算出的密钥流得到后续的密钥序列，并且可以根据后续获取的密文序列计算出明文。

例 4.13 假设已知流加密系统密文串"101101011110010"和对应的明文串"011001111111001"，且密钥流是由 5 级线性反馈寄存器产生的，试破解此加密系统。

解 （1）利用已知明文和对应密文进行异或操作，获取密钥流。

密文	1	0	1	1	0	1	0	1	1	1	1	0	0	1	0
明文	0	1	1	0	0	1	1	1	1	1	1	1	0	0	1
密钥	1	1	0	1	0	0	1	0	0	0	0	1	0	1	1
特征方程系数	a_1	a_2	a_3	a_4	a_5	a_6	a_7	a_8	a_9	a_{10}	a_{11}	a_{12}	a_{13}	a_{14}	a_{15}

（2）因为是 5 级 LFSR，所以只用取密钥流中的连续 10 位即可计算特征方程系数。

$$
\begin{bmatrix} a_6 & a_7 & a_8 & a_9 & a_{10} \end{bmatrix}=\begin{bmatrix} c_1 & c_2 & c_3 & c_4 & c_5 \end{bmatrix}\begin{bmatrix} a_1 & a_2 & a_3 & a_4 & a_5 \\ a_2 & a_3 & a_4 & a_5 & a_6 \\ a_3 & a_4 & a_5 & a_6 & a_7 \\ a_4 & a_5 & a_6 & a_7 & a_8 \\ a_5 & a_6 & a_7 & a_8 & a_9 \end{bmatrix} \tag{4.18}
$$

即

$$
\begin{bmatrix} 0 & 1 & 0 & 0 & 0 \end{bmatrix}=\begin{bmatrix} c_1 & c_2 & c_3 & c_4 & c_5 \end{bmatrix}\begin{bmatrix} 1 & 1 & 0 & 1 & 0 \\ 1 & 0 & 1 & 0 & 0 \\ 0 & 1 & 0 & 0 & 1 \\ 1 & 0 & 0 & 1 & 0 \\ 0 & 0 & 1 & 0 & 0 \end{bmatrix} \tag{4.19}
$$

由式 (4.19) 可得

$$
\begin{bmatrix} c_1 & c_2 & c_3 & c_4 & c_5 \end{bmatrix}=\begin{bmatrix} 0 & 1 & 0 & 0 & 0 \end{bmatrix}\begin{bmatrix} 1 & 1 & 0 & 1 & 0 \\ 1 & 0 & 1 & 0 & 0 \\ 0 & 1 & 0 & 0 & 1 \\ 1 & 0 & 0 & 1 & 0 \\ 0 & 0 & 1 & 0 & 0 \end{bmatrix}^{-1} \tag{4.20}
$$

（3）在求逆矩阵时，需要注意加运算和乘运算是定义在 GF(2) 上的。这里采用 Gauss-Jordan Elimination 方法（通常译为“高斯-约旦消元法”，也可译为“高斯-若尔当消元法”“高斯-约当消元法”），计算过程如下。

对式 (4.20) 所得矩阵进行扩展：

$$\left[\begin{array}{ccccc|ccccc} 1&1&0&1&0&1&0&0&0&0\\ 1&0&1&0&0&0&1&0&0&0\\ 0&1&0&0&1&0&0&1&0&0\\ 1&0&0&1&0&0&0&0&1&0\\ 0&0&1&0&0&0&0&0&0&1 \end{array}\right] \tag{4.21}$$

因为 GF(2) 上元素只有 0 或 1，所以只要选定对角线上不为零的元素，固定这个元素并进行行加（在此代数结构中就是异或）运算，即可将该元素所在列的其他元素变为零或行对调。在后面的运算过程中，用 $R_2 \leftrightarrow R_4$ 表示第二行和第四行互换，如果固定元素是 (1，1)，则用 $R_1 + R_3$ 表示将第一行和第三行相加，并替换第三行。

对式 (4.21) 所得矩阵进行行对调：

$$\left[\begin{array}{ccccc|ccccc} 1&1&0&1&0&1&0&0&0&0\\ 1&0&1&0&0&0&1&0&0&0\\ 0&1&0&0&1&0&0&1&0&0\\ 1&0&0&1&0&0&0&0&1&0\\ 0&0&1&0&0&0&0&0&0&1 \end{array}\right] \xrightarrow{R_2 \leftrightarrow R_3} \left[\begin{array}{ccccc|ccccc} 1&1&0&1&0&1&0&0&0&0\\ 0&1&0&0&1&0&0&1&0&0\\ 1&0&1&0&0&0&1&0&0&0\\ 1&0&0&1&0&0&0&0&1&0\\ 0&0&1&0&0&0&0&0&0&1 \end{array}\right]$$

$$\xrightarrow{R_2+R_5 \to R_5} \left[\begin{array}{ccccc|ccccc} 1&1&0&1&0&1&0&0&0&0\\ 0&1&0&0&1&0&0&1&0&0\\ 1&0&1&0&0&0&1&0&0&0\\ 1&0&0&1&0&0&0&0&1&0\\ 0&1&1&0&1&0&0&1&0&1 \end{array}\right] \tag{4.22}$$

固定 (1，1)，将同列变换为 0：

$$\left[\begin{array}{ccccc|ccccc} 1&1&0&1&0&1&0&0&0&0\\ 0&1&0&0&1&0&0&1&0&0\\ 1&0&1&0&0&0&1&0&0&0\\ 1&0&0&1&0&0&0&0&1&0\\ 0&1&1&0&1&0&0&1&0&1 \end{array}\right] \xrightarrow{R_1+R_3 \quad R_1+R_4} \left[\begin{array}{ccccc|ccccc} 1&1&0&1&0&1&0&0&0&0\\ 0&1&0&0&1&0&0&1&0&0\\ 0&1&1&1&0&1&1&0&0&0\\ 0&1&0&0&0&1&0&0&1&0\\ 0&1&1&0&1&0&0&1&0&1 \end{array}\right] \tag{4.23}$$

固定 (2, 2)，将同列变换为 0:

$$
\begin{aligned}
&\left[\begin{array}{ccccc|ccccc}
1 & 1 & 0 & 1 & 0 & 1 & 0 & 0 & 0 & 0 \\
0 & 1 & 0 & 0 & 1 & 0 & 0 & 1 & 0 & 0 \\
0 & 1 & 1 & 1 & 0 & 1 & 1 & 0 & 0 & 0 \\
0 & 1 & 0 & 0 & 0 & 1 & 0 & 0 & 1 & 0 \\
0 & 0 & 1 & 0 & 0 & 0 & 0 & 0 & 0 & 1
\end{array}\right] \\
\xrightarrow{R_2+R_1\ \ R_2+R_3\ \ R_2+R_4\ \ R_2+R_5}
&\left[\begin{array}{ccccc|ccccc}
1 & 0 & 0 & 1 & 1 & 1 & 0 & 1 & 0 & 0 \\
0 & 1 & 0 & 0 & 1 & 0 & 0 & 1 & 0 & 0 \\
0 & 0 & 1 & 1 & 1 & 1 & 1 & 1 & 0 & 0 \\
0 & 0 & 0 & 0 & 1 & 1 & 0 & 1 & 1 & 0 \\
0 & 0 & 1 & 0 & 0 & 0 & 0 & 0 & 0 & 1
\end{array}\right]
\end{aligned}
\tag{4.24}
$$

固定 (3, 3)，将同列变换为 0:

$$
\begin{aligned}
&\left[\begin{array}{ccccc|ccccc}
1 & 0 & 0 & 1 & 1 & 1 & 0 & 1 & 0 & 0 \\
0 & 1 & 0 & 0 & 1 & 0 & 0 & 1 & 0 & 0 \\
0 & 0 & 1 & 1 & 1 & 1 & 1 & 1 & 0 & 0 \\
0 & 0 & 0 & 0 & 1 & 1 & 0 & 1 & 1 & 0 \\
0 & 0 & 1 & 0 & 0 & 0 & 0 & 0 & 0 & 1
\end{array}\right]
\xrightarrow{R_3+R_5}
\left[\begin{array}{ccccc|ccccc}
1 & 0 & 0 & 1 & 1 & 1 & 0 & 1 & 0 & 0 \\
0 & 1 & 0 & 0 & 1 & 0 & 0 & 1 & 0 & 0 \\
0 & 0 & 1 & 1 & 1 & 1 & 1 & 1 & 0 & 0 \\
0 & 0 & 0 & 0 & 1 & 1 & 0 & 1 & 1 & 0 \\
0 & 0 & 0 & 1 & 1 & 1 & 1 & 1 & 0 & 1
\end{array}\right] \\
\xrightarrow{R_4 \leftrightarrow R_5}
&\left[\begin{array}{ccccc|ccccc}
1 & 0 & 0 & 1 & 1 & 1 & 0 & 1 & 0 & 0 \\
0 & 1 & 0 & 0 & 1 & 0 & 0 & 1 & 0 & 0 \\
0 & 0 & 1 & 1 & 1 & 1 & 1 & 1 & 0 & 0 \\
0 & 0 & 0 & 1 & 1 & 1 & 1 & 1 & 0 & 1 \\
0 & 0 & 0 & 0 & 1 & 1 & 0 & 1 & 1 & 0
\end{array}\right]
\end{aligned}
\tag{4.25}
$$

固定 (4, 4)，将同列变换为 0:

$$
\left[\begin{array}{ccccc|ccccc}
1 & 0 & 0 & 1 & 1 & 1 & 0 & 1 & 0 & 0 \\
0 & 1 & 0 & 0 & 1 & 0 & 0 & 1 & 0 & 0 \\
0 & 0 & 1 & 1 & 1 & 1 & 1 & 1 & 0 & 0 \\
0 & 0 & 0 & 1 & 1 & 1 & 1 & 1 & 0 & 1 \\
0 & 0 & 0 & 0 & 1 & 1 & 0 & 1 & 1 & 0
\end{array}\right]
\xrightarrow{R_4+R_1\ \ R_4+R_3}
\left[\begin{array}{ccccc|ccccc}
1 & 0 & 0 & 0 & 0 & 0 & 1 & 0 & 0 & 1 \\
0 & 1 & 0 & 0 & 1 & 0 & 0 & 1 & 0 & 0 \\
0 & 0 & 1 & 0 & 0 & 0 & 0 & 0 & 0 & 1 \\
0 & 0 & 0 & 1 & 1 & 1 & 1 & 1 & 0 & 1 \\
0 & 0 & 0 & 0 & 1 & 1 & 0 & 1 & 1 & 0
\end{array}\right]
\tag{4.26}
$$

固定 (5, 5)，将同列变换为 0:

$$\left[\begin{array}{ccccc:ccccc} 1&0&0&0&0&0&1&0&0&1\\ 0&1&0&0&1&0&0&1&0&0\\ 0&0&1&0&0&0&0&0&0&1\\ 0&0&0&1&1&1&1&1&0&1\\ 0&0&0&0&1&1&0&1&1&0 \end{array}\right] \xrightarrow{R_5+R_2\ \ R_5+R_4} \left[\begin{array}{ccccc:ccccc} 1&0&0&0&0&0&1&0&0&1\\ 0&1&0&0&0&1&0&0&1&0\\ 0&0&1&0&0&0&0&0&0&1\\ 0&0&0&1&0&0&1&0&1&1\\ 0&0&0&0&1&1&0&1&1&0 \end{array}\right] \tag{4.27}$$

由此可得

$$\begin{bmatrix} 1&1&0&1&0\\ 1&0&1&0&0\\ 0&1&0&0&1\\ 1&0&0&1&0\\ 0&0&1&0&0 \end{bmatrix}^{-1} = \begin{bmatrix} 0&1&0&0&1\\ 1&0&0&1&0\\ 0&0&0&0&1\\ 0&1&0&1&1\\ 1&0&1&1&0 \end{bmatrix} \tag{4.28}$$

（4）计算特征方程系数：

$$\begin{bmatrix} c_1 & c_2 & c_3 & c_4 & c_5 \end{bmatrix} = \begin{bmatrix} 0 & 1 & 0 & 0 & 0 \end{bmatrix} \begin{bmatrix} 0&1&0&0&1\\ 1&0&0&1&0\\ 0&0&0&0&1\\ 0&1&0&1&1\\ 1&0&1&1&0 \end{bmatrix} = \begin{bmatrix} 1 & 0 & 0 & 1 & 0 \end{bmatrix} \tag{4.29}$$

在解决实际问题（如 CTF 竞赛）时，通常可以使用 SageMath 求解 GF(2) 域上矩阵的逆。例 4.13 的 SageMath 求解代码如下。

```
a = matrix(GF(2),5,5)
a[0]=[1,1,0,1,0]
a[1]=[1,0,1,0,0]
a[2]=[0,1,0,0,1]
a[3]=[1,0,0,1,0]
a[4]=[0,0,1,0,0]
a.is_invertible()
b = matrix(GF(2),5,5)
b=a.inverse()
b
c= matrix(GF(2),1,5)
c[0]=[0,1,0,0,0]
c*b
```

输出结果如下。

```
True
0 1 0 0 1
1 0 0 1 0
0 0 0 0 1
```

```
    0 1 0 1 1
    1 0 1 1 0

    [1 0 0 1 0]
```

4.7　非线性序列

为了使密钥流的周期更长，可以使用多个 LFSR 构造序列生成器。多个 LFSR 的输出可以作为一个非线性组合函数的输入，新的序列生成器产生的序列周期应该尽可能大，但是从理论上可以证明新序列的周期不会大于各 LFSR 周期的乘积。

4.8　RC4

RC4 是 Rivest 在 1987 年发明的，是 Rivest Cipher 4 的缩写。

RC4 也被认为是一个流密码，但这个流的最小单位（基本单位）是字节。

RC4 在密钥流产生中利用了分组密码 S 盒的思想，关于 RC4 的介绍见文献随录。

文献随录

4.9　流密码的应用

流密码有很多实际应用，如用于 DVD（Digital Videodisk）的加密 CSS（Content Scramble System）、广泛用于汽车的 PKE（Passive Keyless Entry）。需要注意的是，并不是所有 PKE 使用的都是流加密，有些 PKE 方案使用的是分组加密。此外，蓝牙系统中的 E0 加密算法、GSM 中的 A5 加密算法、5G 中的 ZUC 算法等也是常见应用。

习题

1. 流密码属于哪种密码体制？
2. 简述 Golomb 的随机性公设。
3. 序列密码中有哪两种加密方式？
4. 序列密码设计的核心问题是什么？
5. 假设一个 3 级线性反馈移位寄存器（LFSR）的特征多项式为 $f(x)=1+x^2+x^3$，据此回答以下问题。

   （1）画出该 LFSR 的框图。

   （2）给出序列的递推关系式。

   （3）设初始状态 $(a_0, a_1, a_2)=(0, 0, 1)$，写出输出序列及周期。

   （4）列出序列的游程。

6. 假设已知流密码的密文串"1010110110"，相应的明文串"0100010001"，且密钥流是使用 3 级线性反馈移位寄存器产生的，试破解该密码系统。如果获得了后续的密文串"111000111000"，此时的明文是什么？
7. 3 级线性反馈移位寄存器在 $c_3 = 1$ 时可有 4 种线性反馈函数，设其初始状态为 $(a_1,\ a_2,\ a_3) = (1,\ 0,\ 1)$，求各线性反馈函数的输出序列及周期。
8. 假设 n 级线性反馈移位寄存器的特征多项式为 $p(x)$，初始状态为 $(a_1,\ a_2,\ \cdots,\ a_{n-1},\ a_n) = (00\cdots01)$，证明输出序列的周期等于 $p(x)$ 的阶。
9. 假设 $n = 4, f(a_1,\ a_2,\ a_3,\ a_4) = a_1 \oplus a_4 \oplus 1 \oplus a_2 a_3$，初始状态为 $(a_1,\ a_2,\ a_3,\ a_4) = (1,\ 1,\ 0,\ 1)$，求此非线性反馈移位寄存器的输出序列及周期。
10. 设密钥流是由 $m = 2\text{s}$ 级的 LFSR 产生，其前 $m + 2$ 位是 $(01)^{s+1}$，即 $s + 1$ 个 01。第 $m + 3$ 位是否可能是 1，为什么？
11. 假设密钥流是由 n 级 LFSR 产生，其周期为 $2^n - 1$，i 是任意整数，在密钥流中考虑以下比特对：

$$(S_i,\ S_{i+1}),\ (S_{i+1},\ S_{i+2}),\ \cdots (S_{i+2^n-3},\ S_{i+2^n-2}),\ (S_{i+2^n-2},\ S_{i+2^n-1})$$

求形如 $(S_j,\ S_{j+1}) = (1,\ 1)$ 的比特对数，并给出证明。

12. 假设 GF(2) 上的二元加法流密码的密钥生成器是 n 级线性反馈移位寄存器，产生的密钥是 m 序列。已知敌手根据一段长为 $2n$ 的明密文对就可以破译密钥流生成器。若敌手仅知道长为 $2n - 2$ 的明密文对，则如何破译密钥流生成器？

第5章

分组密码

CHAPTER 5

分组密码（block ciphers）是指将数据序列划分为一定长度的组，然后在密钥的控制下，将数据分组变换为等长数据序列（或数据组）。

香农于 1949 年在其论文《保密系统的通信理论》中提到密码设计的基本方法[1]，即扩散（diffusion）、混淆（confusion，也可译为“扰乱”或“混乱”）和乘积迭代[2]。这些方法对后来的密码设计影响巨大。

5.1 Feistel 结构

当前大部分对称分组密码都是基于 Feistel 分组密码结构设计的。Feistel（费斯妥）在其发表的论文“Cryptography and Computer Privacy”中，对 Feistel 密码（也称 LUCIFER 密码）的设计思路进行了说明。下面引用 William Stalling 在其密码学专著中的一段总结。

费斯妥提出可以用乘积密码的概念近似简单地替代原密码。乘积密码就是以某种方式连续运行两个或多个密码系统，以使所得到的最后结果或乘积（从密码编码的角度讲）比其中任意一个单独密码都强。特别地，费斯妥提出用替代和置换交替的方式构造密码。实际上，这是 Shannon 设想的一个实现，香农提出用扰乱和扩散交替的方法构造乘积密码。下面讨论扰乱和扩散的概念以及 Feistel 密码。首先应该提到一个值得注意的情况：Feistel 密码结构是对 25 年前基于香农 1949 年的设想提出的，而现在正在使用的几乎所有重要的对称分组密码都使用这种结构。

在 Feistel 结构中，明确了用 S 盒进行扰乱运算，如图 5.1 所示。

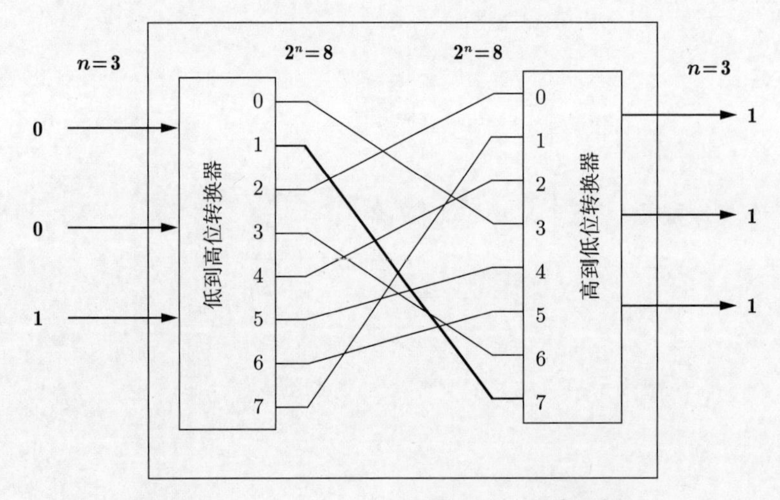

输入	输出
000	011
001	111
010	000
011	110
100	010
101	100
110	101
111	001

图 5.1　S 盒示例

在 Feistel 结构中，明确了用 P 盒进行扩散运算，如图 5.2 所示。

① 香农在其文章引入扩散和混淆只是为了阻止密码分析中的统计分析方法，可以查看此文章中的第 23 部分“23. STATISTICAL METHODS”。

② 在实际应用中，为了加强密码系统的保密性，常常采用多个密码复合的方法，这就是所谓的乘积密码（product cipher）。乘积密码是 m 个函数的复合，其中每个函数是一个替换或换位函数。

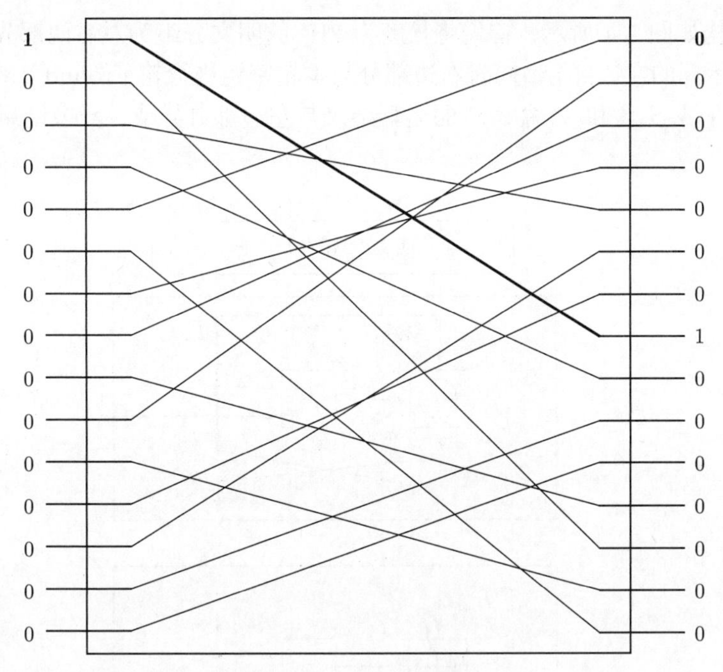

图 5.2　*P* 盒示例

香农在其文章中证明了两个秘密系统的乘积系统可以提高其输出的不确定性（equivocation，也可译为“疑义度”），也就是说乘积是有效的，即用简单的操作通过乘积运算构建更为复杂的密码系统是可行的。Feistel 正是基于香农的这一结论，在其文章中提到将 S 盒和 P 盒做多次乘积运算构造密码系统，如图 5.3 所示。

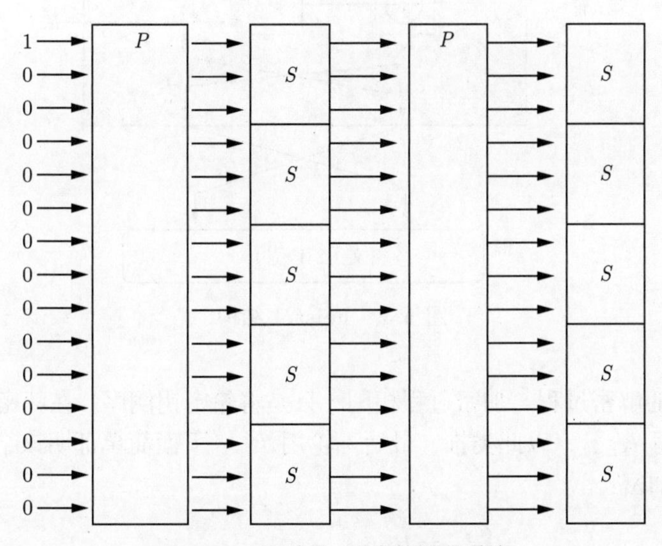

图 5.3　*P* 盒和 *S* 盒的乘积系统

Feistel 结构如图 5.4 所示，首先将长度为 $2W$ 的明文分组为左右两部分。右边部分直接成为下一轮运算的左边部分，同时右边部分与本轮密钥进行轮（round）函数 F 运算。F 的主要构成部件是 S 盒和 P 盒，F 的运算结果与左边部分异或，异或结果作为下一轮运算的右边部分。

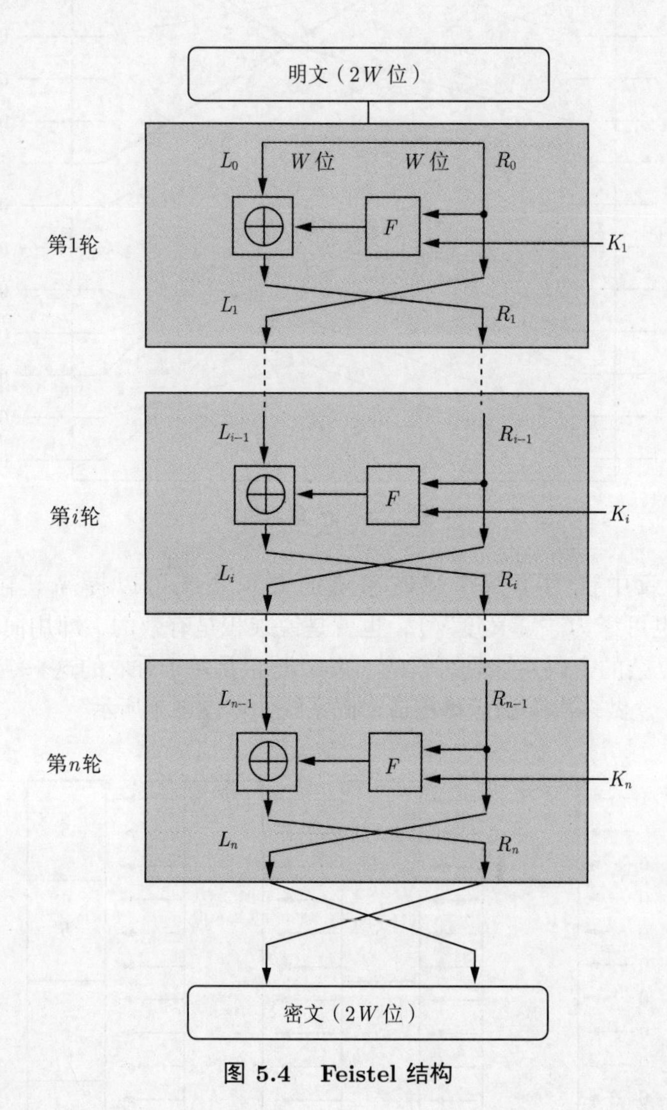

图 5.4 Feistel 结构

Feistel 结构的解密过程与加密过程相同，只是将轮密钥倒序。在解密时，第 1 轮密钥用 K_n，第 2 轮用 K_{n-1}，以此类推，最后一轮用 K_1。下面简单证明该结论的正确性。

对于第 i 轮加密：

$$\begin{cases} L_i = R_{i-1} \\ R_i = L_{i-1} \oplus F(R_{i-1},\ K_i) \end{cases} \tag{5.1}$$

对式 (5.1) 进行变形：

$$\begin{cases} R_{i-1} = L_i \\ L_{i-1} = R_i \oplus F(R_{i-1},\ K_i) \end{cases} \tag{5.2}$$

因 $R_{i-1} = L_i$，则

$$\begin{cases} R_{i-1} = L_i \\ L_{i-1} = R_i \oplus F(L_i,\ K_i) \end{cases} \tag{5.3}$$

由此可知，进行逆序操作即可进行解密。由于运算结构都是相同的，因此也可以说将轮密钥逆序输入算法即可解密。

从上面的推导可以看出，并不要求 F 是一个可逆函数。即使 F 是一个常数函数，对解密也没有影响。

Feistel 结构的具体实现受以下因素影响。

（1）分组大小：分组越大意味着安全性越高（其他条件相同时），但加密/解密速度也越慢。64 位分组大小是比较合理的，在分组密码设计中几乎是个通用的数值。

（2）密钥大小：密钥长度越长，则编码安全性越高，但加/解密速度也越慢。64 位或更小的密钥长度现在已经被广泛认为不够安全，128 位已经成为常用的长度。

（3）循环次数：Feistel 密码的特点是一个循环不能保证足够的安全性，循环越多则安全性越高。通常采用 16 次循环。

（4）子密钥产生算法：该算法越复杂，则密码分析就应该越困难。

（5）轮函数：该函数的复杂性越高，则抗击密码分析的能力就越强。

Feistel 密码设计还要考虑以下两个因素。

（1）快速的软件加密/解密：在很多情况下，加密过程被以某种方式嵌入在应用程序或工具函数中，因而无法用硬件实现。因此，算法的执行速度就成为一个重要的考虑因素。

（2）便于分析：虽然通常希望自己的算法对于密码破译来说要尽可能困难，但使算法容易分析却很有好处。如果算法能够简洁地解释清楚，那么就很容易通过分析算法而找到密码的弱点，进而能够对其牢固程度有更大信心。例如，DES 算法的功能原理就不容易分析。

5.2 DES

DES（Data Encryption Standard，数据加密标准）的明文分组长度为 64 位，密钥长度为 56 位，密文长度 64 位。

DES 的加密过程如图 5.5 所示。DES 首先将输入的 64 位明文进行初始置换，并将 64 位分为左 32 位 L_i 和右 32 位 R_i；然后进行一轮处理，刚开始分出来的右 32 位作为下一轮处理的左 32 位，即 $L_{i+1} = R_i$，下一轮的右 32 位为 $R_{i+1} = L_i \oplus f(R_i,\ K_{i+1})$，依次进行 12 轮这样的变换；最后进行逆初始置换，形成最终的密文。

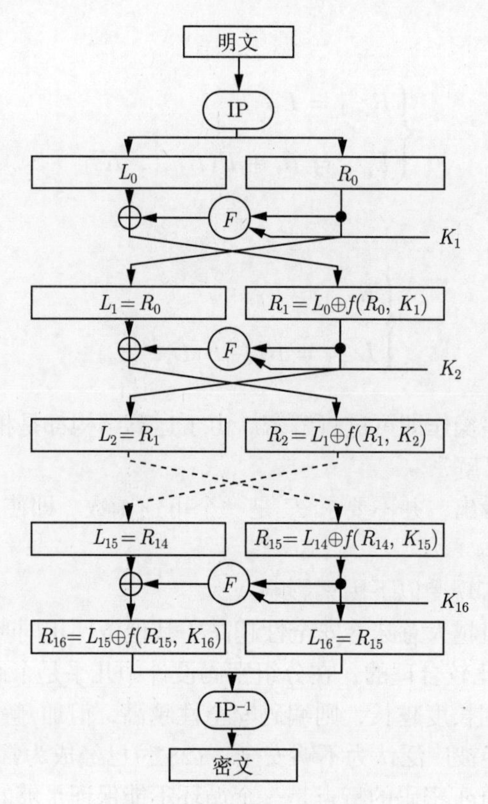

图 5.5　DES 加密过程

5.2.1　初始置换

初始置换的输入是 64 位，输出也是 64 位，初始置换表（见表 5.1）中的元素表示其所在位置，原始顺序是 1，2，···，64，置换表就是调换后的顺序，其顺序是由左至右、由上到下。逆初始置换表（见表 5.2）也是同样的含义。

表 5.1　初始置换表 IP

58	50	42	34	26	18	10	2
60	52	44	36	28	20	12	4
62	54	46	38	30	22	14	6
64	56	48	40	32	24	16	8
57	49	41	33	25	17	9	1
59	51	43	35	27	19	11	3
61	53	45	37	29	21	13	5
63	55	47	39	31	23	15	7

表 5.2　逆初始置换表 IP^{-1}

40	8	48	16	56	24	64	32
39	7	47	15	55	23	63	31
38	6	46	14	54	22	62	30
37	5	45	13	53	21	61	29
36	4	44	12	52	20	60	28
35	3	43	11	51	19	59	27
34	2	42	10	50	18	58	26
33	1	41	9	49	17	57	25

对于 64 位的数据，其中某位经过 IP 变换和 IP^{-1} 变换，其位置应该不发生变化，下面对此进行验证。

取 IP 置换后的第 10 位数据，查 IP 表，可知该数据在第 2 行第 2 列，其值为 52，表示原始数据第 52 位变为第 10 位。此时再进行逆变换，查 IP^{-1} 表，第 52 位在第 7 行第

4 列，其值为 10，表示第 10 位数变为第 52 位，即又回到原来位置。由此得证，正、逆变换后，数据位置不发生变化。

初始置换的 C 语言实现代码如下。

```
// initial permutation (IP)
const static char IP_Table[64] = {
    58, 50, 42, 34, 26, 18, 10, 2,
    60, 52, 44, 36, 28, 20, 12, 4,
    62, 54, 46, 38, 30, 22, 14, 6,
    64, 56, 48, 40, 32, 24, 16, 8,
    57, 49, 41, 33, 25, 17,  9, 1,
    59, 51, 43, 35, 27, 19, 11, 3,
    61, 53, 45, 37, 29, 21, 13, 5,
    63, 55, 47, 39, 31, 23, 15, 7
    };
void DES_InitialPermuteData(char* src,char* dst){
    //IP
    int i=0;
    for(i=0;i<64;i++)
    {
        dst[i] =src[IP_Table[i]-1];
    }
}
```

5.2.2　轮结构

轮结构（F 函数）处理过程如图 5.6 所示。

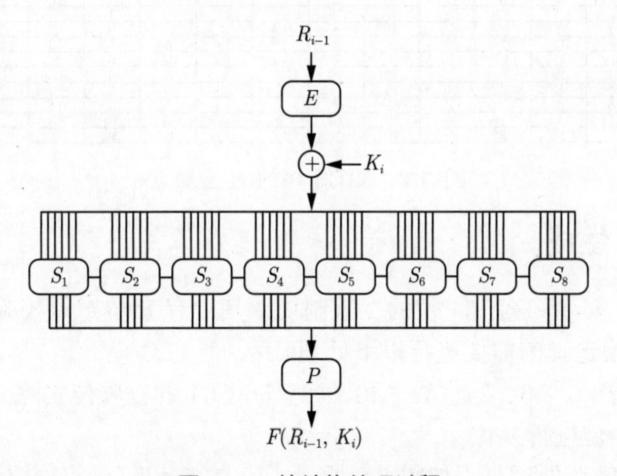

图 5.6　轮结构处理过程

在轮结构中，通常有两个置换 E 和 P。E 置换输入 32 位、输出 48 位，将其中一些位重复并进行重排，利用扩展表形式表示，如表 5.3 所示。P 变换输入 32 位、输出 32 位，只将数据位进行了重排，如表 5.4 所示。

表 5.3　位选择表 E

32	1	2	3	4	5
4	5	6	7	8	9
8	9	10	11	12	13
12	13	14	15	16	17
16	17	18	19	20	21
20	21	22	23	24	25
24	25	26	27	28	29
28	29	30	31	32	1

表 5.4　换位表 P

16	7	20	21
29	12	28	17
1	15	23	26
5	18	31	10
2	8	24	14
32	27	3	9
19	13	30	6
22	11	4	25

轮结构中的 S 盒是 DES 中的重要设计部分，DES 共有 8 个 S 盒（见图 5.7），每个 S 盒输入 6 位、输出 4 位。对于一个 S 盒的 6 位输入，第 1 位和第 6 位用来选择 S 盒中的一种代换方法（一个 S 盒共定义了 4 种代换方法），另外 4 位输入用来确定其输出数据。从输出数据区可以看到，输出的最大数据为 15、最小数据为 0，这与输出是 4 位数据相符。

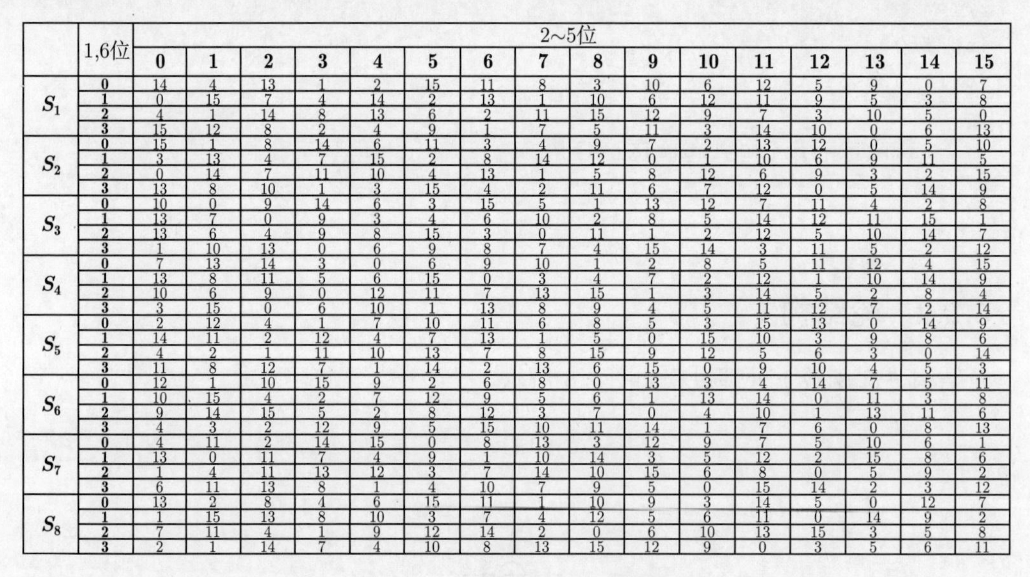

	1,6位	2~5位															
		0	**1**	**2**	**3**	**4**	**5**	**6**	**7**	**8**	**9**	**10**	**11**	**12**	**13**	**14**	**15**
S_1	**0**	14	4	13	1	2	15	11	8	3	10	6	12	5	9	0	7
	1	0	15	7	4	14	2	13	1	10	6	12	11	9	5	3	8
	2	4	1	14	8	13	6	2	11	15	12	9	7	3	10	5	0
	3	15	12	8	2	4	9	1	7	5	11	3	14	10	0	6	13
S_2	**0**	15	1	8	14	6	11	3	4	9	7	2	13	12	0	5	10
	1	3	13	4	7	15	2	8	14	12	0	1	10	6	9	11	5
	2	0	14	7	11	10	4	13	1	5	8	12	6	9	3	2	15
	3	13	8	10	1	3	15	4	2	11	6	7	12	0	5	14	9
S_3	**0**	10	0	9	14	6	3	15	5	1	13	12	7	11	4	2	8
	1	13	7	0	9	3	4	6	10	2	8	5	14	12	11	15	1
	2	13	6	4	9	8	15	3	0	11	1	2	12	5	10	14	7
	3	1	10	13	0	6	9	8	7	4	15	14	3	11	5	2	12
S_4	**0**	7	13	14	3	0	6	9	10	1	2	8	5	11	12	4	15
	1	13	8	11	5	6	15	0	3	4	7	2	12	1	10	14	9
	2	10	6	9	0	12	11	7	13	15	1	3	14	5	2	8	4
	3	3	15	0	6	10	1	13	8	9	4	5	11	12	7	2	14
S_5	**0**	2	12	4	1	7	10	11	6	8	5	3	15	13	0	14	9
	1	14	11	2	12	4	7	13	1	5	0	15	10	3	9	8	6
	2	4	2	1	11	10	13	7	8	15	9	12	5	6	3	0	14
	3	11	8	12	7	1	14	2	13	6	15	0	9	10	4	5	3
S_6	**0**	12	1	10	15	9	2	6	8	0	13	3	4	14	7	5	11
	1	10	15	4	2	7	12	9	5	6	1	13	14	0	11	3	8
	2	9	14	15	5	2	8	12	3	7	0	4	10	1	13	11	6
	3	4	3	2	12	9	5	15	10	11	14	1	7	6	0	8	13
S_7	**0**	4	11	2	14	15	0	8	13	3	12	9	7	5	10	6	1
	1	13	0	11	7	4	9	1	10	14	3	5	12	2	15	8	6
	2	1	4	11	13	12	3	7	14	10	15	6	8	0	5	9	2
	3	6	11	13	8	1	4	10	7	9	5	0	15	14	2	3	12
S_8	**0**	13	2	8	4	6	15	11	1	10	9	3	14	5	0	12	7
	1	1	15	13	8	10	3	7	4	12	5	6	11	0	14	9	2
	2	7	11	4	1	9	12	14	2	0	6	10	13	15	3	5	8
	3	2	1	14	7	4	10	8	13	15	12	9	0	3	5	6	11

图 5.7　DES 中的 S 盒数据

5.2.3　密钥生成

DES 初始密钥 K 是一个 64 位的二进制块，其中有 8 位奇偶校验位。对 DES 的 64 位初始密钥进行置换选择前需要进行以下处理。

（1）将分别位于 8、16、24、32、40、48、56、64 的校验位去除。

（2）对剩余 56 位进行换位。

DES 加密中的密钥处理过程如图 5.8 所示，其中 C_0 和 D_0 将换位后的 56 位密钥分为两部分，各为 28 位。LS_1，LS_2，LS_9，LS_{16} 是循环左移 1 位变换，LS_3，LS_4，LS_5，LS_6，LS_7，LS_8，LS_{10}，LS_{11}，LS_{12}，LS_{13}，LS_{14}，LS_{15} 是循环左移 2 位变换，通常用一个表进行表示。

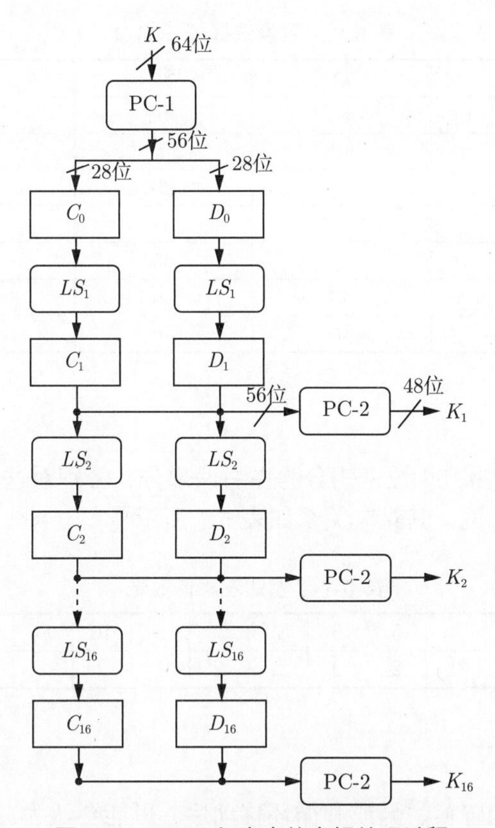

图 5.8　DES 加密中的密钥处理过程

1. 置换选择 1（PC-1）

该置换输入 56 位、输出 56 位，置换表如表 5.5 所示，表的含义同初始置换表。

表 5.5　置换选择表 PC-1

57	49	41	33	25	17	9
1	58	50	42	34	26	18
10	2	59	51	43	35	27
19	11	3	60	52	44	36
63	55	47	39	31	23	15
7	62	54	46	38	30	22
14	6	61	53	45	37	29
21	13	5	28	20	12	4

2. 置换选择 2（PC-2）

该置换输入 56 位、输出 48 位，置换表如表 5.6 所示，表的含义同初始置换表，两者的不同之处在于舍去了 8 位，即舍去 54，43，38，35，25，22，18，9。

表 5.6 置换选择表 PC-2

14	17	11	24	1	5
3	28	15	6	21	10
23	19	12	4	26	8
16	7	27	20	13	2
41	52	31	37	47	55
30	40	51	45	33	48
44	49	39	56	34	53
46	42	50	36	29	32

3. 密钥左循环移位

在每一轮的加密中，将 56 位密钥分为左右两部分，分别对这两部分进行左循环移位，移动几位与第几轮加密有关，其对应关系如表 5.7 所示。

表 5.7 密钥左移位数表

轮数	1	2	3	4	5	6	7	8	9	10	11	12	13	14	15	16
左移位数	1	1	2	2	2	2	2	2	1	2	2	2	2	2	2	1

4. 解密

在经过所有的代替、置换、异或和循环移动后，可能会认为：解密算法与加密算法过程完全不同，但同样有很强的混乱效果。但实际上正相反，经过精心选择各种运算，可以获得一个非常有用的性质：加密和解密可以使用相同的算法。

DES 使用相同的函数来加密或解密每个分组成为可能。两者的唯一不同是密钥的次序相反。也就是说，如果各轮的加密密钥分别是 K_1，K_2，K_3，$\cdots$，K_{16}，那么解密密钥就是 K_{16}，K_{15}，K_{14}，$\cdots$，K_1，且为各轮产生密钥的算法也是循环的。如果将密钥向右移动，则每次移动的个数为 0，1，2，2，2，2，2，2，1，2，2，2，2，2，2，1。

下面对以上结论进行证明。

由 DES 变换定义可知：

$$\begin{cases} L_n = R_{n-1} \\ R_n = L_{n-1} \oplus f(R_{n-1},\ K_n) \end{cases} \tag{5.4}$$

对式 (5.4) 进行变换：

$$\begin{cases} R_{n-1} = L_n \\ L_{n-1} = R_n \oplus f(L_n,\ K_n) \end{cases} \tag{5.5}$$

下面用具体数字进行解释。例如，$n = 16$ 表示第 15 轮的数据 L_{15}，R_{15} 可以利用第 16 轮数据进行计算，计算方法同 DES 运算，但解密为逆向运算，即

$$16 \Rightarrow 15 \Rightarrow 14 \Rightarrow \cdots \Rightarrow 0$$

由此可知密钥为 K_{16}，K_{15}，K_{14}，$\cdots$，K_1。

已知 IP 和 IP^{-1} 互为逆变换，若记 $\text{IPIP}^{-1}=\text{IP}^{-1}\text{IP}=1$，则 $\text{IP}^{-1}(R_{16}|L_{16})=C$，$\text{IP}(C)=R_{16}|L_{16}$，由此可知密文直接 IP 就是 DES 中的 IP^{-1} 输入。综上所述，DES 解密依然采用 DES 算法，将密钥倒序输入即可。

5.3 2DES

如果将密钥为 K 的 DES 加密用 $c=E_K(m)$ 表示，则二重 DES（2DES）加密可写为 $c=E_{K_2}(E_{K_1}(m))$，$K_1\neq K_2$。2DES 的密钥长度为 $56\times 2=112$ 位。

5.4 3DES

1999 年，美国国家标准局（NIST）发布了 DES 标准，在标准的附录中给出了 3DES 的参考用法，如图 5.9 所示。

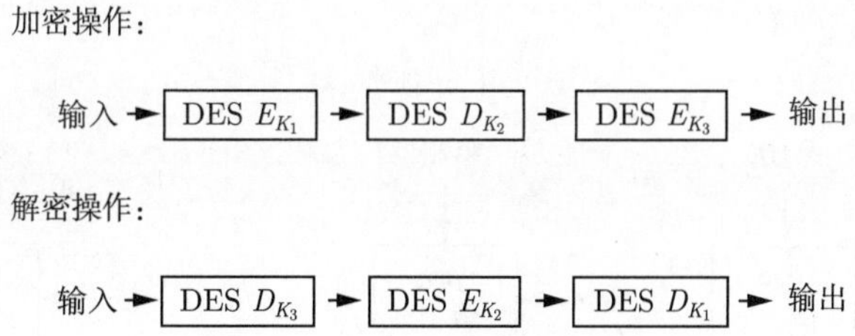

加密操作：

输入 → DES E_{K_1} → DES D_{K_2} → DES E_{K_3} → 输出

解密操作：

输入 → DES D_{K_3} → DES E_{K_2} → DES D_{K_1} → 输出

图 5.9 3DES 的参考用法

5.5 填充

在分组密码中，经常会用到填充方法，可分为以下几种。

1. 无填充

API 或算法本身不对数据进行处理，加密数据由加密双方约定填补算法。例如，若对字符串数据进行加解密，则可以补充 0 或空格。

2. PKCS5 填充

加密时，先将数据字节长度对 8 取余，余数为 m。若 $m>0$，则补充 $8-m$ 字节，字节数值为 $8-m$，（字节数值即为补充的字节数）；若 $m=0$，则补充 8 字节。

解密时，取最后 1 字节，若其值为 m，则从数据尾部删除 m 字节，剩余数据即加密前的原文。

此外还有其他常见的填充方法，参见文献随录。

文献随录

5.6 分组密码的运行模式

NIST 早在 2001 年就对分组密码的运行模式进行了总结和说明，并给出了一些运行示例，下面对这几种模式进行简单介绍。

5.6.1 电码本模式

在电码本（Electronic Code Book，ECB）模式中，首先对明文进行分组，最后一个分组不够 64 位时需要进行填充。每个明文组独立地用同一密钥加密，即 $M = m_1$，m_2，m_3，$\cdots$，$C = E_K(m_1)$，$E_K(m_2)$，$E_K(m_3)$，$\cdots$，如图 5.10 所示。NIST 标准中的 ECB 如图 5.11 所示。

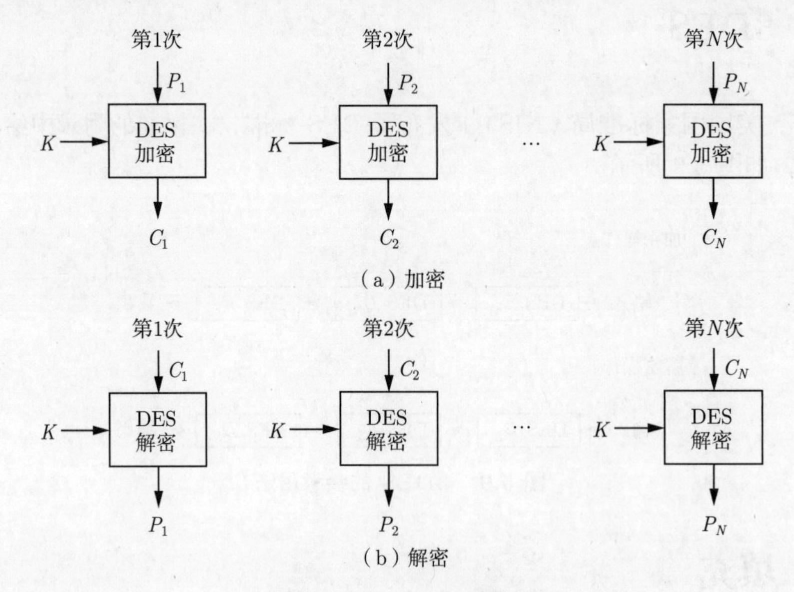

图 5.10　ECB 过程

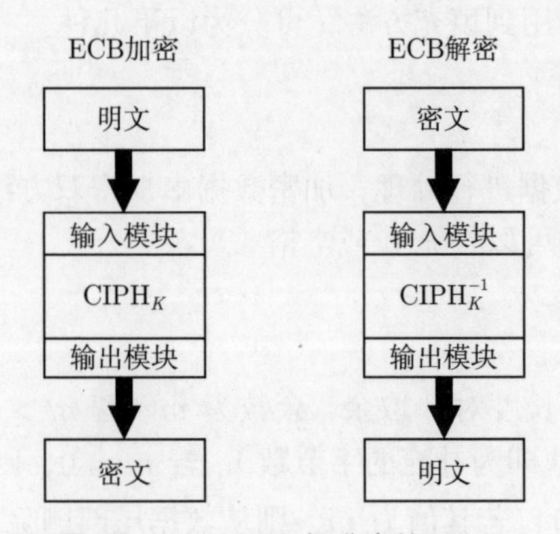

图 5.11　NIST 标准中的 ECB

图 5.11 中的符号含义如下。

- $\text{CIPH}_K(X)$ 表示用密钥 K 对 X 进行加密操作。
- $\text{CIPH}_K^{-1}(X)$ 表示用密钥 K 对 X 进行解密操作。
- $\oplus$ 表示按位异或。
- $\text{MSB}_m(X)$ 表示 X 的最高位上的 m 位。
- P_i 表示第 i 个明文块，C_i 表示第 i 个密文块。

5.6.2　密码分组链接模式

在密码分组链接（Cipher Block Chain，CBC）模式中，首先对明文进行分组，最后一个分组不够 64 位时需要进行填充。加密算法输入是当前明文组与前一个密文组的异或，即 $C_i = E_K(C_{i-1} \oplus m_i)$，$C_0 = \text{IV}$（IV 为初始值），如图 5.12 所示。NIST 标准中的 CBC 如图 5.13 所示。

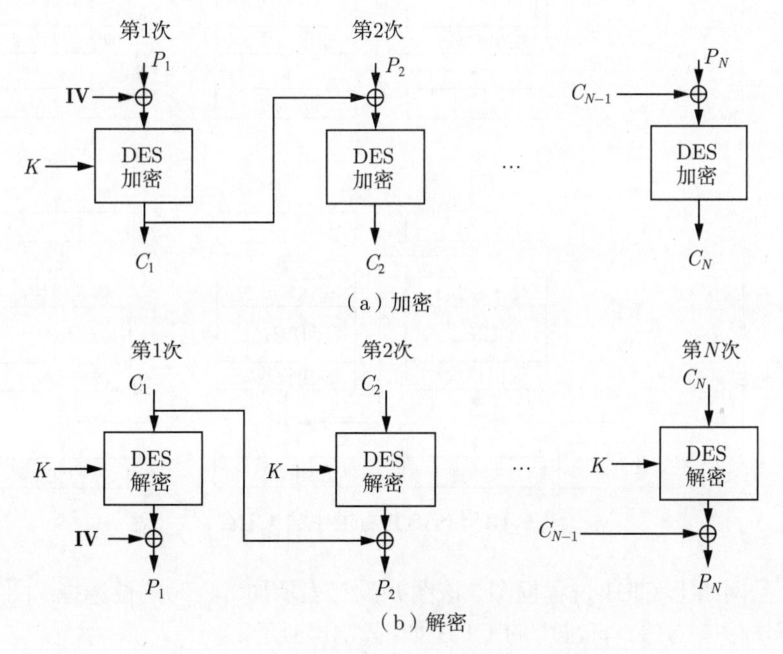

图 5.12　CBC 过程

5.6.3　密码反馈模式

密码反馈（Cipher Feedback，CFB）模式将 DES 转换为流密码进行加密，因此不需要进行填充且可以实时运行。CFB 模式每次加密单元为 j 位 $(j \leqslant 64)$。

CFB 模式可以表示为

$$C_1 = P_1 \oplus S_j(E_K(\text{SL}_{64}(\mathbf{IV}))) \tag{5.6}$$

$$C_i = P_i \oplus S_j(E_K(\text{SL}_{64}(\mathbf{IV} \parallel C_1 \parallel \cdots \parallel C_{i-1}))), \ i \geqslant 2 \tag{5.7}$$

其中：

- $S_j(X)$ 表示取 X 的高 j 位；
- $A \parallel B$ 表示将 A 和 B 按照高低位进行拼接，如 $11110000 \parallel 10100101 = 1111000010100101 = (F0A5)_{16}$；
- $\mathrm{SL}_j(X)$ 表示取 X 的低 j 位；
- E_K 表示密钥为 K 的 DES 加密算法；
- **IV** 是一个 64 位初始向量。
- P_i 为明文，共有 j 位。

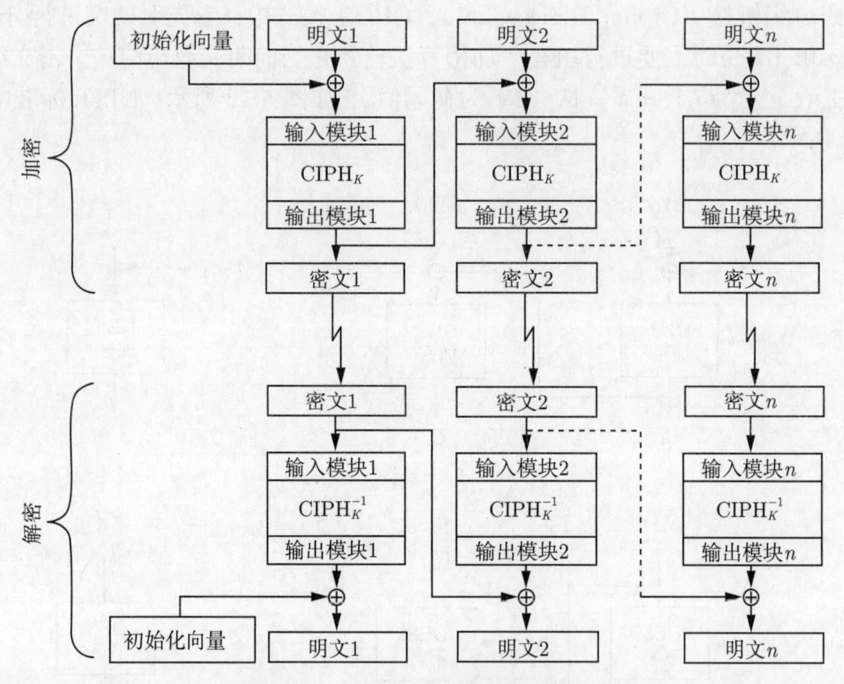

图 5.13 NIST 标准中的 CBC

图 5.14 是网络上 CFB 过程框图，该图并没有表示加解密时的位选择。图 5.15 是详细的 CFB 过程框图。NIST 标准中的 CFB 如图 5.16 所示。

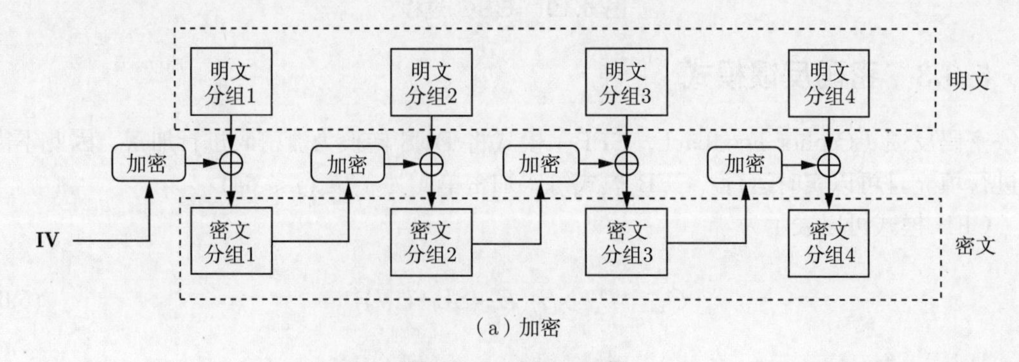

（a）加密

图 5.14 CFB 过程

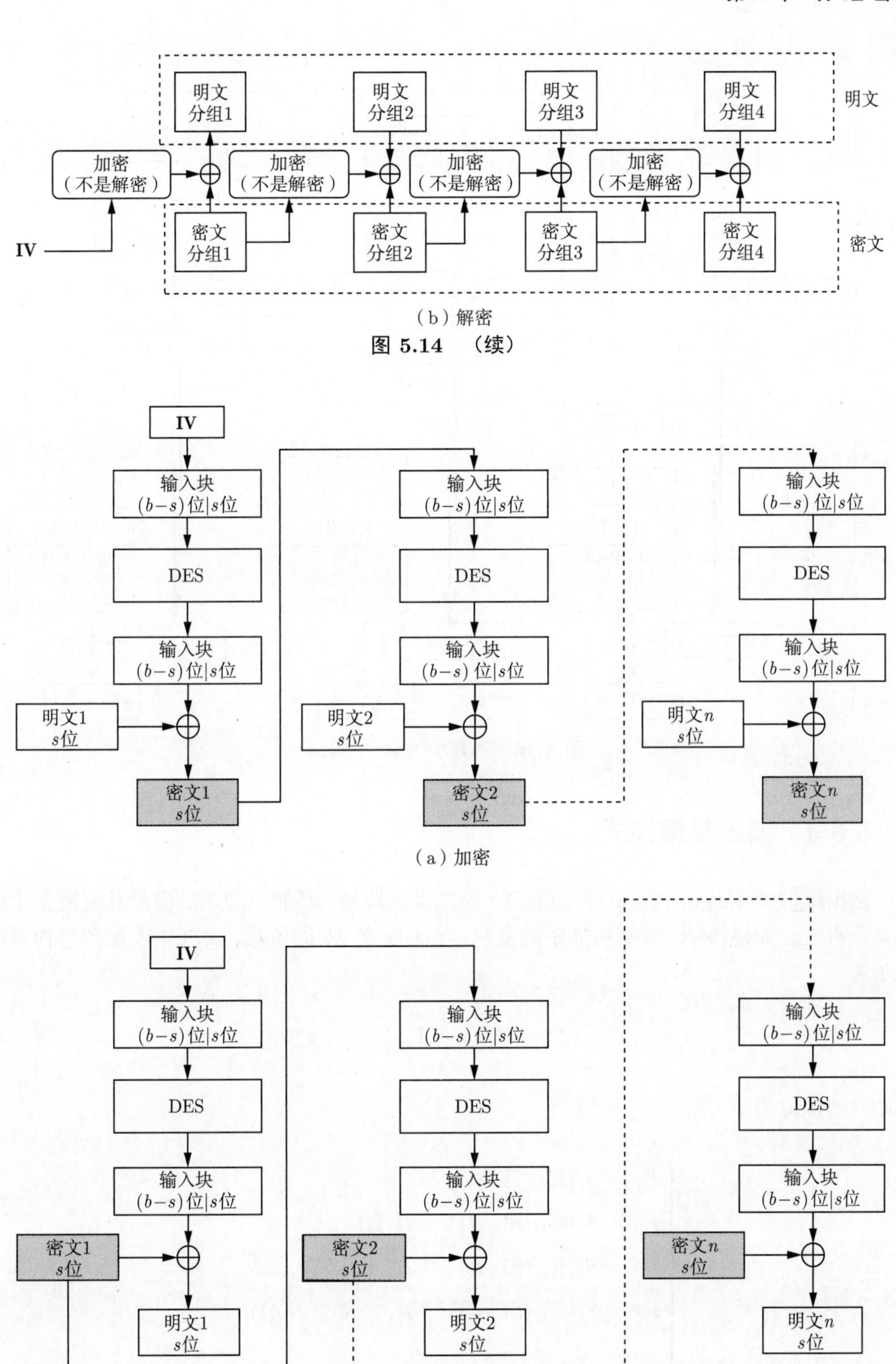

（b）解密

图 5.14 （续）

（a）加密

（b）解密

图 5.15 详细的 CFB 过程

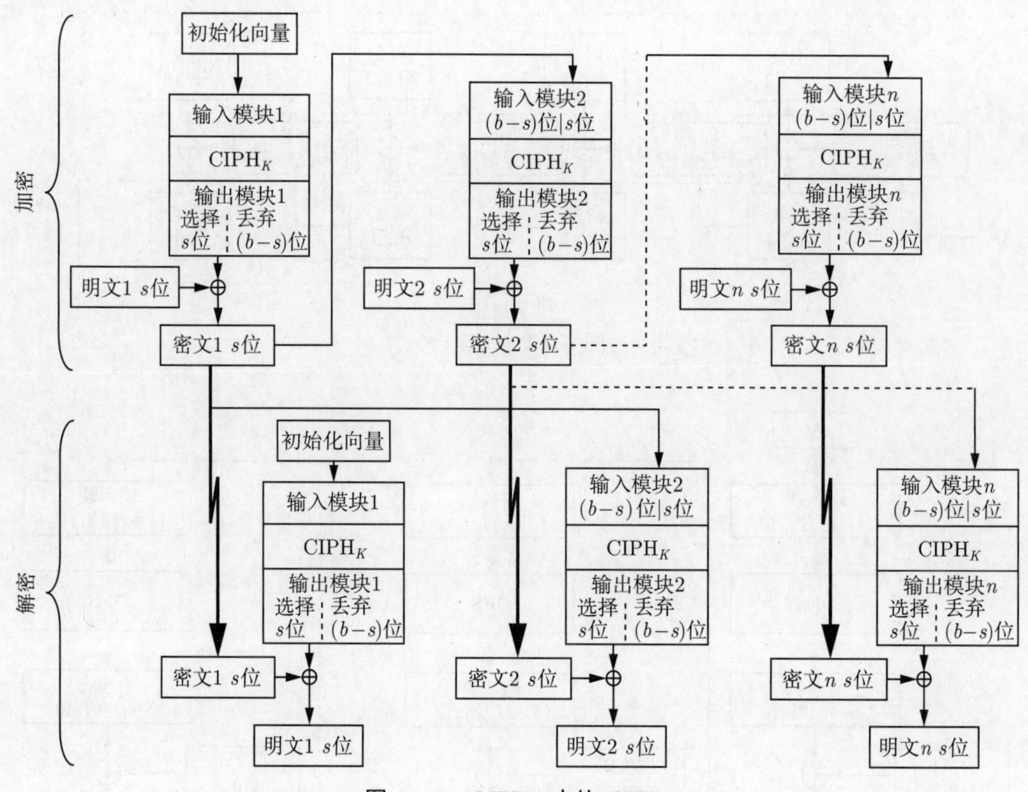

图 5.16 NIST 中的 CFB

5.6.4 输出反馈模式

输出反馈（Output Feedback，OFB）模式也是转换为流模式处理，但是其流密钥生成独立于密文。如果将 R_i 看作流加密的密钥，j 为明文 P_i 的位数，则 OFB 加密过程可以表示为

$$C_i = P_i \oplus R_i，\ i = 1，\ 2，\ \cdots，\ n \tag{5.8}$$

其中，密钥流为

$$\begin{cases} R_1 = S_j(E_K(\mathrm{IV})) \\ R_2 = S_j(E_K(\mathrm{SL}_{64}(\mathrm{IV} \parallel R_1))) \\ R_3 = S_j(E_K(\mathrm{SL}_{64}(\mathrm{IV} \parallel R_1 \parallel R_2))) \\ R_4 = S_j(E_K(\mathrm{SL}_{64}(\mathrm{IV} \parallel R_1 \parallel R_2 \parallel R_3))) \\ \cdots \end{cases} \tag{5.9}$$

OFB 过程如图 5.17 所示。NIST 标准中的 OFB 如图 5.18 所示。

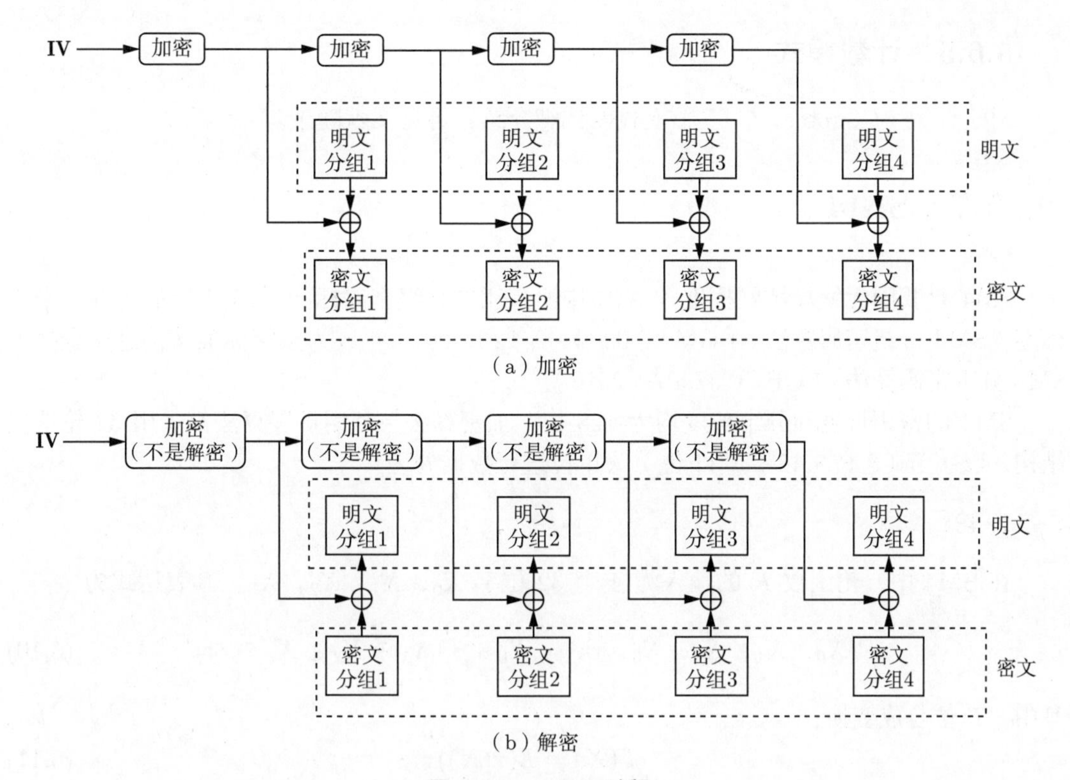

图 5.17 OFB 过程

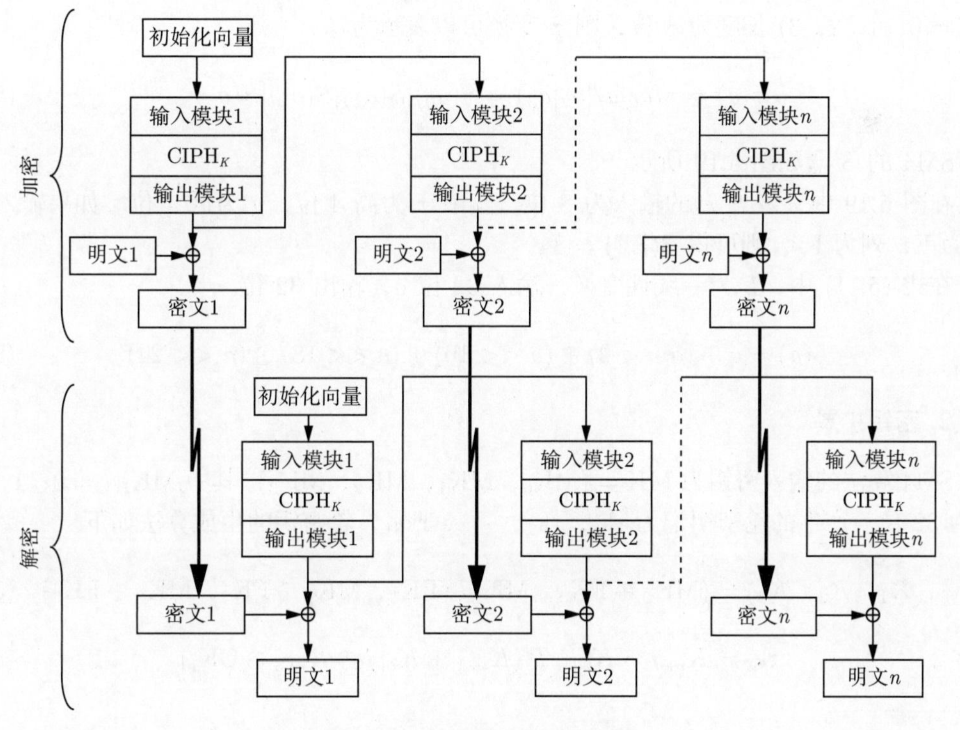

图 5.18 NIST 中的 OFB

5.6.5 计数模式

文献随录

对于计数（Counter，CTR）模式的详细介绍，可见文献随录。

5.7 SM4

SM4 是我国无线局域网标准 WAPI 中所采用的分组密码标准，2012 年成为商业密码标准《SM4 分组密码算法》（GM/T 0002—2012），2016 年成为国家标准《信息安全技术 SM4 分组密码算法》（GB/T 32907—2016）。

SM4 的密钥长度和分组长度均为 128 位，加密算法与密钥扩展算法都采用 32 轮迭代结构，以字节（8 位）和字（32 位）为单位进行数据处理。

1. 轮函数

在 SM4 中，轮函数 F 的输入为 4 个 32 位字 X_0，X_1，X_2，X_3，其表达式为

$$F(X_0,\ X_1,\ X_2,\ X_3,\ \mathrm{rk}) = X_0 \oplus T(X_1 \oplus X_2 \oplus X_3 \oplus \mathrm{rk}) \tag{5.10}$$

其中，T 位合成变换：

$$T(X) = L(\tau(X)) \tag{5.11}$$

τ 由四个并行 S 盒（$2^4 \times 2^4$）非线性变换组成，τ 的输入和输出均为 32 位，τ 的输入 a 按 8 位分组可以表示为 $a = a_0|a_1|a_2|a_3$，在 SM4 标准文档中的写法是 $a = (a_0,\ a_1,\ a_2,\ a_3)$，$a_i\ (i = 0,\ 1,\ 2,\ 3)$ 长度为 8 位，则 τ 变换可以表示为

$$\tau(a) = \tau(a_0|a_1|a_2|a_3) = S(a_0)|S(a_1)|S(a_2)|S(a_3) \tag{5.12}$$

SM4 的 S 盒如图 5.19 所示。

在图 5.19 中，该 S 盒的输入为 8 位，其中 x 为高 4 位，y 为低 4 位。如果输入 EF（行为 E，列为 F），则可得 S(EF) = 84。

在式 (5.11) 中，L 为一线性变换，输入 32 位 a，输出 32 位。①

$$L(a) = a \oplus (a << 2) \oplus (a << 10) \oplus (a << 18) \oplus (a << 24) \tag{5.13}$$

2. 密钥扩展

SM4 算法的输入密钥为 $\mathrm{MK} = (\mathrm{MK}_0,\ \mathrm{MK}_1,\ \mathrm{MK}_2,\ \mathrm{MK}_3)$，其中 $\mathrm{MK}_i(i = 0,\ 1,\ 2,\ 3)$ 为 32 位。产生的轮密钥记为 rk_0，rk_1，$\cdots$，rk_{31}，轮密钥的生成算法如下。

$$(K_0,\ K_1,\ K_2,\ K_3) = (\mathrm{MK}_0 \oplus \mathrm{FK}_0,\ \mathrm{MK}_1 \oplus \mathrm{FK}_1,\ \mathrm{MK}_2 \oplus \mathrm{FK}_2,\ \mathrm{MK}_3 \oplus \mathrm{FK}_3) \tag{5.14}$$

$$\mathrm{rk}_i = K_{i+4} = K_i \oplus T'(K_{i+1} \oplus K_{i+2} \oplus K_{i+3} \oplus \mathrm{CK}_i) \tag{5.15}$$

---

① $<<$ 表示循环左移操作。

高4位x \ 低4位y	0	1	2	3	4	5	6	7	8	9	A	B	C	D	E	F
0	D6	90	E9	FE	CC	EL	3D	B7	16	B6	14	C2	28	FB	2C	05
1	2B	67	9A	76	2A	BE	04	C3	AA	44	13	26	49	86	06	99
2	9C	42	50	F4	91	EF	98	7A	33	54	0B	43	ED	CF	AC	62
3	E4	B3	1C	AP	C:	08	E8	95	80	DF	94	FA	75	8F	BF	A5
4	47	07	AT	FC	F3	73	17	BA	83	59	3C	19	E6	85	4F	A8
5	68	6B	81	B2	71	64	DA	BE	FB	EB	0F	4B	70	56	9D	35
6	1E	24	0E	5E	63	58	DI	A2	25	22	7C	3B	01	21	78	87
7	D4	00	45	57	9F	D3	27	52	4C	36	02	E7	A0	C4	C8	9E
8	EA	EF	8A	D:	40	CT	38	B5	A3	FT	F2	CE	F9	61	15	A1
9	E0	AE	SD	A4	9B	34	1A	55	AD	93	32	30	FS	BC	B1	E3
A	1D	F6	E2	2E	82	66	CA	60	C0	29	23	AB	0D	53	4E	6F
B	D5	DB	37	45	DE	FD	8E	2F	03	FF	6A	72	6D	6C	5B	51
C	8D	1B	AF	92	BB	DD	BC	7F	11	D9	5C	41	1F	10	5A	D8
D	0A	C1	31	88	A5	CD	7B	BD	2D	74	D0	12	B8	E5	B4	B0
E	89	69	97	4A	0C	96	77	7E	65	B9	F1	09	C5	6E	C6	84
F	18	F0	7D	EC	3A	DC	4D	20	79	EE	5F	3E	D7	CB	39	48

图 5.19 SM4 的 S 盒

其中，变换 T' 与轮函数中的 T 基本相同，只是将 T 中的 L 改为 L' 变换：

$$L'(B) = B \oplus (B << 13) \oplus (B << 23) \tag{5.16}$$

在密钥扩展中，$\mathrm{FK}_i(i = 0，1，2，3)$ 是常数。[①]

$$\mathrm{FK}_0 = (A3B1BAC6)_{16}，\mathrm{FK}_1 = (56AA3350)_{16} \tag{5.17}$$

$$\mathrm{FK}_2 = (677D9197)_{16}，\mathrm{FK}_3 = (B27022DC)_{16} \tag{5.18}$$

$\mathrm{CK}_i(i = 0，1，2，\cdots，30，31)$ 也是一组固定常数，这组数的产生规则为：

$$\mathrm{CK}_i = (\mathrm{ck}_{i,\ 0}，\mathrm{ck}_{i,\ 1}，\mathrm{ck}_{i,\ 2}，\mathrm{ck}_{i,\ 3})，i = 0，1，2，\cdots，30，31 \tag{5.19}$$

$$\mathrm{ck}_{i,\ j} = (4i + j) \times 7 \pmod{256}，j = 0，1，2，3 \tag{5.20}$$

在实际算法实现时，通常将 CK_i 事先计算好，存在表中以待使用。

例 根据 CK_i 的表达式，计算 CK_1。

已知 $\mathrm{CK}_1 = \mathrm{ck}_{1,\ 0}|\mathrm{ck}_{1,\ 1}|\mathrm{ck}_{1,\ 2}|\mathrm{ck}_{1,\ 3}$，则

$$\mathrm{ck}_{1,\ 0} = (4 \times 1 + 0) \times 7 \ \bmod 256 = 28 \overset{\text{十六进制表示}}{\equiv} 0x1C$$

$$\mathrm{ck}_{1,\ 1} = (4 \times 1 + 1) \times 7 \ \bmod 256 = 35 \overset{\text{十六进制表示}}{\equiv} 0x23$$

$$\mathrm{ck}_{1,\ 2} = (4 \times 1 + 2) \times 7 \ \bmod 256 = 42 \overset{\text{十六进制表示}}{\equiv} 0x2A$$

---

① 在之后的表达式中，$()_{16}$ 表示这个数用 16 进制形式表示。

$\mathrm{ck}_{1,\ 3} = (4 \times 1 + 3) \times 7 \mod 256 = 49 \overset{\text{十六进制表示}}{\equiv} 0x31$
因此 $\mathrm{CK}_1 = 1C232A31$。

根据表达式计算得到的 CK_i 如表 5.8 所示。

表 5.8　SM4 的固定参数 CK_i

$i = 0 \sim 3$	00070E15	1C232A31	383F464D	545B6269
$i = 4 \sim 7$	70777E85	8C939AA1	A8AFB6BD	C4CBD2D9
$i = 8 \sim 11$	E0E7EEF5	FC030A11	181F262D	343B4249
$i = 12 \sim 15$	50575E65	6C737A81	888F969D	A4ABB2B9
$i = 16 \sim 19$	C0C7CED5	DCE3EAF1	F8FF060D	141B2229
$i = 20 \sim 23$	30373E45	4C535A61	686F767D	848B9299
$i = 24 \sim 27$	A0A7AEB5	BCC3CAD1	D8DFE6ED	F4FB0209
$i = 28 \sim 31$	10171E25	2C333A41	484F565D	646B7279

3. 加密过程

加密算法采用 32 轮迭代，每轮使用一个轮密钥，设输入明文 $X = (X_0,\ X_1,\ X_2,\ X_3)$，输入密钥 MK，产生轮密钥为 $\mathrm{rk}_i(i = 0,\ 1,\ 2,\ \cdots,\ 30,\ 31)$，输出密文为 Y，加密算法伪代码为：

```
for i from 0 to 31
```

$$X_{i+4} = F(X_i,\ X_{i+1},\ X_{i+2},\ X_{i+3},\ \mathrm{rk}_i)$$

$$Y = R(X_{32},\ X_{33},\ X_{34},\ X_{35})$$

其中，R 为反序处理：

$$R(X_{32},\ X_{33},\ X_{34},\ X_{35}) = (X_{35},\ X_{34},\ X_{33},\ X_{32})$$

4. 解密过程

解密算法与加密算法基本相同，区别只是轮密钥顺序相反，解密伪代码如下。

```
for i from 0 to 31
```

$$X_{i+4} = F(X_i,\ X_{i+1},\ X_{i+2},\ X_{i+3},\ \mathrm{rk}_{31-i})$$

$$Y = R(X_{32},\ X_{33},\ X_{34},\ X_{35})$$

其中，X 为密文，Y 为解密后的明文。

习题

1. 简述 Feistel 结构的概念。
2. 简述分组密码设计的基本原则。
3. 除了混淆和扩散原则外，简述分组密码算法还应满足的要求。
4. 简述常用分组密码的工作方式。
5. (1) 设 DES 中的 M' 和 M 逐位取补，如果对明文分组和加密密钥都逐位取补，那么得到的密文也是原密文的逐位取补，即如果 $Y = \mathrm{DES}_K(X)$，那么 $Y' = \mathrm{DES}_{K'}(X')$。

试对此进行证明。

提示：对任意两个长度相等的字符串 A 和 B，证明 $A \oplus B' = A' \oplus B$ 。

（2）对 DES 进行穷搜索攻击时，需要在由 2^{56} 个密钥构成的密钥空间进行，试说明能否根据（1）的结论减少进行穷搜索攻击所用的密钥空间。

6. 证明 DES 解密变换是其加密变换的逆。
7. 在 DES 的 EBC 模式中，如果在密文分组中有一个错误，则解密后仅相应的明文分组受到影响。然而在 CBC 模式中，该情况将导致错误传播。例如，在图 5-12 中，$C1$ 的一个错误将明显地影响 $P1$ 和 $P2$ 的结果。

（1）$P2$ 后的分组是否受到影响？

（2）设加密前的明文分组 $P1$ 中有 1 位的错误，则该错误将在多少个密文分组中传播？对接收者产生什么影响？

8. 在 8 位 CFB 模式中，如果在密文字符中出现 1 位的错误，则该错误能传播多远？
9. SM4 算法满足对合性，即加密过程与解密过程相同，区别只是密钥使用的顺序相反。试对此进行证明。

第6章

公钥密码系统

CHAPTER 6

1976 年，W. Diffie 和 N. E. Hellman 发表了著名的文章“New Directions in Cryptography”，从而奠定了公钥密码的基础。与传统密码系统不同的是，公钥密码系统不需要额外分发密钥的可信信道，加密密钥和解密密钥在本质上是不同的，知道一个密钥不能有效地计算出另一个密钥。图 6.1 是传统密码系统和公钥密码系统框图。

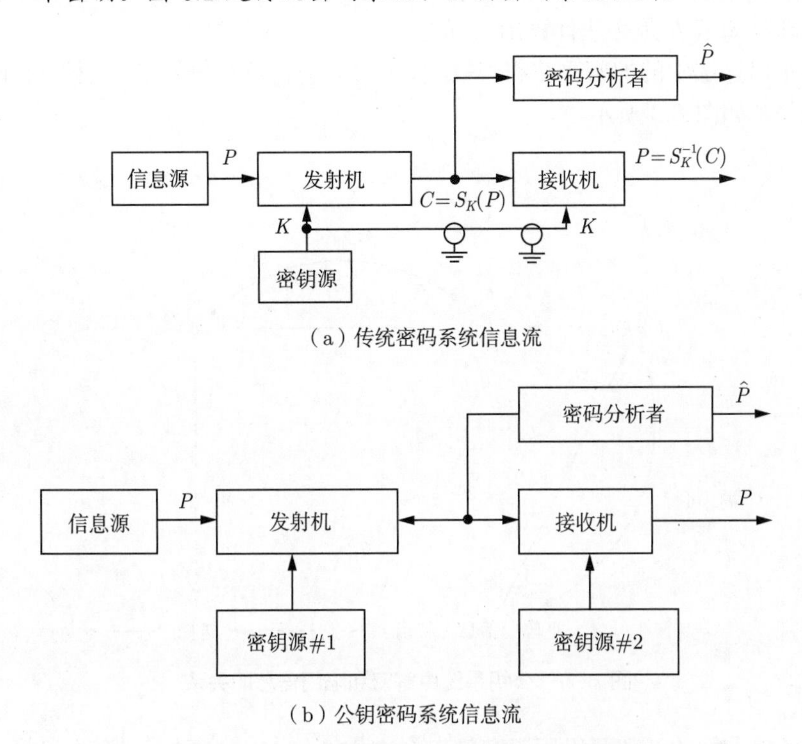

图 6.1 传统密码系统和公钥密码系统框图

在公钥密码系统中，信息传递者有一个私钥（Secret Key，SK）和一个公钥（Public Key，PK），公钥 PK 是公开的。现在有两个信息传递者 A 和 B（通常分别称为 Alice 和 Bob)，其公私钥分别为 $\mathrm{SK_a}$，$\mathrm{PK_a}$，$\mathrm{SK_b}$，$\mathrm{PK_b}$，这时 A 和 B 之间不需要进行密钥协商或交换就可以进行保密通信。假如 A 要发信息给 B，A 只需要用 B 的公钥对信息进行加密 $c = E_{\mathrm{PK_b}}(m)$，然后将加密后的信息 c 发给 B，B 收到信息后用私钥进行解密 $m = D_{\mathrm{SK_b}}(c)$，即可恢复出信息 m。

6.1 陷门单向函数

公钥密码系统的思想很好理解，但是要构造这样一个系统，并且能够抵抗住密码分析者的攻击却不是一件容易的事情，这要求密码分析者从公开的各种信息中无法获得密钥信息和有效的解密办法。Diffie 和 Hellman 在提出公钥密码思想后也给出了构造这种密码系统的基本方向或方法，那就是寻找一个陷门单向函数（trap-door one-way function）。

陷门单向函数是一类函数族 $y = f(x,\ k)$，其中 k 为参数，每个 k，x 与 $f(x,\ k)$ 一一对应，对于给定的 x 和 k，$f(x,\ k)$ 很“容易”计算，但是若给定 y（或 $f(x,\ k)$）和

k，则计算 x 是"困难"的。由此可见，$f(x, k)$ 是单向函数。

如果存在一个"陷门信息"k'，k' 和 k 存在关系 $k = d(k')$，同时存在函数 $g(y, k')$，使得当 $y = f(x, k)$ 时 $x = g(y, k')$，则在给定 y 和 k' 时，$g(y, k')$ 是"容易"计算的。也就是说，陷门信息使得给定 y 和 k' 时，可以"容易"地计算 x。同时，$d(k')$ 也需要是单向函数，即只知道 k 是无法计算出 k' 的。

通常用密码算法中的加密算法符号 E 代替 f，解密算法符号 D 代替 g，陷门信息和算法之间的关系如图 6.2 所示。

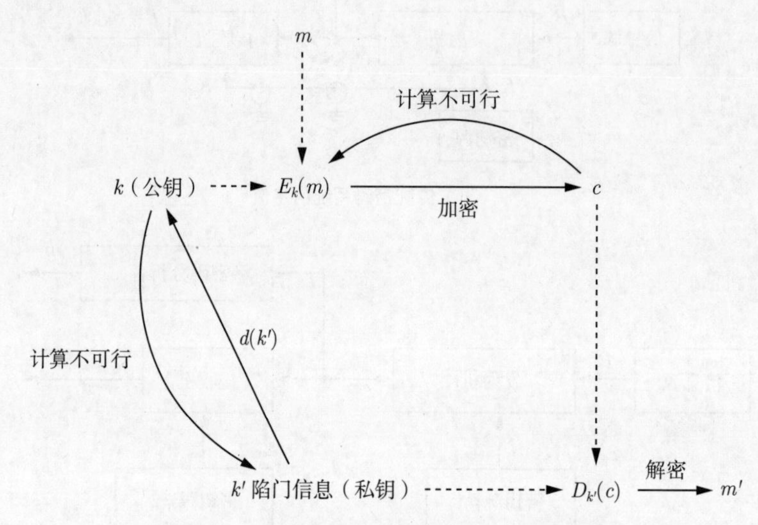

图 6.2　公钥系统中解密和陷门信息的关系

仅仅具备单向性的函数可以用于存储口令文件（如 Hash 函数），而陷门单向函数则可以用于建立公钥密码系统。

注意：在公钥密码系统方面，姚期智先生的学术贡献毫无疑问是极富开创性且影响深远的，主要集中在密码学基础、计算复杂性和量子计算方面，其代表性工作见文献随录。

文献随录

6.2 MH 方法

1978 年，美国斯坦福大学的 R. C. Merkle 和 M. E. Hellman 发表了"*Hiding information and signatures in trapdoor knapsacks*"一文，以此建立了一种基于陷门背包的公钥密码系统。

6.2.1 0-1 背包问题

0-1 背包问题（0-1 knapsack problem）是指这样一个问题：现有 n 件物品和容量为 m 的背包，已知每件物品的重量和价值，每件物品只有一件可供选择（可以选择装或不装），找到一种合适的装法，使背包里的物品重量不超过背包容量且价值最大。

下面分析 0-1 背包问题的一个变种。现有 n 件物品和容量为 m 的背包，已知每件物品的重量和价值分别为 w_i、v_i。先不考虑背包容量，只寻找一种装法使得物品价值正好为 S，用数学语言描述如下。

对于一个正整数 S 和一个背包向量 $\boldsymbol{V}=(v_1, v_2, \cdots, v_n)$，找到一个二进制向量 $\boldsymbol{X}=(x_1, x_2, \cdots, x_n)$，使得 $S=\sum\limits_{i=1}^{n}x_iv_i$。

0-1 背包问题是一个著名的 NP（Non-Polynomial）问题，目前最好算法的复杂度为 $O(2^{n/2})$，存储量为 $O(2^{n/4})$。背包问题的困难程度和背包向量的选择关系很大，如果 $\boldsymbol{V}=(1, 2, 4, \cdots, 2^{n-1})$，则给定 S 求 $\boldsymbol{X}$ 就会很容易。

在变种 0-1 背包问题中还有一种特殊的背包问题，称为简单背包（simple knapsack）。简单背包问题中的背包向量 $\boldsymbol{V}$ 是一个超上升（super increasing）向量，即 $v_i>\sum\limits_{j=1}^{i-1}v_j$。对于简单背包问题可以用线性时间解出，即简单背包问题是一个 P（Polynomial）类问题。

下面通过示例对 0-1 背包问题进行详细分析。

例 6.1　在某背包问题中，设 $n=5$，$S=14$，$\boldsymbol{V}=(1, 10, 5, 22, 3)$，试求 $\boldsymbol{X}$。

解：经检验可知，$\boldsymbol{X}=(1, 1, 0, 0, 1)$ 是该背包问题的一个解，因为容易算得 $\boldsymbol{XV}^{\mathrm{T}}=1\cdot1+10\cdot1+5\cdot0+22\cdot0+3\cdot1=1+10+3=14$。

例 6.2　在某背包问题中，设 $n=4$，$S=14$，$\boldsymbol{V}=(1, 10, 5, 3)$，试用穷尽法求解，并以此方法分析该背包问题的时间复杂度。

解：列出所有可能的解向量如下。

$$(0, 0, 0, 1)\xRightarrow{\text{背包重量}}3 \qquad (0, 0, 1, 0)\xRightarrow{\text{背包重量}}5$$

$$(0, 0, 1, 1)\xRightarrow{\text{背包重量}}8 \qquad (0, 1, 0, 0)\xRightarrow{\text{背包重量}}10$$

$$(0, 1, 0, 1)\xRightarrow{\text{背包重量}}13 \qquad (0, 1, 1, 0)\xRightarrow{\text{背包重量}}15$$

$$(0, 1, 1, 1)\xRightarrow{\text{背包重量}}18 \qquad (1, 0, 0, 0)\xRightarrow{\text{背包重量}}1$$

$$(1, 0, 0, 1)\xRightarrow{\text{背包重量}}4 \qquad (1, 0, 1, 0)\xRightarrow{\text{背包重量}}6$$

$$(1, 0, 1, 1)\xRightarrow{\text{背包重量}}9 \qquad (1, 1, 0, 0)\xRightarrow{\text{背包重量}}11$$

$$(1, 1, 0, 1)\xRightarrow{\text{背包重量}}14 \qquad (1, 1, 1, 0)\xRightarrow{\text{背包重量}}16$$

$$(1, 1, 1, 1)\xRightarrow{\text{背包重量}}19 \qquad (0, 0, 0, 0)\xRightarrow{\text{背包重量}}0$$

可以看出，$\boldsymbol{X}=(1, 1, 0, 1)$ 是这个问题的解。

假设背包向量长度为 50，那么按上面的算法有 2^{50} 种可能向量，如果每检验一个向量用时 0.1μs (10^{-6}s)，则最坏情况下需要用时：

$$(10^{-6}\times2^{50})/60/60/24/365\approx35.7\text{年}$$

例 6.3　在某背包问题中，设 $n=8$，$S=20$，$\boldsymbol{V}=(1, 2, 2^2, 2^3, 2^4, 2^5, 2^6, 2^7)$，该问题是否有解？若有解，试求解向量。

解：

$$\boldsymbol{V} = (1, 2, 4, 8, 16, 32, 64, 128) = (v_1, v_2, v_3, v_4, v_5, v_6, v_7, v_8)$$

$$v_5, v_6, v_7, v_8 > S \rightarrow v_5 = 0, v_6 = 0, v_7 = 0, v_8 = 0$$

$$v_4 < S \rightarrow v_4 = 1, S = S - v_4 = 20 - 16 = 4$$

$$v_3 > S \rightarrow v_3 = 0$$

$$v_2 = S \rightarrow v_2 = 1, S = S - v_2 = 4 - 4 = 0$$

$$v_1 = 0$$

通过以上计算过程可以看出,该问题有解,且解向量为 $\boldsymbol{X} = (0, 1, 0, 1, 0, 0, 0, 0)$。该背包问题的实质其实就是求一个数的二进制表示，显然这属于 P 类问题。

例 6.4 在某背包问题中，设 $n = 5$，$S = 14$，$\boldsymbol{V} = (1, 10, 5, 22, 3)$，试求解向量。

解： 对背包向量排序得 $\boldsymbol{V}' = (1, 3, 5, 10, 22)$，经检验可知这是一个简单背包向量，则解很容易求得。

$$S < 22 \rightarrow m_5 = 0$$

$$S > 10 \rightarrow m_4 = 1, S = S - 10 = 4$$

$$S < 5 \rightarrow m_3 = 0$$

$$S > 3 \rightarrow m_2 = 1, S = S - 3 = 1$$

$$S = 1 \rightarrow m_1 = 1, S = S - 1 = 0$$

由此可知，该问题有解，且解向量为 $\boldsymbol{X} = (0, 1, 0, 1, 0)$。

6.2.2 MH 方法实现

1. 陷门单向函数构造

简单背包问题是一个 P 类问题，MH 方法的本质是将简单背包变成一个陷门背包。如果知道陷门信息，则简单背包问题是一个易解问题；否则，该问题是一个难解问题。

下面分析 MH 方法的实现过程。

（1）选择一个简单背包向量 $\boldsymbol{V} = (v_1, v_2, \cdots, v_n)$，给定 S，容易求得 $\boldsymbol{X} = (x_1, x_2, \cdots, x_n)$（向量 $\boldsymbol{X}$ 是消息 m 的二进制序列表示），使得 $\boldsymbol{X}$ 满足 $S = \sum\limits_{i=1}^{n} x_i v_i$。

（2）选择一个整数 t，t 满足 $t > \sum\limits_{i=1}^{n} v_i$。选择一个与 t 互素的整数 p，计算 p^{-1}，$pp^{-1} = 1 \pmod t$。计算一个新向量 $\boldsymbol{V}' = p\boldsymbol{V} \pmod t$，新向量中的元素伪随机分布，故单纯将 $S =$

$\boldsymbol{XV}'$ 看作困难问题。如果已知 p^{-1}，则可以将 $S=\boldsymbol{XV}'$ 进行如下转换。

$$\begin{aligned} S' &= p^{-1}S \pmod t \\ &= p^{-1}\boldsymbol{XV}' \pmod t \\ &= p^{-1}\boldsymbol{X}p\boldsymbol{V} \pmod t \\ &= p^{-1}p\boldsymbol{XV} \pmod t \\ &= \boldsymbol{XV} \pmod t \end{aligned} \tag{6.1}$$

因为 $t>\sum_{i=1}^{n}v_i$，所以有 $S'=\boldsymbol{XV}$，$\boldsymbol{V}$ 是一个简单背包向量。因此，很容易求得满足 $S'=\boldsymbol{XV}$ 的 $\boldsymbol{X}$，这个 $\boldsymbol{X}$ 也满足 $S=\boldsymbol{XV}'$。

综上所述，可知简单背包问题是容易计算的问题。收到 S 后需要求解 $S=\boldsymbol{XV}'$ 中的 $\boldsymbol{X}$，这是一般背包问题，无法有效计算。但是由于已知一个陷门信息 p，此时可以计算 $S'=p^{-1}S \pmod t$（其中 $\boldsymbol{V}=p^{-1}\boldsymbol{V}'$），而求解 $S'=\boldsymbol{XV}$ 是简单背包问题，这样就可以求得 $\boldsymbol{X}$。

从上面的分析可以看到，将一般背包问题转换为简单背包问题的关键是已知 t 和 p^{-1}。$\boldsymbol{V}$ 是保密的，$(\boldsymbol{V},\ t,\ p^{-1})$ 就是私钥，但 $\boldsymbol{V}'$ 是可以公开的。由于 $\boldsymbol{V}=p^{-1}\boldsymbol{V}'$，因此已知 p^{-1} 是可以推导出 $\boldsymbol{V}$ 的。

2. 加密方法

对于 MH 方法，用户公布困难背包向量 $\boldsymbol{V}'=(v_1,\ v_2,\ \cdots,\ v_n)$，$\boldsymbol{V}'$ 是公钥，$(\boldsymbol{V},\ t,\ p^{-1})$ 保密，$(t,\ p^{-1})$ 为私钥①。由于 $\boldsymbol{V}$ 可以根据私钥和公钥计算得出，因此可以不作为未知条件。

假设 A 要向 B 发送一个保密信息，即 A 发送的信息只想让 B 看到。A 获得 B 公开发布的公钥 $\boldsymbol{V}'$，然后将信息预处理为长度为 n 的二进制块 $\boldsymbol{X}=(x_1,\ x_2,\ \cdots,\ x_n)$②，加密过程为

$$C=E_{\boldsymbol{V}'}(\boldsymbol{X})=\sum_{i=1}^{n}(x_i v_i') \tag{6.2}$$

A 将密文 C 发送给 B，B 收到 C 后进行解密，首先计算

$$C'=p^{-1}C \pmod t \tag{6.3}$$

然后求解简单背包问题：

$$C'=\boldsymbol{XV} \tag{6.4}$$

例 6.5　在某背包加密问题中，设简单背包向量 $\boldsymbol{V}=(1,\ 3,\ 5,\ 10)$，$t=20$，$p=7$，$p^{-1}=3$，困难背包向量 $\boldsymbol{V}'=p\boldsymbol{V} \pmod{20}=(7,\ 1,\ 15,\ 10)$，发布公钥 $(\boldsymbol{V}',\ t)$，保存好私钥 $(\boldsymbol{V},\ p^{-1},\ t)$。现给定原文为 13，计算密文，并写出接收方的解密过程。

---

① 私钥也可以写为 $(\boldsymbol{V},\ p^{-1},\ t)$，因为 $\boldsymbol{V}=p^{-1}\boldsymbol{V}'$。

② 加密值的二进制编码。

解 （1）计算密文：13 的二进制向量为 (1，1，0，1)，计算 (1，1，0，1) $\boldsymbol{V}'^{\mathrm{T}}=18$，密文为 $c=18$。

（2）解密：$c'=p^{-1}c \pmod{20}=3\times 18 \pmod{20}=14$，由 $c'=\boldsymbol{X}\boldsymbol{V}^{\mathrm{T}}$ 得 $\boldsymbol{X}=(1，1，0，1)$。$\boldsymbol{X}$ 看作一个二进制向量，解密后的值为 $1\times 2^3+1\times 2^2+0\times 2+1=13$。

3. 签名方法

下面给出一种直觉签名方法，需要明确的是，这种很自然的构造签名方法是错误的。

注意：一种简单、直观但错误的方法

假设 A 要向 B 发送一个信息 X，B 收到这个信息后，它要有“足够的理由”才能相信信息就是 A 发送的。

下面用 MH 方法来构造一个 MH 签名算法。

A 要发送信息 M 给 B，A 用自己的私钥信息 $\boldsymbol{V}$ 对信息进行“加密”（其实这里称为“加密”已经不合适了，通常应称为 A 对信息进行“签名”）：

$$C=E_{\boldsymbol{V}}(\boldsymbol{X})=\sum_{i=1}^{n}(x_i v_i) \tag{6.5}$$

然后将 M 和 C（签名信息）一起发送给 B：

$$\mathrm{A}\to\mathrm{B}:(M，C) \tag{6.6}$$

B 首先获得了 A 的公钥信息 $\boldsymbol{V}'$，在收到这个信息后需要验证式 (6.7) 是否成立：

$$M\overset{?}{=}E_{\boldsymbol{V}'}(\boldsymbol{X}) \tag{6.7}$$

如果式 (6.7) 成立，则表示 M 是 A 发送的，并且没有经过第三方篡改；否则，证明这个信息不是 A 发送的。

至此，形成一个电子签名。

例 6.6 在某信息传递过程中，已知：

私钥：$(\boldsymbol{V}，p^{-1}，t)$，$\boldsymbol{V}=(1，3，5，10)$，$p^{-1}=3$，$t=20$。

公钥：$(\boldsymbol{V}'，t)$，$\boldsymbol{V}'=(7，1，15，10)$，$t=20$。

假设要发送的消息 $m=13$（十进制），写出签名过程。

解：

（1）用私钥计算签名值。

$t_1=p^{-1}m \pmod{t}=3\times 13 \pmod{20}=19$

$t_1=\boldsymbol{X}\boldsymbol{V}^{\mathrm{T}}\to 19=\boldsymbol{X}(1，3，5，10)^{\mathrm{T}}$，求解 $\boldsymbol{X}$，得 $\boldsymbol{X}=(1，1，1，1)$。

将 $\boldsymbol{X}$ 看作一个二进制向量，可得签名值 Sig 为 15。

（2）将消息 13 和签名值 15 一起发送给接收方，接收方进行如下验证。

签名值 Sig 的二进制表示为 $\boldsymbol{X}'=(1，1，1，1)$，用公钥计算 $m'=(1，1，1，1)\boldsymbol{V}'^{\mathrm{T}}=(1，1，1，1)(7，1，15，10)^{\mathrm{T}}=33 \pmod{20}=13$。

因为 $m = m'$，所以可以判定此消息是知道私钥的人发送的，并且消息没有被修改。

从上面的例子来看，MH 方法好像可以构成公钥方式的数字签名（类似 RSA），其实不然。陷门背包公开钥密码系统与 RSA 不同，不能实现数字签名，这是因为它的加密变换不是整个信息空间上的映成函数（onto function），因此某些信息（实际上是大多数信息）不能先解密后加密。

上面的直觉方法是不正确的，下面介绍 Shamir 的方案。

Shamir 提出了一种不能用于加密的陷门背包数字签名方案，这种方案虽然现在已经不再应用，但是其构思值得借鉴。他的方案基于下面一种背包问题的变形。

给定整数 n、M 和背包向量 $\boldsymbol{A} = (a_1, a_2, \cdots, a_{2k})$，求满足以下方程的 $\boldsymbol{C}$：

$$M = \boldsymbol{CA} \pmod n \tag{6.8}$$

即求 $\boldsymbol{C} = (c_1, c_2, \cdots, c_{2k})$：

$$M = \sum_{j=1}^{2k} c_j a_j \pmod n \tag{6.9}$$

这个背包问题属于 NPC 问题类。

在 Shamir 的公开钥背包签名系统中，n 是 k 位的随机素数，一般取 $k = 200$，$(\boldsymbol{A}, n)$ 是公开钥，M 是在 $[0, n-1]$ 上取值的明文信息，$\boldsymbol{C}$ 是 M 的数字签名。在收到 $(M, \boldsymbol{C})$ 后，很容易计算 $\boldsymbol{CA}$，通过判定 $\boldsymbol{CA} = M$ 是否成立来判断签名的真实性。伪造一个消息 M' 的签名 $\boldsymbol{C}$，相当于解上述困难背包问题。但是签名者 G 有一个秘密的陷门信息，这个陷门信息使生成一个签名 $\boldsymbol{C} = \boldsymbol{D}_{\mathrm{G}}(M)$ 是一个容易问题。

签名者的秘密陷门信息是一个 $k \times 2k$ 的二进制矩阵 $\boldsymbol{H}$，矩阵中的元素是随机选择的。这里选择一个背包向量 $\boldsymbol{A}$，需要满足线性方程组：

$$\begin{bmatrix} h_{1,1} & \cdots & h_{1,2k} \\ h_{2,1} & \cdots & h_{2,2k} \\ \vdots & & \vdots \\ h_{k,1} & \cdots & h_{k,2k} \end{bmatrix} \begin{bmatrix} a_1 \\ a_2 \\ \vdots \\ a_{2k} \end{bmatrix} = \begin{bmatrix} 2^0 \\ 2^1 \\ \vdots \\ 2^{k-1} \end{bmatrix} \pmod n \tag{6.10}$$

式 (6.10) 表示的是 k 个方程，但是 $\boldsymbol{A}$ 中有 $2k$ 个元素，所以先随机选择 $\boldsymbol{A}$ 中的 k 个值，然后通过解上面的方程组确定另外 k 个值，这样即可确定背包向量 $\boldsymbol{A}$。

现在有明文 M，其二进制序列表示为 $M = (m_1, m_2, \cdots, m_k)$，注意此处 m_k 是最低位，m_1 是最高位，即

$$M = m_1 2^{k-1} + m_2 2^{k-2} + \cdots + m_k 2^0 \tag{6.11}$$

令 $\overline{\boldsymbol{M}} = (m'_1, m'_2, \cdots, m'_k)$ 为明文二进制倒排后的所得序列，即

$$m'_1 = m_k, \ m'_2 = m_{k-1}, \ \cdots, \ m'_k = m_1 \tag{6.12}$$

则 M 的签名 $\boldsymbol{C}$ 为

$$\boldsymbol{C} = \overline{\boldsymbol{M}}\boldsymbol{H} \tag{6.13}$$

验证签名的过程为

$$CA = \overline{M}HA = \overline{M}\begin{bmatrix} 2^0 \\ 2^1 \\ \vdots \\ 2^{k-1} \end{bmatrix} = M \tag{6.14}$$

例 6.7 在某信息传递过程中，设 $k=3$，$n=7$，对 $[0,\ n-1]$ 上的信息进行签名。

解：

取 $k \times 2k = 3 \times 6$ 的随机二进制矩阵 $\boldsymbol{H}$：

$$\boldsymbol{H} = \begin{bmatrix} 0 & 1 & 1 & 0 & 1 & 1 \\ 1 & 0 & 0 & 1 & 0 & 1 \\ 1 & 1 & 0 & 0 & 0 & 1 \end{bmatrix}$$

对于背包向量 $\boldsymbol{A}$，在 $[0,\ 6]$ 上随机取前 3 个元素 $a_1=3$，$a_2=2$，$a_3=1$，则

$$\begin{bmatrix} 0 & 1 & 1 & 0 & 1 & 1 \\ 1 & 0 & 0 & 1 & 0 & 1 \\ 1 & 1 & 0 & 0 & 0 & 1 \end{bmatrix}\begin{bmatrix} 3 \\ 2 \\ 1 \\ a_4 \\ a_5 \\ a_6 \end{bmatrix} = \begin{bmatrix} 2^0 \\ 2^1 \\ 2^2 \end{bmatrix} \pmod 7$$

由此可得方程组

$$\begin{cases} 2+1+a_5+a_6=1 \pmod 7 \\ 3+a_4+a_6=2 \pmod 7 \\ 3+2+a_6=4 \pmod 7 \end{cases} \Rightarrow \begin{cases} 3+a_5+a_6=1 \pmod 7 \\ 3+a_4+a_6=2 \pmod 7 \\ 5+a_6=4 \pmod 7 \end{cases}$$

$$\Rightarrow \begin{cases} a_5+a_6=5 \pmod 7 \\ a_4+a_6=6 \pmod 7 \\ a_6=6 \pmod 7 \end{cases}$$

计算以上方程可得 $a_6=6$，$a_4=0$，$a_5=6$。

如果对 $M=6$ 签名，则 M 的二进制串为"110"，$\overline{M}=[011]$，计算签名：

$$\begin{aligned} \boldsymbol{C} &= \overline{\boldsymbol{M}}\boldsymbol{H} \\ &= [0\ 1\ 1]\begin{bmatrix} 0 & 1 & 1 & 0 & 1 & 1 \\ 1 & 0 & 0 & 1 & 0 & 1 \\ 1 & 1 & 0 & 0 & 0 & 1 \end{bmatrix} \\ &= [2\ 1\ 0\ 1\ 0\ 2] \end{aligned}$$

进行签名验证：

$$\begin{aligned}\boldsymbol{CA} &= [2\quad 1\quad 0\quad 1\quad 0\quad 2]\begin{bmatrix}3\\2\\1\\0\\6\\6\end{bmatrix} \pmod 7\\ &= 6+2+0+0+0+12 \pmod 7\\ &= 6 \pmod 7\end{aligned}$$

因为 $M=\boldsymbol{CA}$，所以可以判定签名真实。

在该方案中，当收集到足够多的 $(M,\ \boldsymbol{C})$ 对后，可以求解 $\boldsymbol{H}$ 并伪造签名，为了避免这种情况发生，在签名前需要对信息进行随机化，具体过程如下。

选择一个随机的二进制变量 $\boldsymbol{R}$：

$$\boldsymbol{R}=[r_1\quad r_2\quad \cdots\quad r_{2k}] \tag{6.15}$$

计算 M'：

$$M'=M-\boldsymbol{RA} \pmod n \tag{6.16}$$

用 Shamir 方案对 M' 签名，得到 $\boldsymbol{C}'$，然后计算签名 $\boldsymbol{C}$：

$$\boldsymbol{C}=\boldsymbol{C}'+\boldsymbol{R} \tag{6.17}$$

如果 $\boldsymbol{C}$ 是一个非伪造且没有被篡改的签名，则按照原来的方法是可以验证的，计算过程如下。

$$\begin{aligned}\boldsymbol{CA} &= (\boldsymbol{C}'+\boldsymbol{R})\boldsymbol{A}\\ &= \boldsymbol{C}'\boldsymbol{A}+\boldsymbol{RA}\\ &= M'+\boldsymbol{RA}\\ &= M \pmod n\end{aligned} \tag{6.18}$$

因为每次都加入了一个随机数，所以一般的破解方法无效。

Shamir 的公开密钥背包数字签名方案的优点是运算速度快，但是其缺点与其他背包方案类似，无法证明伪造签名的困难程度是否与它所依赖的 NP 完全性背包问题的计算复杂度相同。

6.3 RSA

1978 年，美国麻省理工学院的 R. L. Rivest、A. Shamir 和 M. Adleman 在其论文“*A method for obtaining digital signatures and public-key cryptosystems*”中提出了一种实现

Diffie—Hellman 公钥思想的方法，简称 RSA 方法。

1982 年，Rivest、Shamir 和 Adleman 三个创始人正式成立了 RSA Data Security 公司。1989 年，刚刚发展起来的互联网采用了 RSA 加密软件。1994 年，RSA 源代码在互联网上被匿名公布。RSA 公司成立后不断发展，目前已是一家顶级的安全服务公司。

6.3.1 RSA 依赖的困难问题

在 RSA 方法中，需要解决 RSA 依赖的困难问题。

RSA 依赖的困难问题是：整数分解为素数是个困难问题，也称“整数分解是个困难问题”“素分解是个计算上困难的问题”。

但是如果有一组素数，计算出这组素数的合数却是一个容易的问题。

需要注意的是，虽然 RSA 计算困难问题基于“整数分解”，但是 RSA 破解并不等价于“整数分解问题”。如果能够获得整数的分解，那么就可以破解 RSA，但并没有证明破解 RSA 与“整数分解问题”计算复杂性等价。

6.3.2 RSA 加密方法

RSA 加密方法的实现过程如下。

（1）用户选取两个不同的大素数 p 和 q，计算 $n=pq$，已知 $\phi(n)=(p-1)(q-1)$。

（2）选一个正整数 d，满足 $gcd(d,\ \phi(n))=1$。

（3）计算 d 模 $\phi(n)$ 的逆元 e，即 $ed=1(\bmod\ \phi(n))$。

（4）$(e,\ n)$ 作为公钥，$(d,\ n)$ 作为私钥。

（5）加密[①]：RSA 是分组加密，取一个明文分组 M，$0\leqslant M\leqslant n-1$，$C=E_e(M)=M^e(\bmod\ n)$。

（6）解密：$M'=D_d(C)=C^d(\bmod\ n)=(M^e)^d(\bmod\ n)=M^{ed}(\bmod\ n)=M(\bmod\ n)$。

已知公钥 $(e,\ n)$，如果能够计算出 n 的素数分解（即知道 p 和 q），那么就能很容易地计算出 d。由此可见，RSA 算法依赖的困难问题就是分解因子问题。

通常在算法具体实现中，需要在产生公钥和私钥后销毁 p 和 q，如果算法设计有漏洞而泄露了 p 和 q，则将有可能造成“侧信道攻击”（Side Channel Attack，SCA）[②]。

下面证明 RSA 的正确性，即解密过程可以获得明文 M。

（1）M 为明文，C 为密文，为公钥 $(e,\ n)$。

（2）加密：$C=M^e\ (\bmod\ n)$。

（3）解密：$M'=C^d=(M^e)^d=M^{ed}\ (\bmod\ n)$。

（4）$ed=1\ (\bmod\ \phi(n))\Rightarrow ed=k\phi(n)+1$。

（5）$M'=M^{k\phi(n)+1}\ (\bmod\ n)$。

（6）M 与 n 互素，由欧拉定理 $M^{\phi(n)}=1\ (\bmod\ n)$ 可得

① 可以按照一定方法使数据符合合格要求，如将其变为 n 进制编码。

② 侧信道攻击，也称边信道攻击。侧信道攻击就是利用加密软件或硬件运行时通过各种“途径”产生的各种泄露信息进行攻击，通常包括针对密码算法的计时攻击（timing attacks）、能量攻击（power analysis attacks）、电磁分析（EM-attacks）攻击等，也包括针对键盘敲击内容的分析声音、电磁攻击等。在信道设计过程中，基本上只考虑在“正常信道”上对攻击的对抗，因为侧信道种类繁多而很少有系统考虑，或者即使考虑也会有遗漏。

$$
\begin{aligned}
&M^{k\phi(n)+1} \pmod n \\
=&M^{k\phi(n)}M \pmod n \\
=&M \pmod n
\end{aligned}
$$

（7）M 与 n 不互素，即 $\gcd(M, n) \neq 1$，已知 n 的素数分解为 p，q，则 M 是 p 或 q 的倍数。不失一般性，假设 M 是 p 的倍数，即 $M = tp$，$t \in \mathbf{N}$，此时 M 一定不是 q 的倍数。如果 M 是 q 的倍数，那么 M 就是 n 的倍数，已知模 n 其实是整个运算空间的边界，即 $M < n$，显然 M 是 n 的倍数与 $M < n$ 矛盾。因此，如果 M 是 p 的倍数，则一定有 $\gcd(M, q) = 1$。

（8）$\gcd(M, q) = 1$，由欧拉定理 $M^{\phi(q)} = 1 \pmod q$ 可得

$$
\begin{aligned}
&M^{k\phi(n)} \pmod q \\
=&M^{k\phi(p)\phi(q)} \pmod q \\
=&\left[M^{k\phi(q)}\right]^{\phi(p)} \pmod q \\
=&1 \pmod q
\end{aligned}
$$

即存在整数 r 使得 $M^{k\phi(n)} = 1 + rq$, 两边同乘 $M = tp$，则

$$
\begin{aligned}
&M^{k\phi(n)+1} \\
=&M + rqtp \\
=&M + rtn
\end{aligned}
$$

由此可得

$$
M^{k\phi(n)+1} = M \pmod n
$$

6.3.3 RSA 简单示例

RSA 系统的位数通常是指模 n 转换位二进制后的位数。因为 n 的大小限定了运算空间的大小，从而体现了破解的难度，也体现了密码系统的安全性。下面给出一个 12 位 RSA 的加密解密方法，整个计算过程可以使用 SageMath 进行验证。

1. 生成公私钥对

RSA 是非对称加密，公钥公开给加密方加密，私钥留给自己解密且不公开，具体实现过程如下。

（1）随机选择两个素数，用 p、q 来代替（素数的数值越大，位数就越多，可靠性就越高）。假设这里取 $p = 47$，$q = 59$。

（2）计算这两个素数的乘积，$n = p \times q = 47 \times 59 = 2773$，$n$ 的长度就是公钥长度。2773 写成二进制是 101011010101，一共有 12 位，所以这个密钥就是 12 位。实际应用中，RSA 密钥一般是 1024 位，重要场合则为 2048 位。

（3）计算 n 的欧拉函数 $\phi(n)$，$\phi(n)=(p-1)(q-1)$，$\phi(2773)=(47-1)\times(59-1)=46\times58=2668$。

（4）随机选择一个整数 e，$1<e<\phi(n)$，且 e 与 $\phi(n)$ 互素（已知 $e^{\phi(n)}=1\pmod n$）。例如，在 $1\sim2668$ 范围内随机选择 $e=17$。

（5）计算 e 对于 $\phi(n)$ 的模乘法逆元 d。$\gcd(e,\ \phi(n))=1$，$ed=1\pmod{\phi(n)}\Rightarrow d=(1+k\phi(n))/e$，$k\in\mathbf{Z}$，代入各值可得 $d=(1+2668k)/17$。依次给 k 赋值，取 d 为整数的序偶[①]，可得一系列 $(k,\ d)$，即 $(1,\ 157)$，$(18,\ 2825)$，$(35,\ 5493)$，$\cdots$。随机选取一个序偶，如 $(1,\ 157)$，则 $d=157$。

（6）将 n 和 e 封装成公钥，n 和 d 封装成私钥，即公钥为 $n=2773$，$e=17$，私钥为 $n=2773$，$d=157$。

2. 用公钥加密字符串

假设加密一个字符“A”，首先字符要用数值表示（即编码，信源编码），一般用 Unicode 或 ASCII 表示，这里用 ASCII 表示。“A”的 ASCII 十进制为 65（十六进制 0x41），用 m 代替明文（message），c 代替密文（cipher），则 $m=65$。RSA 加密公式：

$$m^e=c\pmod n \tag{6.19}$$

将之前所取各值代入：

$$\begin{aligned}c&=65^{17}\pmod{2773}\\&=332\pmod{2773}\end{aligned}$$

由此可得，密文 $c=332$。

3. 用私钥解密密文

RSA 解密公式：

$$c^d=m\pmod n \tag{6.20}$$

将之前所取各值代入：

$$\begin{aligned}m&=c^d\\&=332^{157}\\&=65\pmod{2773}\end{aligned}$$

由此可得，明文 $m=65$。

4. 用私钥简单签名字符串

对于消息 m，$s=m^d\pmod n=65^{157}\pmod{2773}=126$，签名值 S 为“126”。发送方用 RSA 进行签名，并将 $m||s$ 发送给接收方。

---

① 序偶是指由两个元素组成的有限序列。

5. 用公钥验证字符串

在收到 $m||s$ 后，接收方计算 $m' = s^e \pmod{n} = 126^{17} \pmod{2773} = 65$。当 $m' = m$ 时，推断出签名值是知道私钥的人所计算的，并且接收的 m 没有被修改。

6.4 椭圆曲线密码系统

6.4.1 基本概念

椭圆曲线（elliptic curve）是指由韦尔斯特拉（Weierstrass）方程确定的平面。韦尔斯特拉方程为

$$E: y^2 + axy + by = x^3 + cx^2 + dx + e \tag{6.21}$$

其中，a，b，c，d，e 属于域 F。F 可以是有理数域、复数域、实数域和有限域，密码学中通常采用有限域。

下面用 SageMath 绘制几个实数域上的椭圆曲线。

例 6.8　绘制椭圆曲线 $y^2 = x^3 - 2x$。

椭圆曲线 $y^2 = x^3 - 2x$ 的绘制代码如下。

```
# y^2=x^3-2x
p= plot(EllipticCurve([0,0,0,-2,0]),gridlines='true', xmin=-4, xmax=4,
ymin=-3, ymax=3,legend_label='$y^2=x^3-2x$')
show(p)
```

所得图像如图 6.3 所示。

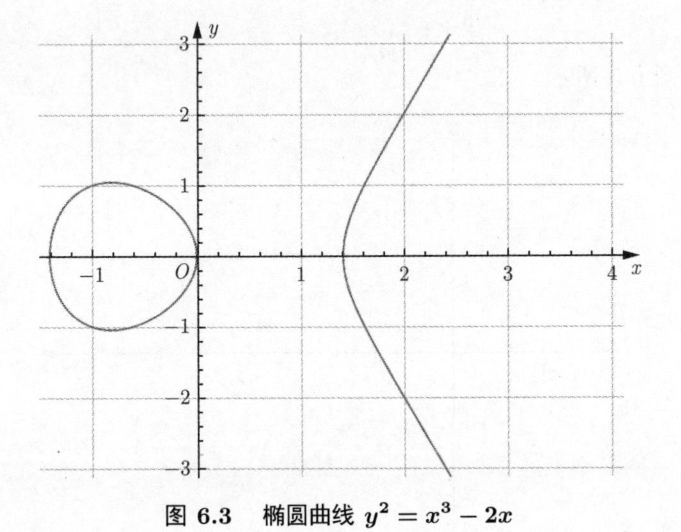

图 6.3　椭圆曲线 $y^2 = x^3 - 2x$

例 6.9　绘制椭圆曲线 $y^2 = x^3 - 2x + 1$。

椭圆曲线 $y^2 = x^3 - 2x + 1$ 的绘制代码如下。

```
# y^2=x^3-2x
p= plot(EllipticCurve([0,0,0,-2,1]),gridlines='true', xmin=-4, xmax=4,
ymin=-3, ymax=3,legend_label='$y^2=x^3-2x+1$')
show(p)
```

所得图像如图 6.4 所示。

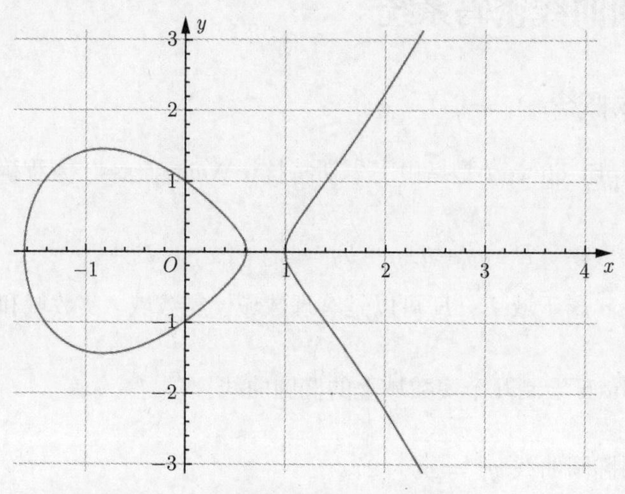

图 6.4　椭圆曲线 $y^2 = x^3 - 2x + 1$

例 6.10　绘制椭圆曲线 $y^2 = x^3 - 2x + 2$。

椭圆曲线 $y^2 = x^3 - 2x + 2$ 的绘制代码如下。

```
# y^2=x^3-2x+2
p= plot(EllipticCurve([0,0,0,-2,2]),gridlines='true', xmin=-4, xmax=4,
ymin=-3, ymax=3,legend_label='$y^2=x^3-2x+2$')
show(p)
```

所得图像如图 6.5 所示。

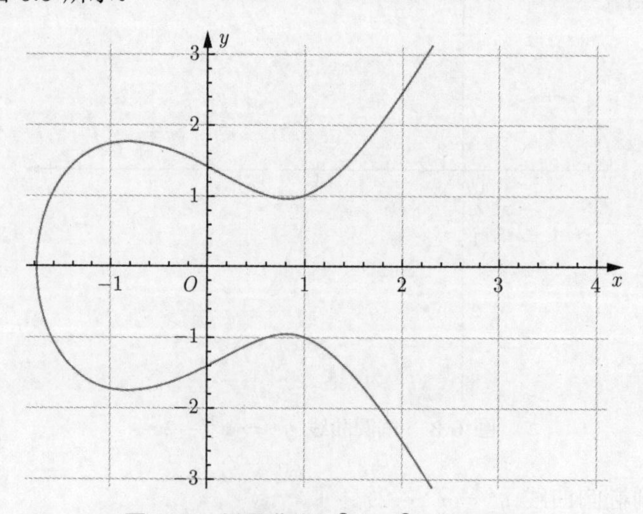

图 6.5　椭圆曲线 $y^2 = x^3 - 2x + 2$

通过定义恰当的“加法”运算，椭圆曲线上的所有点构成一个加法群，正因为椭圆曲线存在加法结构，所以它包含了很多重要的数论信息。下面简单分析椭圆曲线上的加法群的构建。

（1）单位元：O 为单位元，对椭圆曲线上的所有点 P 有 $P+O=P$。O 也是椭圆曲线上的一个点，是一个无穷远的点。

（2）如果椭圆曲线上的三个点 P_1、P_2、P_3 位于同一直线上，那么这三点之和 $P_1+P_2+P_3=O$。

（3）逆元[①]：对点 $P=(x,\ y)$，其加法逆元为 $(x,\ -y)$，记为 $-P$，$P+(-P)=O$，由此也可以定义减法 $P-P=O$。

（4）相加：对于两个不同且不互逆的点 P、Q，作一条通过 P、Q 的直线，该直线与椭圆曲线交于一点且交点是唯一的（除非所作直线是 P 或 Q 的切线）。此时，这三点共线，即三点相加为 O。如果记交点的逆元为 R，则 $P+Q=R$，如图 6.6（a）所示。

（5）倍数：在 P 点作椭圆曲线的一条切线，设切线与椭圆曲线交于一点，R 为此交点的逆元，如图 6.6（b）所示。定义 $2P=P+P=R$，一般将 $\overbrace{Q+Q+\cdots+Q}^{n个Q}$ 记为 nQ。

可以证明，以上定义的加法运算具有交换律和结合律等一般性质。

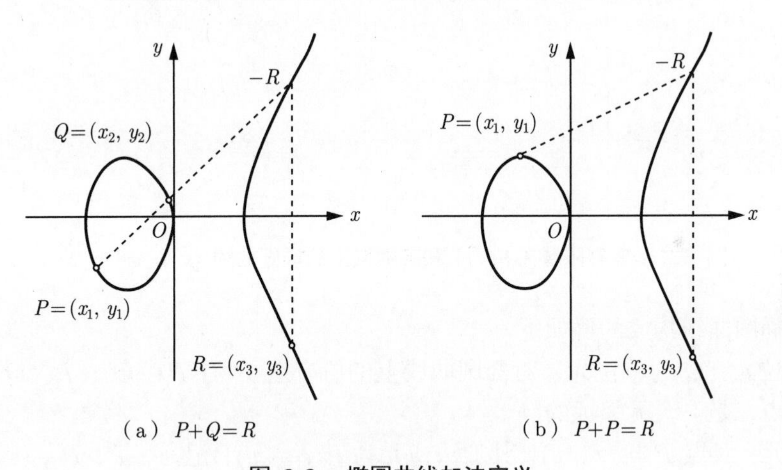

图 6.6　椭圆曲线加法定义

6.4.2　有限域上的椭圆曲线

简单起见，通常只考虑在有限域 GF(p) 上的椭圆曲线（p 为大于 3 的素数）。在有限域 GF(p) 上的曲线 $y^2=x^3+ax+b\,(a,\ b\in \mathrm{GF}(p),\ 4a^3+27b^2\neq 0)$ 称为有限域上的椭圆曲线，通常记为 $E_p(a,\ b)$。

椭圆曲线的定义要求曲线是非奇异的，即处处可导的。从几何上讲，这意味着图像里没有尖点、自相交点或孤立点。从代数上讲，当且仅当判别式 $\delta=4a^3+27b^2\neq 0$ 时条件成立，这里主要满足其可导性。

---

① 因为椭圆曲线是关于 x 轴对称的，所以点 $(x,\ y)$ 和点 $(x,\ -y)$ 的连线一定延伸到无穷远。

下面分析同一方程在不同域上的椭圆曲线。

例 6.11　绘制在有限域 GF(11) 和实数域上的椭圆曲线 $y^2 = x^3 - 2x$。

```
# y^2=x^3-2x在有限域GF(11)上
p=plot(EllipticCurve(GF(11),[0,0,0,-2,0]),gridlines='true',
xmin=-11, xmax=11, ymin=-30, ymax=30,
legend_label='$y^2=x^3-2x,GF(11)$')
# y^2=x^3-2x在实数域上
p+=plot(EllipticCurve([0,0,0,-2,0]),gridlines='true', color=hue(1),
xmin=-11, xmax=11,ymin=-30, ymax=30,legend_label='$y^2=x^3-2x$')
show(p)
```

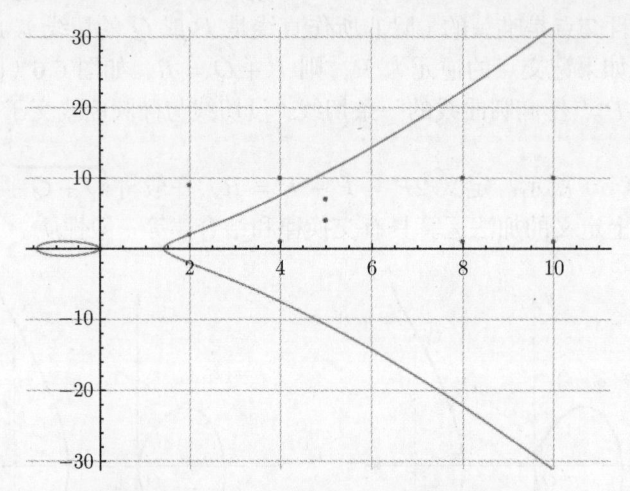

图 6.7　在有限域 GF(11) 和实数域上的椭圆曲线 $y^2 = x^3 - 2x$

有限域椭圆曲线构成的群如下。

（1）单位元：O 为单位元，对椭圆曲线上的所有点 P 有 $P + O = P$。O 也是椭圆曲线上的一个点，是一个无穷远的点。

（2）逆元：对点 $P = (x，y)$，其加法逆元为 $(x，-y)$，记为 $-P$，$P + (-P) = O$，由此也可以定义减法 $P - P = O$。

（3）相加：对于两个不同且不互逆的点 $P(x_1，y_1)$，$Q(x_2，y_2)$，$x_1 \neq x_2$，$P(x_1，y_1) + Q(x_2，y_2) = S(x_3，y_3)$，其中

$x_3 = \lambda^2 - x_1 - x_2 \pmod p$

$y_3 = \lambda(x_1 - x_3) - y_1 \pmod p$

$\lambda = \dfrac{y_2 - y_1}{x_2 - x_1}$

（4）倍数：点 P 的倍数定义为 $2P = P(x_1，y_1) + P(x_1，y_1) = S(x_3，y_3)$，其中

$x_3 = \lambda^2 - 2x_1 \pmod p$

$y_3 = \lambda(x_1 - x_3) - y_1 \pmod p$

$\lambda = \dfrac{3x_1^2 + a}{2y_1}$（$a$ 为常数）

注意：假设 E/F_p 是一个椭圆曲线，$e \geqslant 1$，如果 (x_1, y_1)，$x_1, y_1 \in F_{p^e}$ 满足曲线方程 E，则称点 (x_1, y_1) 在椭圆曲线上。当 $e=1$ 时，点 (x_1, y_1) 定义在基础域（base field）F_p 上，当 $e>1$ 时，点 (x_1, y_1) 定义在域 F_p 的扩展上。在域 F_{p^e} 的曲线 E 上的所有点（包括无穷远点 O）记为 $E(F_{p^e})$，用 $|E(F_{p^e})|$ 表示椭圆曲线上的点的个数。

根据哈赛（Hase）的研究结果，有 $|E(F_{p^e})| = p^e + 1 - t$，其中 $|t| \leqslant 2\sqrt{p^e}$，这表明 $|E(F_{p^e})|$ 非常接近 $p^e - 1$。对于 $E(F_p)$ 来说，这个值为 $p+1$。

例 6.12　求解 GF(11) 上的椭圆曲线 $E_{11}(1, 6) : y^2 = x^3 + x + 6 \pmod{11}$ 构成的交换群。

解：

（1）计算椭圆曲线上所有的点。

对于 GF(11) 上的每一个点 x，计算 $s = x^3 + x + 6 \pmod{11}$，然后求解 $y^2 = s \pmod{11}$。如果此方程有解（即 s 为模 11 的平方剩余）且解为 y，则 $(x, \pm y)$ 是 $E_{11}(1, 6)$ 上的点。按照这个方法可以获得 $E_{11}(1, 6)$ 上的点，共 12 个点：

$$(2, 4), (2, 7), (3, 5)$$
$$(3, 6), (5, 2), (5, 9)$$
$$(7, 2), (7, 9), (8, 3)$$
$$(8, 8), (10, 2), (10, 9)$$

（2）交换群。

由步骤（1）可以看到，$(2, 4)$ 和 $(2, 7)$ 互为逆元，下面计算 $(2, 4) + (3, 5)$。

$$\lambda = \frac{y_2 - y_1}{x_2 - x_1} = \frac{5-4}{3-2} = 1$$
$$x_3 = \lambda^2 - x_1 - x_2 \pmod{11} = 1^2 - 2 - 3 \pmod{11} = 7$$
$$y_3 = \lambda(x_1 - x_3) - y_1 \pmod{11} = (2-7) - 4 = 2$$

$(2, 4)+(3, 5) = (7, 2)$，而 $(7, 2)$ 仍然是椭圆曲线上的点，可见加法运算在 $E_{11}(1, 6)$ 上是封闭的。

例 6.13　在 $E_{23}(1, 1)$ 上计算 $P+Q$，其中 $P = (3, 10)$，$Q = (9, 7)$。

解：

$\lambda = \dfrac{y_2 - y_1}{x_2 - x_1} = \dfrac{7-10}{9-3} = \dfrac{-3}{6} = \dfrac{-1}{2} = 11 \pmod{23}$

$x_3 = \lambda^2 - x_1 - x_2 \pmod{23} = 11^2 - 3 - 9 \pmod{23} = 17$

$y_3 = \lambda(x_1 - x_3) - y_1 \pmod{23} = 11(3-17) - 10 = -164 = 20$

$P+Q = (17, 20)$，结果仍然为 $E_{23}(1, 1)$ 中的点。

例 6.14　已知 $y^2 = x^3 - 2x - 3$ 是 GF(7) 上的椭圆曲线 $E_7(-2, -3)$，$P = (3, 2)$ 是 $E_7(-2, -3)$ 上一点，求 $10P$。

解：

$2P = P + P = (3, 2) + (3+2)$

因为：

$\lambda = \dfrac{3x_1^2 + a}{2y_1} = \dfrac{3 \times 3^2 + (-2)}{2 \times 2} = \dfrac{25}{4} \pmod 7 = 1$

$x_{2P} = \lambda^2 - x_1 - x_2 = 1 - 3 - 3 = -5 \pmod 7 = 2$

$y_{2P} = \lambda(x_1 - x_{2P}) - y_1 = (3 - 2) - 2 \pmod 7 = 6$

所以：

$2P = P + P = (2,\ 6)$

$3P = P + 2P = (3,\ 2) + (2 + 6)$

因为：

$\lambda = \dfrac{y_2 - y_1}{x_2 - x_1} = \dfrac{6 - 2}{2 - 3} = \dfrac{4}{-1} \pmod 7 = 3$

$x_{3P} = \lambda^2 - x_1 - x_2 = 3^2 - 3 - 2 = 4 \pmod 7$

$y_{3P} = \lambda(x_1 - x_{2P}) - y_1 = 3 \times (3 - 4) - 2 \pmod 7 = 2$

所以：

$3P = P + 2P = (4,\ 2)$

依次计算：

$4P = P + 3P = (3,\ 2) + (4,\ 2) = (0,\ 5)$

$5P = P + 4P = (3,\ 2) + (0,\ 5) = (5,\ 0)$

$6P = P + 5P = (3,\ 2) + (5,\ 0) = (0,\ 2)$

$7P = P + 6P = (3,\ 2) + (0,\ 2) = (4,\ 5)$

$8P = P + 7P = (3,\ 2) + (4,\ 5) = (2,\ 1)$

$9P = P + 8P = (3,\ 2) + (2,\ 1) = (3,\ 5)$

$10P = P + 9P = (3,\ 2) + (3,\ 5) = O$

6.4.3 构造密码算法

要想利用椭圆曲线构造密码算法，通常需要解决以下几个问题。

（1）将一个信息（二进制串或数字）映射到椭圆曲线的一个点，同时也将椭圆曲线上的一个点映射到一个信息。

（2）在椭圆曲线上找到一个计算困难问题，但这个困难问题在已知某个信息时要变得不困难。

（3）设计一个信息变换或计算过程。

下面我们依次对以上几个问题进行分析。

1. 消息到椭圆曲线上的映射

设消息是 $m(0 \leqslant m \leqslant M)$，椭圆曲线 $E: y^2 = x^3 + ax + b$，给定一个整数 $k(30 \leqslant k \leqslant 50)$ 这里取 $k = 30$，对明文 m 计算一系列 x：

$$\begin{aligned} x &= \{mk + j,\ j = 0,\ 1,\ 2,\ \cdots\} \\ &= \{30m + j,\ j = 0,\ 1,\ 2,\ \cdots\} \end{aligned} \tag{6.22}$$

直到 $x^2+ax+b \pmod p$ 是平方根，则将 m 映射到椭圆曲线上对应的点 $(x,\ \sqrt{x^2+ax+b})$。

反之，如果已知椭圆曲线上的一点 $(x,\ y)$，则将其还原为消息 m 的过程为 $m=\left\lfloor \dfrac{x}{30} \right\rfloor$。

2. 椭圆曲线上的计算困难问题

在 $E_p(a,\ b)$ 上考虑方程 $Q=kP$，Q，$P \in E_p(a,\ b)$，$k<p$。已知 k、P 很容易求解 Q，但是已知 P、Q 求 k 却是一个困难问题，这就是椭圆曲线上的离散对数问题。

3. 椭圆曲线上的密码算法

1）ECC 加密算法

通常软件实现采用 GF(p) 域，硬件实现采用 GF(2^m) 域。

ECC（Elliptic Curve Cryptography）属于公钥密码系统，下面通过 Alice 给 Bob 准备发送秘密信息的示例来说明整个加解密过程。

（1）Bob 生成公私钥对。

① 选择椭圆曲线 $E: y^2=x^3+ax+b \pmod p$，构造群 $E_p(a,\ b)$。

② 在 $E_p(a,\ b)$ 上挑选生成元 $g=(x_0,\ y_0)$，g 应使得满足 $ng=O$ 的最小 n 是一个非常大的素数。

③ 选择一个随机数 α，$\alpha \in [1,\ n-1]$，计算 $\beta=\alpha g$。

④ Bob 的公钥为 $(E_p(a,\ b),\ n,\ g\beta)$，私钥为 α。

（2）Alice 对消息 m 加密。

① 选择一个随机数 k，$k \in [1,\ n-1]$。

② 计算点 $C_1=(x_1,\ y_1)=kg$。

③ 随机选择一个点 $P_t=(x_t,\ y_t)$，计算 $C_2=P_t+k\beta$。

④ 计算密文 $C_3=mx_t+y_t$。

⑤ 将 $(C_1,\ C_2,\ C_3)$ 作为密文发给 Bob。

（3）Bob 对密文 $(C_1,\ C_2,\ C_3)$ 解密。

① 使用私钥 α 计算 $C_2-\alpha C_1=(x_t',\ y_t')=P_t'$。

② 计算 $m=\dfrac{(C_3-y_t')}{x_t'}$，$m$ 为解密后的明文。

对该过程的正确性进行判定：

$\alpha C_1=\alpha kg=k\alpha g=k\beta$

$(x_t',\ y_t')=C_2\alpha C_1=P_t+k\beta-k\beta=P_t=(x_t,\ y_t)$

$\dfrac{C_3-y_t'}{x_t'}=\dfrac{mx_t+y_t-y_t'}{x_t'}=m$

2）Diffie-Hellman 密钥交换

通过椭圆曲线进行 DH 密钥交换的过程如下。

① 选择一个素数 $p \approx 2^{180}$ 和两个参数 a，b，构造 $E_p(a,\ b)$。

② 取 $E_p(a,\ b)$ 的一个生成元 $G_1(x_1,\ y_1)$，使 G 的阶 n 是一个非常大的素数①。

---

① G 的阶是满足 $nG=O$ 的最小正整数 n。

③ $E_p(a, b)$，G，n 公开。

④ 用户 A 任选 n_A，$n_A \in [1, n-1]$，n_A 为 A 的私钥，$P_A = n_A G$ 为 A 的公钥。

⑤ 用户 B 任选 n_B，$n_B \in [1, n-1]$，n_B 为 B 的私钥，$P_B = n_B G$ 为 B 的公钥。

⑥ A、B 双方利用对方的公钥和自身的私钥，即可产生双方共享的密钥 K。A 计算 $K = n_A P_B$，B 计算 $K = n_B P_A$。

习题

1. 设通信双方使用 RSA 加密体制，接收方的公钥是 $(e, n) = (5, 35)$，接收到的密文是 $C = 10$，求明文 M。
2. 设 RSA 加密体制的公钥是 $(e, n) = (77, 221)$。

   （1）用重复平方法加密明文 160，可得中间结果：

$$
\begin{aligned}
&160^2 (\text{mod } 221) = 185\\
&160^4 (\text{mod } 221) = 191\\
&160^8 (\text{mod } 221) = 16\\
&160^{16} (\text{mod } 221) = 35\\
&160^{32} (\text{mod } 221) = 120\\
&160^{64} (\text{mod } 221) = 35\\
&160^{72} (\text{mod } 221) = 118\\
&160^{76} (\text{mod } 221) = 217\\
&160^{77} (\text{mod } 221) = 23
\end{aligned}
$$

   若敌手得到以上中间结果后容易分解 n，则敌手应如何分解 n?

   （2）求解密密钥 d。
3. 设背包密码系统的超递增序列为 (3，4，9，17，35)，乘数 $t = 19$，模数 $k = 73$，试对“good night”加密。
4. 设背包密码系统的超递增序列为 (3，4，8，17，35)，乘数 $t = 17$，模数 $k = 67$，试对 (25，2，72，92) 解密。
5. 已知 $n = pq$，p，q 都是素数，x，$y \in \mathbf{Z}_n^*$，其中 $\mathbf{Z}_n^* = \mathbf{Z}_n - \{0\}$。证明：

   （1）$xy (\text{mod } n)$ 是模 n 的平方剩余，当且仅当 x、y 都是模 n 的平方剩余或 x、y 都是模 n 的非平方剩余时成立。

   （2）$x^3 y^5 (\text{mod } n)$ 是模 n 的平方剩余，当且仅当 x、y 都是模 n 的平方剩余或 x、y 都是模 n 的非平方剩余时成立。
6. 椭圆曲线 $E_{11}(1, 6)$ 表示 $y^2 = x^3 + x + 6 \bmod 11$，求其上的所有点。
7. 已知点 $G = (2, 7)$ 在椭圆曲线 $E_{11}(1, 6)$ 上，求 $2G$ 和 $3G$。

第7章

哈希函数

CHAPTER 7

7.1 哈希函数的特点

哈希函数（hash function）H 也称单向散列函数，其特点如下。

（1）函数输入为任意长度的消息 M，输出为固定长度的消息 h，$h = H(M)$。

（2）函数 H 是容易计算的，即给定 M 则很容易计算 $h = H(M)$。

（3）给定 h，计算 M，这是个困难问题。这是哈希函数单向性（one-way）的要求。

（4）给定 M，找到另外一个消息 M'，使得 $H(M) = H(M')$ 是个困难问题。也就是说，哈希函数要能抗碰撞（collision-resistance）。

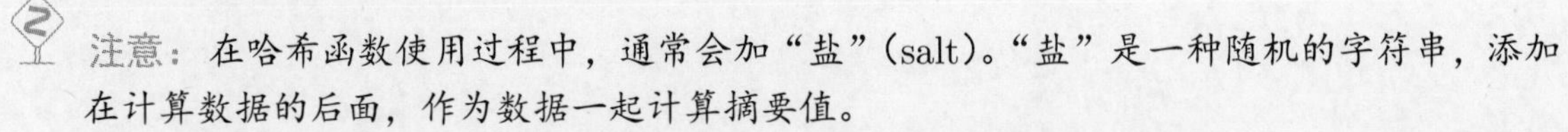

注意：在哈希函数使用过程中，通常会加“盐”(salt)。“盐”是一种随机的字符串，添加在计算数据的后面，作为数据一起计算摘要值。

在系统中，通常不直接存储密码，而是存储密码的哈希值。在验证时，系统根据用户输入的密码计算哈希值，然后与存储的哈希值进行比较，判断输入密码是否正确。密码与盐相结合，然后进行哈希操作。生成的哈希值需要进行存储，以用于之后的验证。这样做的好处是，即使两个用户使用相同的密码，也会因为加盐而使其密码哈希后存储的内容不同。

盐的加入增加了暴力破解的难度。如果攻击者能够访问到哈希值，则他们可以使用字典攻击或暴力破解方法来尝试猜测原始密码。但是在加盐后，即使密码相同的用户，其哈希值也不相同，从而使攻击更加困难。

哈希值还可应用于非密码学领域，如快速检索。在这种应用场景下，加盐可以减少数据哈希值冲突，从而提高效率。

目前大多数哈希函数都采用平凡 Merkle-Damgåard 结构，如图 7.1 所示，其中 m_i，$i = 1, 2, \cdots, l$ 是数据的分组，**IV** 是初始向量，f 是符合哈希要求的压缩函数。

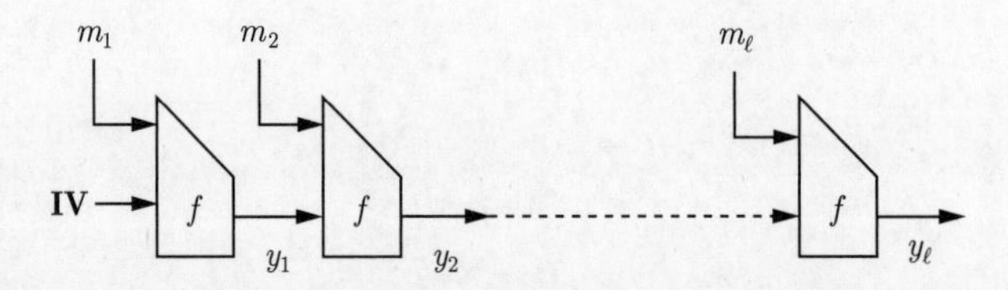

图 7.1 平凡 Merkle-Damgåard 构造

7.2 对哈希函数的攻击

对哈希函数的基本攻击有以下两种：

（1）穷举攻击：已知 x 的哈希值为 $H(x)$，找到 y，使得 $H(y) = H(x)$。

（2）生日攻击：找到两个数 x、y，使得 $H(x) = H(y)$。

1. 穷举攻击

已知一个哈希值 $H(M)$，攻击者依据一定的遍历规则创建消息，直到找到一个消息 M'，使得 $H(M') = H(M)$。

2. 生日攻击

攻击者通过一定的方法寻找两个随机消息 M' 和 M，使得 $H(M') = H(M)$。

生日攻击通常比较容易实现，其来源是生日悖论的数学理论。

生日悖论是指在不少于 23 个人中至少有两人生日相同的概率大于 50%。例如，在一个 30 人的小学班级中，存在两人生日相同的概率为 70%。对于 60 人的大班，这种概率要大于 99%。从引起逻辑矛盾的角度来说，生日悖论并不是一种“悖论”。但是，这个数学事实十分反直觉，故称为悖论。

对于一个哈希函数，假定其输出为 m 位，利用穷举攻击找到一个碰撞（collision）需要 2^m 次试探，而寻找两个随机消息（使其发生碰撞），只需要 $2^{m/2}$ 次试探。下面通过示例分析两者区别。

假如 $m = 64$，计算一次哈希值需要 10^{-6}s （即 1s 计算 10^6 个哈希值），则用穷举法寻找一个碰撞需要计算的时间为：

$$\begin{aligned}2^{64} &= 18446744073709551616 \text{ 次 Hash 运算}\\ &\approx 18446744073709\text{s}\\ &= 18446744073709/3600 = 51240955760\text{h}\\ &= 51240955760/24 = 2135039823 \text{ 天}\\ &= 2135039823/365 = 5849424 \text{ 年}\\ &\approx 58 \text{ 万年}\end{aligned}$$

如果只是寻找两个一样的数，则需要计算 $2^{32} = 4294967296$ 次，大约需要 1h。

从上面的示例可以看到，如果初始哈希值长度为 m 位，则在考虑生日攻击的情况下应该选择的哈希值长度为 $2m$ 位。

例如，如果想让攻击者破解哈希函数的可能性低于 $1/2^{80}$，则应该选择使用 160 位的哈希函数。

下面对生日攻击的原理进行详细分析。

对于哈希函数 H，其可能的输入值是 n 个。假设每种输入是等概率的，输入 y 使得 $H(y)$ 等于某个特定值 $H(x)$ 的概率是 $\frac{1}{n}$。则 $H(y) \neq H(x)$ 的概率是 $1-\frac{1}{n}$。y 随机取 k 个不同的值，这 k 个值的哈希值都不等于 $H(x)$ 的概率是 $\left(1-\frac{1}{n}\right)^k$。$y$ 随机取 k 个不同的值，这 k 个值的哈希值至少有一个等于 $H(x)$ 的概率是 $1-\left(1-\frac{1}{n}\right)^k$，因为 $(1+x)^k \approx 1+kx$，$|x| << 1$，所以有

$$1-\left(1-\frac{1}{n}\right)^k \approx 1-\left(1-\frac{k}{n}\right)$$

$$= \frac{k}{n}$$

若要使该概率大于 0.5，则应取 $k > \dfrac{n}{2}$，即随机取 $\dfrac{n}{2}$ 个数。

7.3　MD5

MD5 是 Ron Rivest 在 1990 年 10 月作为 RFC 提出的（RFC 1321），其前身是 MD4（RFC 1320）。MD5 的输入为任意长度的信息，输出为 128 位的摘要信息（哈希值）。

7.3.1　MD5 算法

MD5 算法的实现过程如图 7.2 所示，下面对各部分进行详细解释。

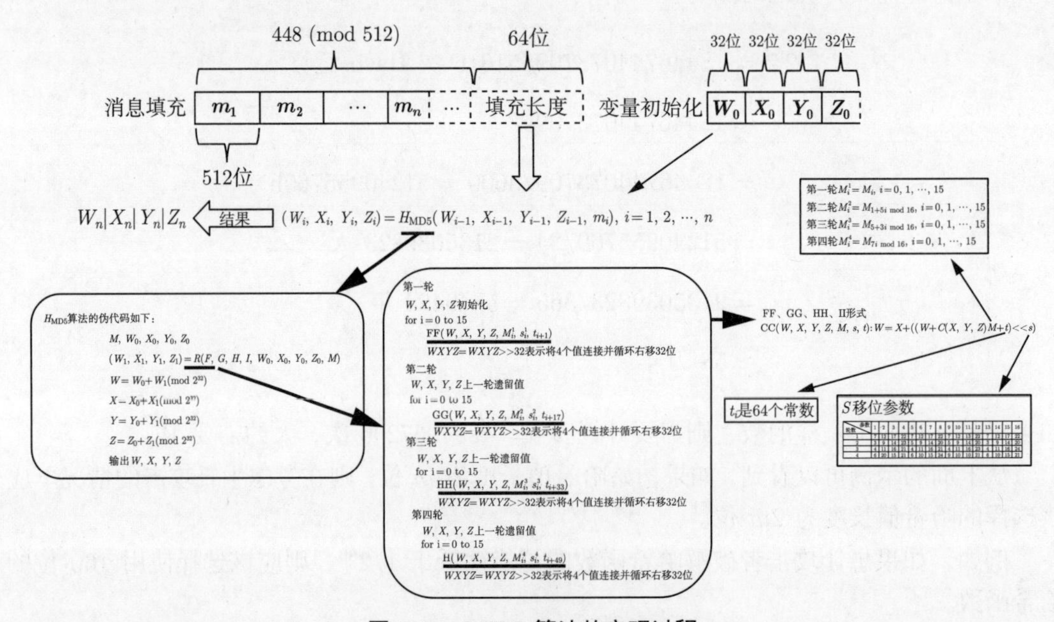

图 7.2　MD5 算法的实现过程

1. 消息填充

填充后的消息位长度 L 为模 512 下的 448，即 $L = 448 \pmod{512}$ 或 $L = n \times 512 + 448$，其中 $1 \leqslant n$ 且 $n \in \mathbf{Z}^+$。填充方式为首位置 1，其余位置 0。

2. 附加消息长度

经过填充可得 448 位，其余 64 位用于填写附加消息长度并用 little-endian 方式存储①。通常可存储的最大附加消息长度为 2^{64}，如果消息长度大于该数，则存储长度模 2^{64}

① little-endian（低字节序），即低位字节排放在内存的低地址端，高位字节排放在内存的高地址端。例如，对于 $a = 0x050607$，假设存储单元地址是 00，01，02，…，则 00 号存储单元存储 07，01 号存储单元存储 06，02 号存储单元存储

后的值。

附加消息长度后，进行后续运算的消息长度是 512 的倍数。

3. 缓冲区初始化

初始化 MD5 核心算法中的 W_0，X_0，Y_0，Z_0：

$$W_0 = 01\ 23\ 45\ 67$$

$$X_0 = 89\ AB\ CD\ EF$$

$$Y_0 = FE\ DC\ BA\ 98$$

$$Z_0 = 76\ 54\ 32\ 10$$

4. 分组流水处理

将消息分为 n 个 512 位长度的分组 m_1，m_2，$\cdots$，m_n，然后对 n 个分组依次执行：

$$(W_1, X_1, Y_1, Z_1) = H_{\text{MD5}}(W_0, X_0, Y_0, Z_0, m_1)$$

$$(W_2, X_2, Y_2, Z_2) = H_{\text{MD5}}(W_1, X_1, Y_1, Z_1, m_2)$$

$$(W_3, X_3, Y_3, Z_3) = H_{\text{MD5}}(W_2, X_2, Y_2, Z_2, m_3)$$

$$\vdots$$

$$(W_n, X_n, Y_n, Z_n) = H_{\text{MD5}}(W_{n-1}, X_{n-1}, Y_{n-1}, Z_{n-1}, m_n)$$

5. 输出

MD5 的输出为 $W||X||Y||Z$。

6. MD5 算法表示

对于整个 MD5 算法，输入为原始消息 M_s，初始量为 W_0，X_0，Y_0，Z_0，输出为 128 位，$W||X||Y||Z$。通常记为 (W, X, Y, Z) 或 $W||X||Y||Z = \text{MD5}(W_0, X_0, Y_0, Z_0, M_s)$。

7.3.2 核心算法 H_{MD5}

核心算法 H_{MD5} 是分组算法，输入为 512 位的分组数据，输出为 128 位。

1. H_{MD5} 算法实现

H_{MD5} 算法的伪代码如下：

$$M, W_0, X_0, Y_0, Z_0$$

$$(W_1, X_1, Y_1, Z_1) = R(F, G, H, I, W_0, X_0, Y_0, Z_0, M)$$

05。

$W = W_0 + W_1 \pmod{2^{32}}$

$X = X_0 + X_1 \pmod{2^{32}}$

$Y = Y_0 + Y_1 \pmod{2^{32}}$

$Z = Z_0 + Z_1 \pmod{2^{32}}$

输出W，X，Y，X

上面伪代码表示的这个算法，输入是 M，W_0，X_0，Y_0，Z_0，输出是 W，X，Y，X，用 $(W, X, Y, X) = H_{\mathrm{MD5}}(W_0, X_0, Y_0, Z_0, M)$ 符号化进行表示。

2. 四轮运算

算法的输入是 512 位的消息 M，将其分为每组 32 位的 16 组，即 $M = M_0||M_1||M_2||\cdots||M_{15}$，然后对其进行四轮核心运算。将整个四轮运算过程记为 $R(F, G, H, I, W, X, Y, Z, M): W \times X \times Y \times Z \times M \rightarrow W \times X \times Y \times Z$，即这四轮运算后的输出是新的 W，X，Y，X，具体过程如下。

（1）第一轮为 F，其核心运算是 $\mathrm{FF}(W, X, Y, Z, M, s, t)$，在第一轮中依次对 16 个分组数据执行 FF 运算。也就是说，第一轮执行 16 次 FF 运算，每次执行 FF 时，W，X，Y，X 是上一次运算后的 W，X，Y，X。在第一次执行 FF 时，W，X，Y，X 的初始值①为：

$$W = 0x01234567$$

$$X = 0x89abcdef$$

$$Y = 0xfedcba98$$

$$Z = 0x76543210$$

用伪代码描述此轮算法如下。

```
//W,X,Y,Z初始化
for i=0 to 15
      FF(W,X,Y,Z,M_i^1,s_i^1,t_{i+1})
      WXYZ = WXYZ >> 32 //表示将4个值连接并循环右移32位。
```

此时，新 W 值为旧 Z，新 X 值为旧 W，新 Y 值为旧 X，新 Z 值为旧 Y。

（2）第二轮为 G，其伪代码如下。

```
//W,X,Y,Z上一轮遗留值
for i=0 to 15
      GG(W,X,Y,Z,M_i^2,s_i^2,t_{i+17})
      WXYZ = WXYZ >> 32 //表示将4个值连接并循环右移32位。
```

此时，新 W 值为旧 Z，新 X 值为旧 W，新 Y 值为旧 X，新 Z 值为旧 Y。

① 这 4 个 32 位变量是 $0 \sim f$ 正序和逆序排列，然后分割为 4 个变量。

（3）第三轮为 H，其伪代码如下。

```
//W,X,Y,Z上一轮遗留值
for i=0 to 15
    HH(W, X, Y, Z, M_i^3, s_i^3, t_{i+33})
    WXYZ = WXYZ >> 32 //表示将4个值连接并循环右移32位。
```

此时，新 W 值为旧 Z，新 X 值为旧 W，新 Y 值为旧 X，新 Z 值为旧 Y。

（4）第四轮为 I，其伪代码如下。

```
//W,X,Y,Z上一轮遗留值
for i=0 to 15
    II(W, X, Y, Z, M_i^4, s_i^4, t_{i+49})
    WXYZ = WXYZ >> 32 //表示将4个值连接并循环右移32位。
```

此时，新 W 值为旧 Z，新 X 值为旧 W，新 Y 值为旧 X，新 Z 值为旧 Y。

在四轮运算中，每轮消息顺序不同。第一轮为顺次，第二、三、四轮对 M 的顺序进行了置换。

（1）第一轮：$M_i^1 = M_i$，$i = 0$，1，$\cdots$，15。

（2）第二轮：$M_i^2 = M_{1+5i \bmod 16}$，$i = 0$，1，$\cdots$，15。

（3）第三轮：$M_i^3 = M_{5+3i \bmod 16}$，$i = 0$，1，$\cdots$，15。

（4）第四轮：$M_i^4 = M_{7i \bmod 16}$，$i = 0$，1，$\cdots$，15。

由此可知，第二轮 M 的顺序为：

$$M_1, M_6, M_{11}, M_0, M_5, M_{10}, M_{15}, M_4, M_9, M_{14}, M_3, M_8, M_{13}, M_2, M_7, M_{12}$$

在四轮运算中，每轮每次运算的移位数 s_i^n 的取值如表 7.1 所示。

表 7.1 MD5 中循环移位操作参数选择

轮数 (n)	参数 (i)															
	1	2	3	4	5	6	7	8	9	10	11	12	13	14	15	16
1	7	12	17	22	7	12	17	22	7	12	17	22	7	12	17	22
2	5	9	14	20	5	9	14	20	5	9	14	20	5	9	14	20
3	4	11	16	23	4	11	16	23	4	11	16	23	4	11	16	23
4	6	10	15	21	6	10	15	21	6	10	15	21	6	10	15	21

在四轮运算中，每轮每次运算的 t_i 是常数，由于 t_i 四轮运算中是顺序变换，因此共有 64 个常数值 t_1，t_2，$\cdots$，t_{64}。通常取 $t_i = [2^{32} \times \text{abs}(\sin(i))]$，其中 i 的单位为弧度（RAD），[] 表示取整运算，abs 是绝对值。其实可以事先做好这个常数表，以备计算时使用。此处有

$$t_1 = [2^{32} \times \text{abs}(\sin(1))] = [3614090360.3] = 3614090360 = [d76aa478]_{16}$$

3. 核心运算

对于核心运算，设 C 为非线性函数 F、G、H、I 中的一个，$d << s$ 表示对数 d 循环左移 s 位，$+$ 表示模 2^{32} 加法（为了方便下文直接写 $+$），则核心运算 CC 定义为

$$\mathrm{CC}(W,\ X,\ Y,\ Z,\ M,\ s,\ t): W = X + ((W + C(X,\ Y,\ Z) + M + t) << s)$$

CC 运算最终是用计算所得的值替换 **W**。

如果用 F 替换 C，那么核心运算 CC 就是 FF；如果用 G 替换 C，那么核心运算 CC 就是 GG；如果用 H 替换 C，那么核心运算 CC 就是 HH；如果用 I 替换 C，那么核心运算 CC 就是 II。

这里其实是定义了 R 运算中的函数 FF、GG、HH、II。

4. 非线性函数

核心运算定义包括 4 个非线性函数 $F(X,\ Y,\ Z)$，$G(X,\ Y,\ Z)$，$H(X,\ Y,\ Z)$，$I(X,\ Y,\ Z)$，下面对此进行定义，其中 X，Y，Z 是 32 位数，$\wedge$ 表示与操作，$\vee$ 表示或操作，$\oplus$ 表示异或操作，$\neg$ 表示非操作。

$$F(X,\ Y,\ Z) = (X \wedge Y) \vee (\neg X \wedge Z)$$

$$G(X,\ Y,\ Z) = (X \wedge Z) \vee (\neg Y \wedge \neg Z)$$

$$H(X,\ Y,\ Z) = X \oplus Y \oplus Z$$

$$I(X,\ Y,\ Z) = Y \oplus (X \wedge \neg Z)$$

7.4 MD5 安全性

文献随录

关于 MD5 安全性的详细介绍见文献随录。

7.5 SHA

SHA 是指安全哈希算法（Secure Hash Algorithm），它由 MD4 算法演变而来。SHA 于 1993 年发布，随后衍生了 SHA-1、SHA-2、SHA-3、SHA-4 等算法。

SHA-1 的输入为长度小于 2^{64} 位的任意消息，输出为 160 位（20 字节，40 个十六进制值）的摘要信息。关于 SHA-1 的详细介绍见文献随录。

文献随录

图 7.3 是 SHA-1 的算法框架示意图，图 7.4 是 SHA-1 的伪代码，大家可以结合 NIST 标准学习 SHA-1 算法。

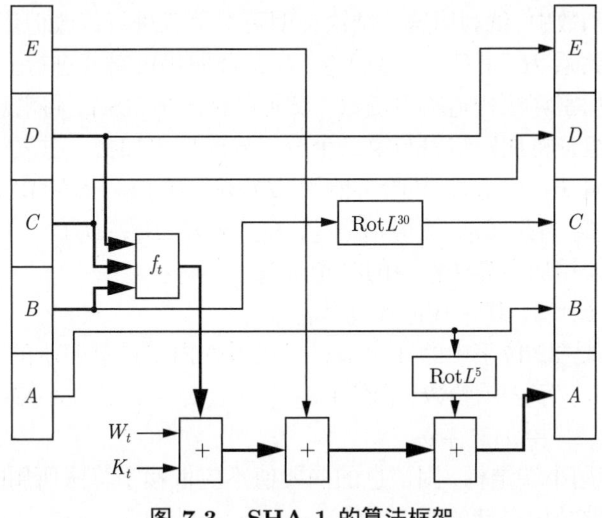

图 7.3　SHA-1 的算法框架

```
DM=DM0 to DM4=IV
for for each data_block do

    Wt=expand(data_block)
    A=DM0; B=DM1; C=DM2; D=DM3; E=
    DM4

    for t=0, t≤79, t=t+1 do
        Temp=RotL5(A)+ft(B, C, D)+E+Kt+ Wt
        E=D
        D=C
        C=RotL30(B)
        B=A
        A=Temp
    end for

    DM0=A+DM0; DM1=B+DM1; DM2=C+
    DM2
    DM3=D+DM3; DM4=E+DM4
end for
```

图 7.4　SHA-1 的伪代码

习题

1. 简述哈希函数的抗强碰撞性、抗弱碰撞性和单向性的概念。
2. SHA-1 哈希函数的输入分组长度和输出数据长度分别为多少?
3. 很多哈希函数是由 CBC 模式的分组加密技术构造的，其中的密钥取为消息分组。例如，将消息 M 分成分组 M_1，M_2，$\cdots$，M_N，H_0 = 初值，迭代关系为 $H_i = E_{M_i}(H_{i-1}) \oplus H_{i-1}\,(i=1,\ 2,\ \cdots,\ N)$，哈希值取为 H_N，其中 E 是分组加密算法。

   (1) 设 E 为 DES，在第 5 章已证明如果对明文分组和加密密钥都逐位取补，那么得到的密文也是原密文的逐位取补，即如果 $Y = \mathrm{DES}_K(X)$，那么 $Y' = \mathrm{DES}_K(X')$。

在上述哈希函数中，试利用这一结论证明可对消息进行修改但依然保持哈希值不变。

（2）若迭代关系 $H_i = E_{H_{i-1}}(M_i) \oplus M_i$ ，证明仍可对其进行上述攻击。

4. 考虑用公钥加密算法构造哈希函数，设所用算法是 RSA，将消息分组后用公开钥加密第一个分组，将加密结果与第二个分组异或后再加密，重复该过程。设某消息被分成两个分组 B_1 和 B_2，其哈希值为 $H(B_1,\ B_2) = \mathrm{RSA}(\mathrm{RSA}(B_1) \oplus B_2)$。证明对任一分组 C_1 可选 C_2，使得 $H(C_1,\ C_2) = H(B_1,\ B_2)$。证明用这种攻击法可以攻击上述用公钥加密算法构造的哈希函数。
5. 对于 SHA，试计算 $W_{16}\ W_{17}\ W_{18}\ W_{19}$。
6. 设 $a_1a_2a_3a_4$ 是 32 位字中的 4 字节，a_i 可看作由二进制表示的 $0 \sim 255$ 的整数。在大端结构中，该字表示整数 $a_1 2^{24} + a_2 2^{16} + a_3 2^8 + a_4$；在小端结构中，该字表示整数 $a_4 2^{24} + a_3 2^{16} + a_2 2^8 + a_1$。

（1）MD5 使用小端结构，因消息的摘要值不应依赖于算法所用的结构。在 MD5 中，为了对以大端结构存储的两个字 $X = x_1x_2x_3x_4$ 和 $Y = y_1y_2y_3y_4$ 进行模 2 加法运算，必须要对这两个字进行调整，则应如何进行调整？

（2）SHA 使用大端结构，对以小端结构存储的两个字 X 和 Y 进行模 2 加法运算，则应如何进行运算？

第8章

消息认证码

CHAPTER 8

消息认证码（message authentication code，MAC）通常出现在消息认证过程中，用于保证接收到消息的真实性（是宣称者发来的）和完整性（未被篡改、插入、删除），并用于验证消息的顺序性和时间性（未重排、重放、延迟）。

文献随录

关于 MAC 的详细介绍见文献随录。

假设 M 是消息，k 是密钥，C_k 是加密函数，t 是 MAC（也称 tag），则 $t = C_k(M)$。A 要发送 M 给 B，则需要将 $M||t$ 发送给 B。B 收到 $M'||t'$ 后计算 $C_k(M')$，如果 $t' = C_k(M')$，则表示消息是 A 发送的（密钥只有 A、B 双方知道）且没有被修改；否则，该消息有问题[①]。

通常 MAC 有两种运行模式，一种是认证模式（authentication mode），另一种是认证加密模式（authenticated encryption mode）。认证模式满足消息的可认证性要求，认证加密模式同时满足消息的可认证性要求和机密性要求。

8.1 MAC 函数要求

假设敌手知道 C，但不知道密钥 k，则整个 MAC 系统应该满足以下条件。

（1）假设敌手知道 M 和 t，若构造一个 M' 满足 $C_k(M') = t$，则计算上不可行。

（2）随机选取两个消息 M 和 M'，两个消息的 MAC 相等的概率为 2^{-n}，即$P[C_k(M) = C_k(M')] = 2^{-n}$，其中 n 为 MAC 的长度。

（3）若 M' 是 M 的某个变换，即 $M' = f(M)$，则 $P[C_k(M) = C_k(M')] = 2^{-n}$。

8.2 基于 DES 的 MAC

通常可以用对称加密的算法设计 MAC 码，利用 DES 算法的 CBC 模式构造 MAC，如图 8.1 所示。该方法通过 DES 的 CBC（Cipher Block Chaining）工作模式对信息加密，初始向量为 **0** 向量，MAC 取最后一次的加密输出或加密输出的左边 M 位 ($16 \leqslant M \leqslant 64$)。数据填充分组后为 D_1，D_2，$\cdots$，D_N，认证码计算过程可以描述为：

$$
\begin{aligned}
O_1 &= \mathrm{DES}_K\left(D_1\right) \\
O_2 &= \mathrm{DES}_K\left(D_2 \oplus O_1\right) \\
O_3 &= \mathrm{DES}_K\left(D_3 \oplus O_2\right) \\
&\vdots \\
O_N &= \mathrm{DES}_K\left(D_N \oplus O_{N-1}\right) \\
\mathrm{DAC} &= L_i\left(O_N\right)
\end{aligned}
$$

其中，DAC 是 Data Authentication Code（数据认证码）的缩写，$L_i\left(X\right)$ 表示 X 的左边 i 位。

① 这里的问题是指完整性和真实性。

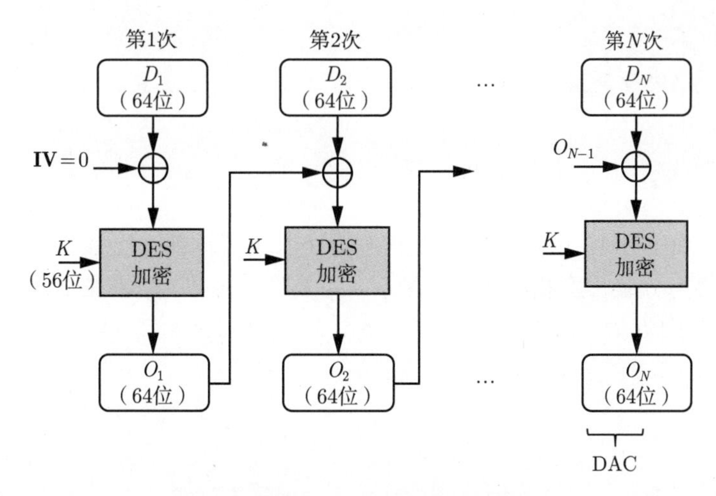

图 8.1　基于 DES 的 CBC-MAC

认证码的验证过程：接收者在收到消息 $\hat{M}$（区别于原消息 M）和 DAC 后，根据 $\hat{M}$ 计算认证码 $\hat{\text{DAC}}$，如果 $\text{DAC} = \hat{\text{DAC}}$，则表示认证通过。

8.3　基于哈希函数的 MAC

基于哈希函数的 MAC 是指密钥相关的哈希运算消息认证码（Hash-based Message Authentication Code，HMAC），即利用哈希函数构造 MAC 的方法，它可以与任何哈希函数（MD5、SHA 等）捆绑使用。HMAC 是由 H.Krawezyk，M.Bellare，R.Canetti 于 1996 年提出的一种基于哈希函数和密钥进行消息认证的方法，于 1997 年作为 RFC 2104 被公布，并在 IPSec 和其他网络协议（如 SSL）中得以广泛应用，现在已经成为事实上的 Internet 安全标准。

关于 HMAC 的详细介绍见文献随录。

HMAC 方法的实现过程如下。

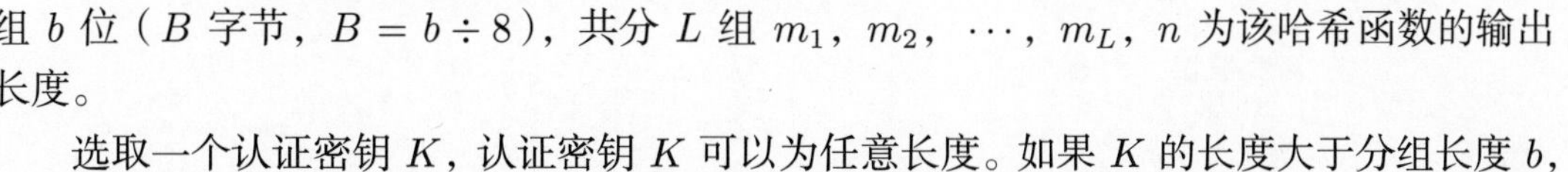

假设 M 是根据哈希函数 H 的要求填充后的消息，对此消息进行分组。在分组时，每组 b 位（B 字节，$B = b \div 8$），共分 L 组 m_1，m_2，$\cdots$，m_L，n 为该哈希函数的输出长度。

选取一个认证密钥 K，认证密钥 K 可以为任意长度。如果 K 的长度大于分组长度 b，则将 K 进行哈希运算，产生长度为 n 的新密钥；如果 K 的长度小于分组长度，则需要在 HMAC 中直接填充 0，直至 K 的长度为 b。参与实际后续运算的认证密钥记为 K^+。

HMAC 的计算过程可以用伪代码表示如下。

```
ipad={00110110}^B
opad={01011010}^B
S_i = K^+ ⊕ ipad //按位异或
NM1 = S_i||m_1||m_2||···||m_L
v_1 = H(IV,NM1)
```

```
NM2 = v_1  填充到长度为b
S_0 = K^+ ⊕ opad  //按位异或
NM3 = S_0||NM2;
v_2 = H(IV, NM3)
算法输出 v_2
```

其中，ipad 是将 00110110 重复 B 次，获得与分组长度相同的一个数；opad 是将 01011010 重复 B 次，获得与分组长度相同的一个数。$H()$ 是哈希函数，如果在 HMAC 中选用 MD5，即 H 为 H_{MD5}，则 b 为 512 位（B 为 64 字节），n 为 128 位，$\mathbf{IV} = (W，X，Y，Z)$。

习题

1. 消息认证能提供的安全属性有哪些?
2. FIPS PUB 113 数据认证算法是基于 CBC 模式的 DES 算法，其中初始向量取为 **0**，试说明使用 CFB 模式也可以获得相同结果。

第9章

密 钥 管 理

CHAPTER 9

密钥管理（key management）是一个很大的话题，其通常涉及以下几方面。

- 密钥产生
- 密钥传输（分发）
- 密钥验证
- 密钥更新
- 密钥存储
- 密钥备份
- 密钥有效期
- 密钥销毁

密钥管理的主要内容如图 9.1 所示。

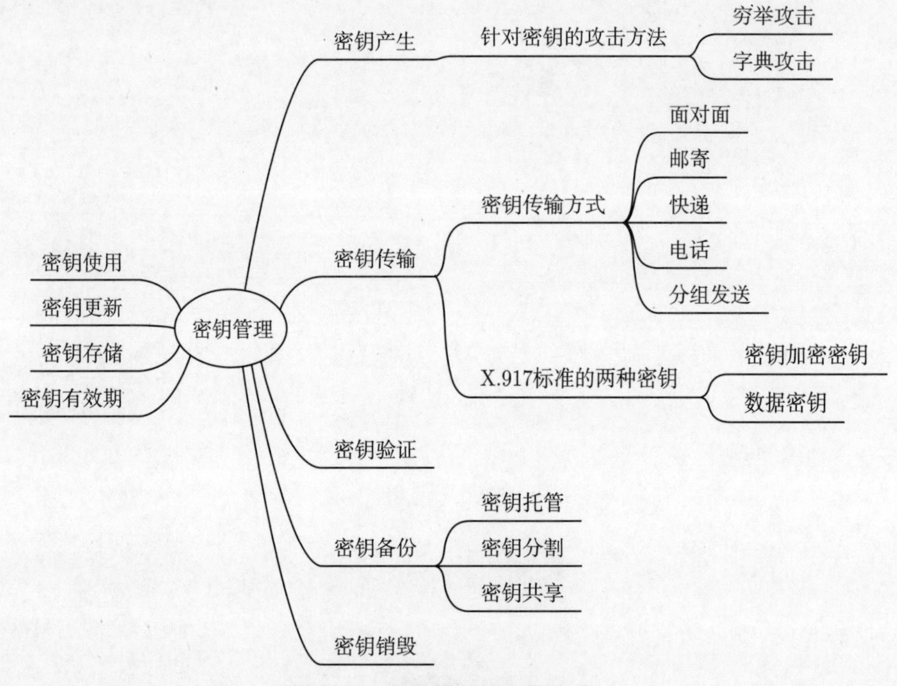

图 9.1　密钥管理的主要内容

文献随录

关于密钥管理相关标准的详细介绍见文献随录。

9.1　密钥分发的基本方法

在加密算法中，密钥非常关键，而密钥（或生成密钥）的相关信息是需要在通信双方或多方之间传递的，那么如何安全地对密钥（或密钥相关信息）进行传递就是一个重要的问题，这也是密钥分发（key distribution）研究的问题。

密钥分发通常可分为有中心和无中心两种方式。

9.1.1 有中心密钥分发

假定密钥分配中心（Key Distribution Center，KDC）与所有的通信方之间都有一个主密钥（即建立了一个可信信道），如 A 和 KDC 之间的主密钥为 K_{A}，B 和 KDC 之间的主密钥为 K_{B}，C 和 KDC 之间的主密钥为 K_{C} 等。A 如果想与 B 建立一个会话密钥（session key）K_{S}，则该过程用自然语言描述如下。

① A 向 KDC 发送与 B 建立会话密钥的请求消息 R 和一个随机数 N_1，该信息是通过 A 和 KDC 事先建立的安全信道进行的。以下如果没有特别说明，通信双方都是使用已经建立的安全信道进行通信。

② KDC 用 K_{A} 将会话密钥 K_{S}、应答消息、N_1 和 $E_{K_{\mathrm{B}}}(K_{\mathrm{S}}, \mathrm{ID_A})$ 加密并发送给 A，其中 $\mathrm{ID_A}$ 是 A 的身份信息。

③ A 用 K_{A} 解密，通过比较 N_1 确定是本次请求，然后将 $E_{K_{\mathrm{B}}}(K_{\mathrm{S}}, \mathrm{ID_A})$ 发送给 B。因为 A 和 B 目前没有安全信道，所以这个信息是在普通信道上发送的。

④ B 用 K_{B} 解密，然后生成一个新随机数 N_2，将 $E_{K_{\mathrm{S}}}(N_2)$ 发送给 A。

⑤ A 用 K_{S} 解密，将 $E_{K_{\mathrm{S}}}(f(N_2))$ 发送给 B，此时 A 和 B 的会话密钥已经由 A 方确认。

⑥ B 用 K_{S} 解密，验证 $f(N_2))$ 无误，此时 A 和 B 的会话密钥已经由 B 方确认。

以上过程的有向连接图 (directed connection diagram) 表示如图 9.2 所示。

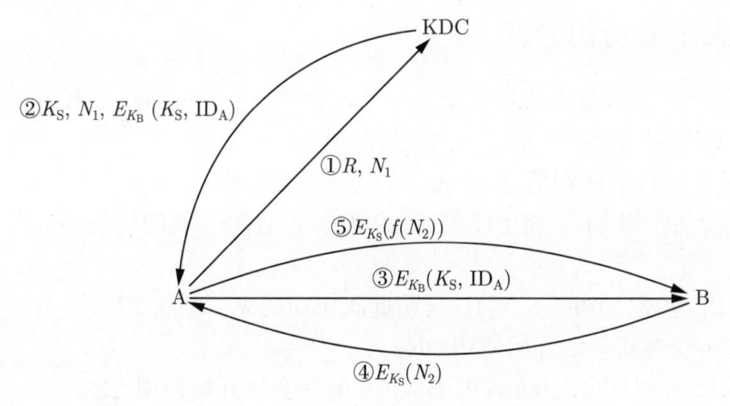

图 9.2 有中心密钥分发有向连接图

以上过程的时序图（sequence diagram）表示如图 9.3 所示。

以上过程可用符号体系表述如下[①]

- $\mathrm{A} \to \mathrm{KDC} :: R,\ N_1$
- $\mathrm{KDC} \to \mathrm{A} :: E_{K_{\mathrm{A}}}(K_{\mathrm{S}},\ N_1,\ E_{K_{\mathrm{B}}}(K_{\mathrm{S}},\ \mathrm{ID_A}))$
- $\mathrm{A} :: D_{K_{\mathrm{A}}}(E_{K_{\mathrm{A}}}(K_{\mathrm{S}},\ N_1,\ E_{K_{\mathrm{B}}}(K_{\mathrm{S}},\ \mathrm{ID_A}))),\ J(N_1)$
  $\mathrm{A} \to \mathrm{B} :: E_{K_{\mathrm{B}}}(K_{\mathrm{S}},\ \mathrm{ID_A})$
- $\mathrm{B} \to \mathrm{A} :: E_{K_{\mathrm{S}}}(N_2)$
- $\mathrm{A} \to \mathrm{B} :: E_{K_{\mathrm{S}}}(f(N_2))$

① $J(N_1)$ 表示判断 N_1 是否与其相一致，以防止重放攻击。

- B :: $J(f(N_2))$

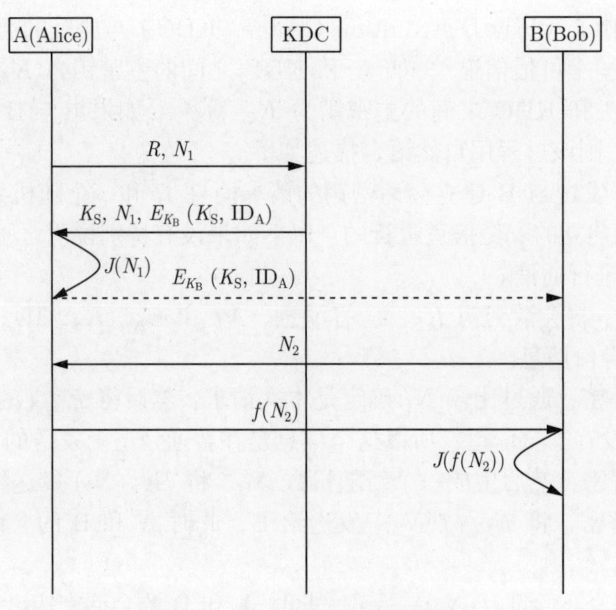

图 9.3 有中心密钥分发时序图

9.1.2 无中心密钥分发

无中心密钥分发要求双方已经共享了一个主密钥（Main Key，MK），在此基础上，A、B 双方协商一个新的通信密钥 SK，协商过程如下。

① A 向 B 发送请求密钥消息 R 和一个随机数 N_1。

② B 选取会话密钥 SK，将 SK 和 B 的身份、$f(N_1)$、新随机数 N_2 用 MK 加密后一起发给 A。

③ A 用 MK 解密，验证 $f(N_1)$。证明此次协商成立。A 将 SK 和 $f(N_2)$ 用 MK 加密后发给 B。A 与 B 的新会话开始使用 SK。

④ B 用 MK 解密，验证 $f(N_2)$。B 与 A 的新会话开始使用 SK。

以上过程的有向连接图表示如图 9.4 所示。

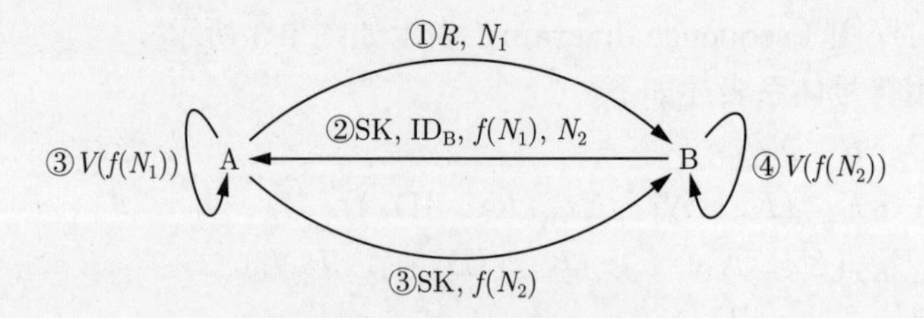

图 9.4 无中心密钥分发

以上过程可用符号体系表述如下[①]。

① $V(f(N_1))$ 表示验证 $f(N_1)$。

- $A \to B :: R，N_1$
- $B \to A :: E_{MK}(SK，ID_B，f(N_1)，N_2)$
- $A :: V(f(N_1))$
  $A \to B :: E_{MK}(SK，f(N_2))$
- $B :: V(f(N_2))$

9.2 Diffie-Hellman 密钥交换

在 Diffie-Hellman 密钥交换过程中，大素数 p 及其原根 r 是公开的[①]，通信双方在这一基础上可以协商会话密钥，具体过程如下。

（1）A 选择一个保密随机数 X_A，将 $\alpha = r^{X_A} \mod p$ 发送给 B。

（2）B 选择一个保密随机数 X_B，将 $\beta = r^{X_B} \mod p$ 发送给 A。

（3）A、B 可以分别计算密钥。A 计算密钥的过程为

$$\beta^{X_A} = r^{X_B X_A} \pmod p \tag{9.1}$$

B 计算密钥的过程为

$$\alpha^{X_B} = r^{X_A X_B} \pmod p \tag{9.2}$$

对于一个窃听者来说，他所获得的数据是 α 和 β，则可以计算

$$\alpha \times \beta = r^{X_A} r^{X_B} = r^{X_A + X_B} \pmod p \tag{9.3}$$

但是无法计算 $r^{X_A X_B}$，因此窃听者无法获得密钥。但是窃听者可以分别伪装为 A、B，从而实施中间人攻击。

假设在 A 和 B 协商密钥时，攻击者 Mallory（记为 M）在 A 和 B 通信的过程中截断通信。此时，M 作为通信转发节点，分别伪装成 A、B，可以形成中间人攻击 (Man-In-The-Middle Attack，MITMA)，具体过程如下。

（1）$A :: X_A$，
　　$A \to M :: \alpha = r^{X_A} \pmod p$。

（2）$M :: X_{MA}，X_{MB}$，
　　$M \to B :: \beta' = r^{X_{MB}} \pmod p$，
　　$M \to A :: \alpha' = r^{X_{MA}} \pmod p$。

（3）$B :: X_B$，
　　$B \to M :: \beta = r^{X_B} \pmod p$。

（4）$A :: \alpha^{X_{MA}} = r^{X_A X_{MA}} \pmod p)$，
　　$B :: \beta^{X_{MB}} = r^{X_B X_{MB}} \pmod p$，
　　$M :: \alpha'^{X_A} = r^{X_{MA} X_A} \pmod p$，$\beta'^{X_B} = a^{X_{MB} X_B} \pmod p$。

---

① 因为 $r^{\phi(p)} \pmod p = 1$，p 为素数，所以有 $r^{p-1} \pmod p = 1$。

从以上密钥交换的过程可以看出，最终 A 和 M 之间形成一个密钥，M 和 B 之间形成一个密钥，而 A 以为和 B 在通信，B 以为和 A 在通信。

Diffie-Hellman 协议之所以不能抵抗中间人攻击，是因为在通信过程中并没有对参与方进行认证，因此可以在密钥交换过程中加入认证技术来抵抗中间人攻击。

9.3 密钥分割

在有些应用场合，为了保证密钥的安全，需要密钥（或秘密）由多人持有，任何一个人持有的信息均不能得到完整的密钥，只有全部或达到规定的人数时，才能通过合并信息获得 (或计算) 完整的密钥。

9.3.1 Shamir 门限方案

1979 年，Shamir 提出了基于多项式插值的秘密共享门限方案。Shamir 门限方案的实现基于多项式的拉格朗日（Lagrange）插值公式。

1. 拉格朗日插值法

在数值分析中，拉格朗日插值法（Lagrange interpolation polynomial）是以法国 18 世纪数学家约瑟夫·拉格朗日命名的一种多项式插值方法。许多实际问题都会用函数来表示某种内在联系或规律，而有些函数只能通过实验和观测进行分析。例如，对某个物理量进行观测，在若干不同的地方得到相应的观测值，通过拉格朗日插值法可以找到一个多项式，使其恰好在各个观测的点取到观测到的值。这样的多项式称为拉格朗日（插值）多项式。

从数学上来说，拉格朗日插值法可以给出一个恰好穿过二维平面上若干已知点的多项式函数。拉格朗日插值法最早被英国数学家爱德华·华林于 1779 年发现，不久后（1783 年）由莱昂哈德·欧拉再次发现。1795 年，拉格朗日在其著作《师范学校数学基础教程》中发表了这个插值方法，从此他的名字就和这个方法紧密相连。

拉格朗日插值多项式的一般形式为

$$P(x)=\sum_{j=1}^{n}P_j(x) \tag{9.4}$$

其中，多项式代表的曲线通过 n 个点 $(x_1,\ y_1=f(x_1))$，$(x_2,\ y_2=f(x_2))$，$\cdots$，$(x_n,\ y_n=f(x_n))$，则

$$P_j(x)=y_j\prod_{k=1,\ k\neq j}^{n}\frac{x-x_k}{x_j-x_k} \tag{9.5}$$

将拉格朗日插值多项式展开：

$$P(x) = y_1 \frac{(x-x_2)(x-x_3)\cdots(x-x_n)}{(x_1-x_2)(x_1-x_3)\cdots(x_1-x_n)} + y_2 \frac{(x-x_1)(x-x_3)\cdots(x-x_n)}{(x_2-x_2)(x_2-x_3)\cdots(x_2-x_n)} + \cdots + y_n \frac{(x-x_1)(x-x_2)\cdots(x-x_{n-1})}{(x_n-x_2)(x_n-x_3)\cdots(x_n-x_{n-1})} \tag{9.6}$$

通常利用 $f(x)$ 的 n 个采样点构造拉格朗日多项式 $P(x)$，以此拟合 $f(x)$。

2. 方案实现

假设有 n 个参与者，选择一个大素数 q，$q \geqslant n+1$，在 $\mathrm{GF}(q) \setminus 0$ 上取随机数 a_0，在有限域 $\mathrm{GF}(q)$ 上构造多项式：

$$f(x) = a_0 + a_1 x^1 + a_2 x^2 + \cdots + a_{k-1} x^{k-1} \pmod q \tag{9.7}$$

其中，$k-1$ 个系数 a_1，a_2，$\cdots$，a_{k-1} 也是在 $\mathrm{GF}(q) \setminus 0$ 上选取的。

将 a_0 作为密钥 S，n 个参与者分到的子密钥分别为 $f(1)$，$f(2)$，$\cdots$，$f(n)$，任意 k 个参与者合作都可以获得密钥 S，方法是利用 k 个子密钥 $(k_i，f(k_i))$ $(i=1，2，\cdots，k，k_i \in \{1，2，\cdots，n\})$ 构造拉格朗日插值多项式：

$$P(x) = \sum_{j=1}^{k} f(k_j) \prod_{i=1,\ i \neq j}^{k} \frac{x - x_i}{x_j - x_i} \pmod q \tag{9.8}$$

通过多项式 $P(x)$ 可以直接计算获得密钥 $S = P(0)$。当想共同获得密钥的参与者少于 k 时，其无法获得密钥。

例　已知一个 Shamir 门限方案，参与者共为 $n=5$ 个（需要产生 5 个子密钥），门限值为 $k=3$（3 个参与者合谋就可以恢复出密钥），选择的素数 $q=19$，在有限域 GF(19) 上随机选取一个数 $s=11$ 作为密钥，并且随机选取 $a_1=2$，$a_2=7$，此方案多项式为

$$f(x) = s + a_1 x + a_2 x^2 = 11 + 2x + 7x^2 \pmod{19}$$

5 个参与者分别获得的子密钥为

$$f(1) = 11 + 2 + 7 = 20 = 1 \pmod{19}$$

$$f(2) = 11 + 2 \times 2 + 7 \times 2^2 = 43 = 5 \pmod{19}$$

$$f(3) = 11 + 2 \times 3 + 7 \times 3^2 = 80 = 4 \pmod{19}$$

$$f(4) = 11 + 2 \times 4 + 7 \times 4^2 = 131 = 17 \pmod{19}$$

$$f(5) = 11 + 2 \times 5 + 7 \times 5^2 = 196 = 6 \pmod{19}$$

3 个参与方的子密钥分别为 (2，5)，(3，4)，(5，6)。

现在 3 个参与方准备合谋恢复密钥，试给出恢复计算过程。

解：因为该方案多项式中的 3 个系数是 3 个未知量，因此可以利用拉格朗日插值法重构多项式，从而获得密钥，即常数项。

计算多项式的各项：

$$
\begin{aligned}
5\frac{(x-3)(x-5)}{(2-3)(2-5)} &= 5\frac{(x-3)(x-5)}{3} \\
&= 5\cdot(3^{-1} \pmod{19})(x-3)(x-5) \\
&= 5\cdot 13(x-3)(x-5) \\
&= 8(x-3)(x-5) \\
4\frac{(x-2)(x-5)}{(3-2)(3-5)} &= 4\frac{(x-2)(x-5)}{-2} \\
&= 4\cdot((-2)^{-1} \pmod{19})(x-2)(x-5) \\
&= 4\cdot 9(x-2)(x-5) \\
&= 17(x-2)(x-5) \\
6\frac{(x-2)(x-3)}{(5-2)(5-3)} &= 6\frac{(x-2)(x-3)}{6} \\
&= 6\cdot(6^{-1} \pmod{19})(x-2)(x-3) \\
&= 6\cdot 16(x-2)(x-3) \\
&= (x-2)(x-3)
\end{aligned}
$$

整个差值公式为

$$
\begin{aligned}
f(x) &= 8(x-3)(x-5)+17(x-2)(x-5)+(x-2)(x-3) \pmod{19} \\
&= 26x^2-188x+296 \pmod{19} \\
&= 7x^2+2x+11 \pmod{19}
\end{aligned}
$$

根据恢复出的多项式可得密钥为 11。

9.3.2 CRT 门限方案

CRT（Chinese Remainder Theorem）门限方案是指利用中国剩余定理构造的门限方案。

1. 中国剩余定理

设 m_1，m_2，$\cdots$，m_k 是 k 个两两互素的正整数，若令

$$
\begin{cases}
M_i = m_1 m_2 \cdots m_{i-1} m_{i+1} \cdots m_k \\
m = m_1 m_2 \cdots m_k = m_i M_i
\end{cases}
\tag{9.9}
$$

则对于任意的整数 b_1，b_2，$\cdots$，b_k，同余方程组

$$\begin{cases} x = b_1 \pmod{m_1} \\ x = b_1 \pmod{m_1} \\ \vdots \\ x = b_k \pmod{m_k} \end{cases} \tag{9.10}$$

有唯一解

$$x = M_1' M_1 b_1 + M_2' M_2 b_2 + \cdots + M_k' M_k b_k \pmod{m} \tag{9.11}$$

其中，M_i' 为 M_i 的模 m_i 逆元，且

$$M_i' M_i = 1 \pmod{m_i}，i = 1，2，\cdots，k \tag{9.12}$$

2. 方案实现

Asmuth 和 Bloom 在 1980 年提出了一个基于中国剩余定理的密码共享方案。

假设共有 n 个参与者，取 n 个大于 1 的整数 m_1，m_2，$\cdots$，m_n，满足

$$m_1 \leqslant m_2 \leqslant \cdots \leqslant m_n，\ \gcd(m_i，m_j) = 1，\forall i，j，i \neq j \tag{9.13}$$

即 m_1，m_2，$\cdots$，m_n 两两互素，取一个数 p 使

$$m_1 m_2 \cdots m_k > p m_n m_{n-1} m_{n-k+2} \tag{9.14}$$

其中 p 和 $m_i (i = 1，2，\cdots，n)$ 互素，计算

$$M = m_1 m_2 \cdots m_n \tag{9.15}$$

随机取一个数 S 作为密钥，且

$$m_1 m_2 \cdots m_k > S > m_n m_{n-1} m_{n-k+2} \tag{9.16}$$

将 $(s_i，m_i，M)(i = 1，2，\cdots，n)$ 作为子密钥分别发给 n 个参与者，其中 $s_i = S \pmod{m_i}$。

至此，一个基于 CRT 的 $(k，n)$ 门限方案构建完成。

每个参与者 i 都可以计算：

$$\begin{cases} M_i = \dfrac{M}{m_i} \pmod{m_1} \\ M_i' = M_i^{-1} \pmod{m_i} \end{cases} \tag{9.17}$$

现在有 k 个参与者想要恢复密钥 S，他们的私钥记为 $(s_{c_i}，m_{c_i}，M)(i = 1，2，\cdots，k，c_i \in (1，2，\cdots，n))$，则

$$\begin{cases} S = s_{c_1} \pmod{m_{c_1}} \\ \vdots \\ S = s_{c_k} \pmod{m_{c_k}} \end{cases} \tag{9.18}$$

根据中国剩余定理可得

$$S = \sum_{j=1}^{k} M_{c_j} M'_{c_j} s_{c_j} \quad (\bmod \prod_{i=1}^{k} m_{c_i}) \tag{9.19}$$

由此可知，这 k 个参与子密钥信息联合可计算密钥 S。

当少于 k 个人（如 $k-1$）合作时，可以得到方程组：

$$\begin{cases} x \equiv s_{c_1} \pmod{m_{c_1}} \\ \vdots \\ x \equiv s_{c_{k-1}} \pmod{m_{c_{k-1}}} \end{cases} \tag{9.20}$$

利用 CRT 定理可得方程的解：

$$S' = x = \sum_{j=1}^{k-1} M_{c_j} M'_{c_j} s_{c_j} \quad (\bmod \prod_{i=1}^{k-1} m_{c_i}) \tag{9.21}$$

且有

$$m_1 m_2 \cdots m_k > S > p m_n m_{n-1} m_{n-k+2} > \prod_{i=1}^{k-1} m_{c_i} > S' \tag{9.22}$$

显然 $S \neq S'$。

习题

1. 在公钥体制中，每个用户都有自己的公开钥 PK 和秘密钥 SK。如果任意两个用户 A、B 按以下方式通信：A 发给 B 消息 $(E_{\mathrm{PK_B}}(m), \mathrm{A})$，B 收到后自动向 A 返回消息 $(E_{\mathrm{PK_A}}(m), \mathrm{B})$，以使 A 知道 B 确实收到报文 m。
（1）用户 C 如何通过攻击手段获取报文 m?
（2）若改变通信格式，A 发给 B 消息 $E_{\mathrm{PK_B}}(E_{\mathrm{SK_A}}(m), m, \mathrm{A})$，B 向 A 返回消息 $E_{\mathrm{PK_A}}(E_{\mathrm{SK_B}}(m), m, \mathrm{B})$，则此时安全性如何？分析 A、B 如何相互认证并传递消息 m。
2. Diffie-Hellman 密钥交换协议易受中间人攻击，即攻击者截获通信双方通信的内容后可分别冒充通信双方，以获得通信双方协商的密钥。试详细分析攻击者实施攻击的过程。

3. 在 Diffie-Hellman 密钥交换过程中，设大素数 $p=11$，$a=2$ 是 p 的本原根。
   （1）设用户 A 的公开钥 $Y_{\mathrm{A}}=9$，求其秘密钥 X_{A}。
   （2）设用户 B 的公开钥 $Y_{\mathrm{B}}=3$，求 A 和 B 的共享密钥 K。
4. 在 Shamir 秘密分割门限方案中，设 $k=3$，$n=5$，$q=17$，5 个子密钥分别是 8、7、10、0、11，从中任选 3 个，构造插值多项式并求秘密数据 s。
5. 在基于中国剩余定理的秘密分割门限方案中，设 $k=2$，$n=3$，$m_1=7$，$m_2=9$，$m_3=11$，3 个子秘钥分别是 6、3、4，求秘密数据 s。

第10章

数 字 签 名

CHAPTER 10

数字签名（digital signature）是指利用密码技术，在数字通信中达到与纸质签名类似的效果。

关于数字签名相关标准的概述见文献随录。

文献随录

10.1　基于对称密钥算法的数字签名

“数字签名（又称公钥数字签名）是只有信息的发送者才能产生的、别人无法伪造的一段数字串，这段数字串同时也是对信息的发送者发送信息真实性的一个有效证明。”这种说法其实有失偏颇，数字签名只是在很多场合可以选择使用公钥密码算法进行实现，为此这里概念性地介绍对称密码算法的签名方案。

如果有一个可以信赖的第三方 TTP（Trusted Third Party），则通过下面的方法可以用传统的密码系统实现数字签名。A 将自己的一对可逆的秘密变换 E_{A} 和 D_{A} 告诉 TTP，当 A 传送签名的信息 M 给 B 时，A 计算出 $C = D_{\mathrm{A}}(M)$，然后将 C 发送给 B。为了验证 C 并得到 M，B 将 C 传送给 TTP。TTP 计算出 $E_{\mathrm{A}}(C) = M$，然后通过 B 的秘密变换将 M 传送给 B。以传统的密码系统实现数字签名还有许多其他方法，这里不再赘述。

10.2　数字签名的实现过程

下面引用阮一峰的网络日志，对数字签名的实现过程进行详细说明。

（1）鲍勃有两把钥匙，一把是公钥，另一把是私钥，如图 10.1 所示。

图 10.1　公钥和私钥

（2）鲍勃把公钥送给他的朋友们，帕蒂、道格、苏珊每人一把，如图 10.2 所示。

图 10.2　公钥分发

（3）苏珊要给鲍勃写一封保密的信。她写完后用鲍勃的公钥加密，即可达到保密的效果，如图 10.3 所示。

图 10.3　公钥加密

（4）鲍勃在收信后，用私钥解密即可看到信件内容，如图 10.4 所示。这里要强调的是，只要鲍勃的私钥不泄露，这封信就是安全的，即使落在别人手里也无法被解密。

图 10.4　私钥解密

（5）鲍勃给苏珊回信，决定采用“数字签名”，使用哈希函数生成信件的摘要（digest），如图 10.5 所示。

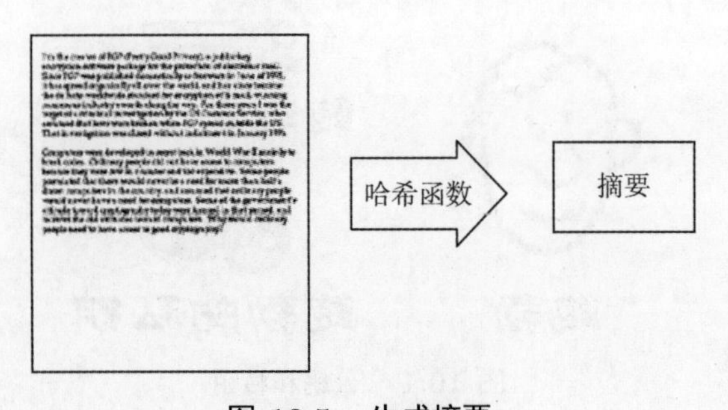

图 10.5　生成摘要

（6）鲍勃使用私钥对摘要加密，生成“数字签名”。

图 10.6　私钥加密

（7）鲍勃将这个签名附在信件下面并发给苏珊，如图 10.7 所示。

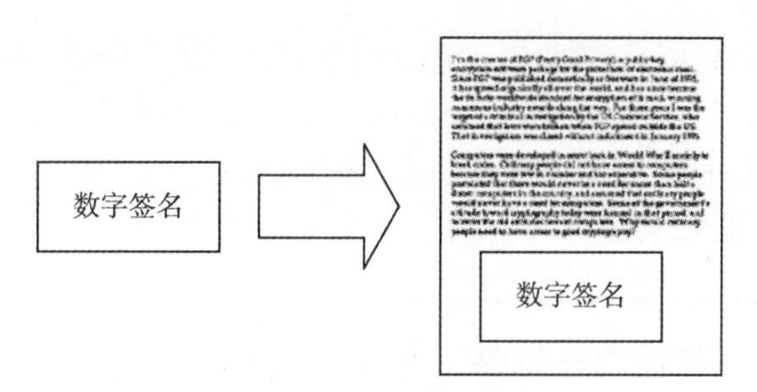

图 10.7 附加数字签名

（8）苏珊在收信后，取下数字签名，用鲍勃的公钥解密，即可得到信件的摘要。由此证明，这封信确实是由鲍勃发出的，如图 10.8 所示。

图 10.8 公钥解密

（9）苏珊对信件本身使用哈希函数，将得到的结果与上一步得到的摘要进行对比。如果两者一致，则证明这封信未被修改过，如图 10.9 所示。

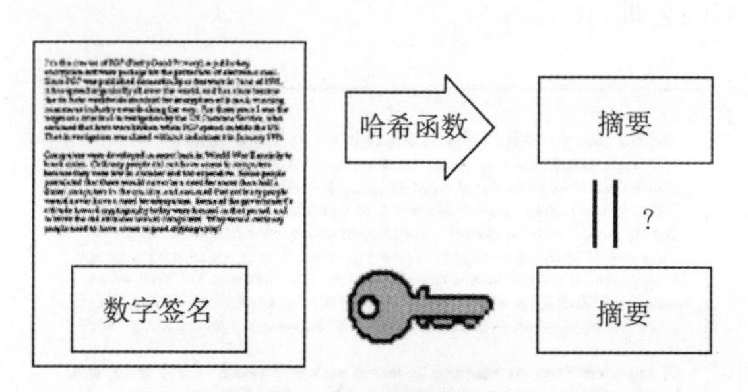

图 10.9 摘要对比

（10）此时，复杂的情况出现了。道格想欺骗苏珊，他偷偷使用了苏珊的计算机，用自己的公钥换走了鲍勃的公钥。此时，苏珊实际拥有的是道格的公钥，但是她以为这是鲍勃的公钥。因此，道格可以冒充鲍勃，用自己的私钥做成“数字签名”并写信给苏珊，让苏珊用假的鲍勃公钥进行解密，如图 10.10 所示。

图 10.10 伪造签名

（11）苏珊感觉不对劲，发现自己无法确定公钥是否属于鲍勃。她想到了一个办法，要求鲍勃去找“证书中心”（Certificate Authority，CA），对公钥进行认证。证书中心用自己的私钥，对鲍勃的公钥和一些相关信息一起加密，生成“数字证书”（Digital Certificate，DC），如图 10.11 所示。

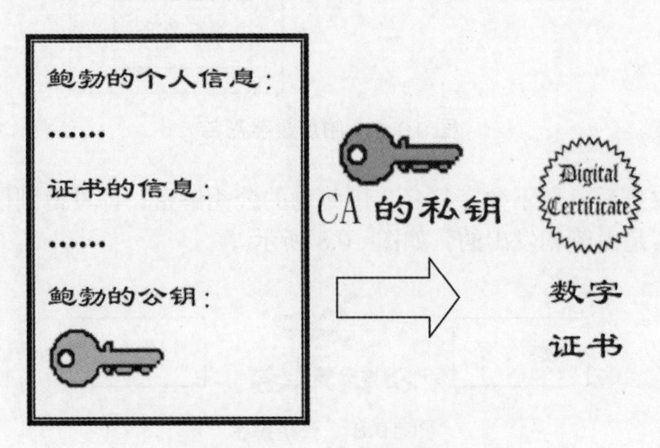

图 10.11　生成数字证书

（12）鲍勃拿到数字证书后就可以放心了，以后再给苏珊写信，只要在签名的同时附上数字证书即可，如图 10.12 所示。

图 10.12　附加数字证书

（13）苏珊在收信后，用 CA 的公钥解开数字证书即可获取真实的鲍勃公钥，然后就能证明“数字签名”来自鲍勃，如图 10.13 所示。

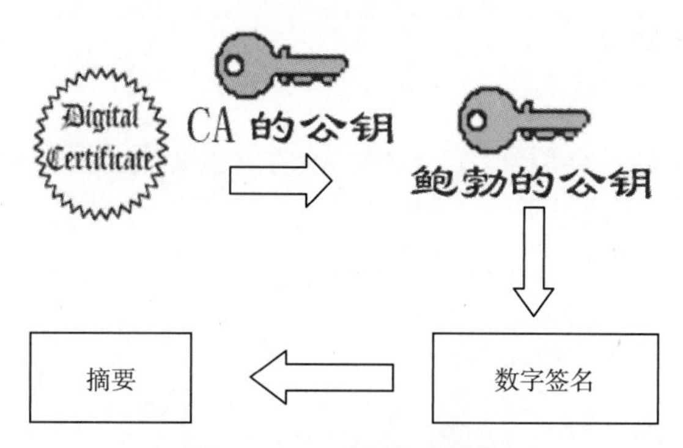

图 10.13 验证数字签名

10.3 证书

这里用 OpenSSL 生成 BUU 的 CA 公私钥证书和个人的公私钥对，查看 BUU CA 颁发的证书 (.cer) 文件中的内容，如图 10.14 所示。

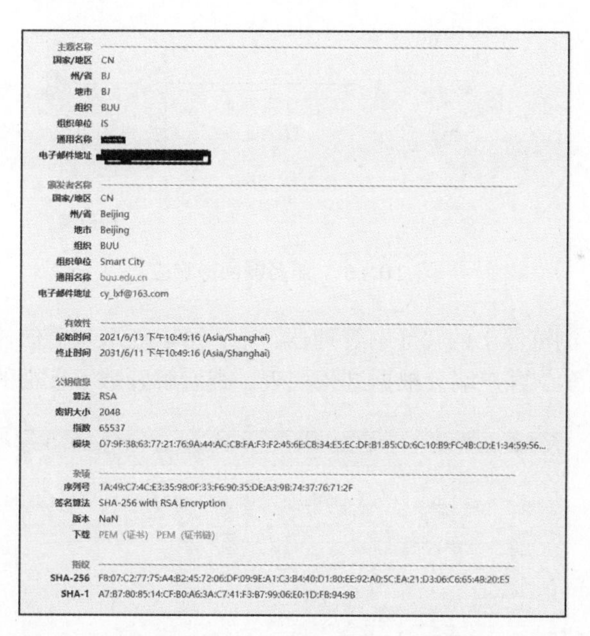

图 10.14 一个证书文件中的内容

目前常用的证书相关标准是 ITU-T 的 PKI(Public Key Infrastructure) 系列标准 X.509，关于该标准及证书格式的详细说明见文献随录。

基于 PKI 体系，我国目前有很多提供数字证书服务的公司，这些公司在支撑电子政务的同时也向社会提供服务，如北京数字认证股份有限公司、南京数字认证有限公司、上海市数字证书认证中心有限公司等，以及阿里云、天威诚信、TurstAsia 等提供证书服务的公司。

10.4　HTTPS

在信息传输过程中经常会用到 HTTPS，该协议主要用于网页加密，这就是一个应用“数字证书”的实例。下面通过阮一峰的网络日志对 HTTPS 进行详细分析。

（1）客户端向服务器发出加密请求，如图 10.15 所示。

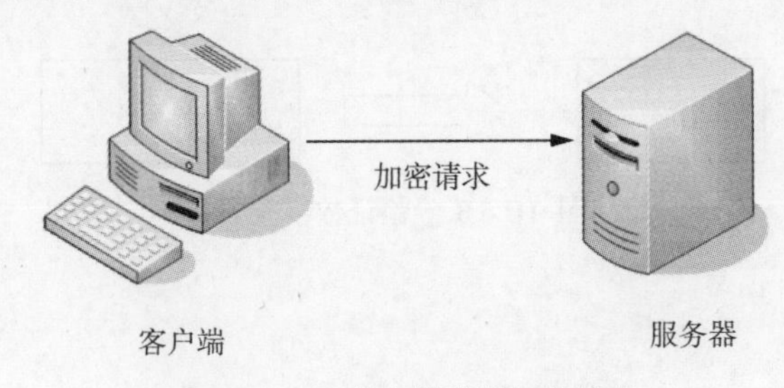

图 10.15　客户端发送加密请求

（2）服务器用自己的私钥加密网页后，连同本身的数字证书一起发送给客户端，如图 10.16 所示。

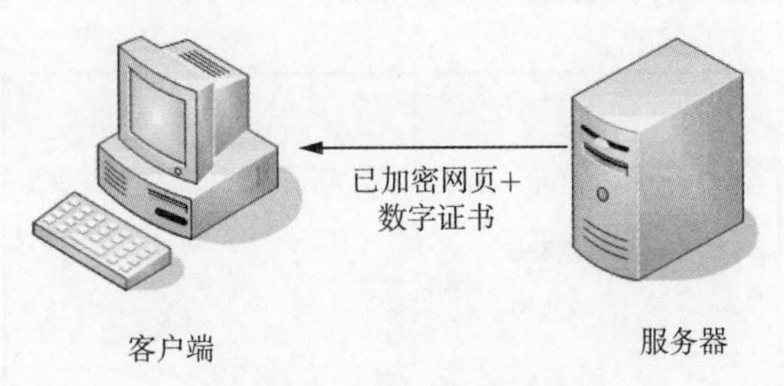

图 10.16　服务器回送响应

（3）在客户端（浏览器）的“证书管理器”中，可以获取“受信任的根证书颁发机构”列表，如图 10.17 所示。客户端会根据这张列表，查看解开数字证书的公钥是否在列表内。

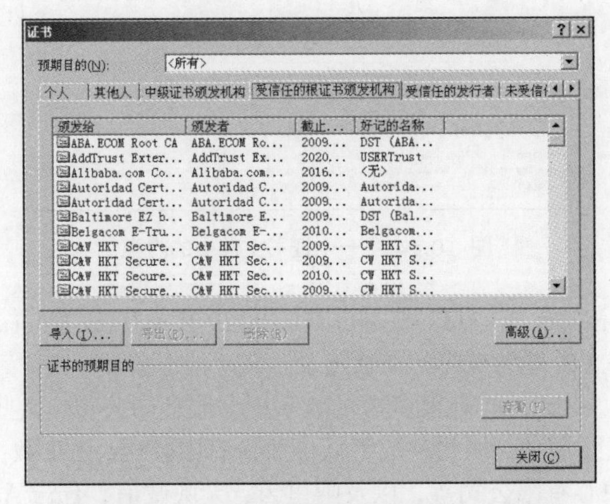

图 10.17　“受信任的根证书颁发机构”列表

（4）如果数字证书记载的网址与用户正在浏览的网址不一致，则说明这张证书可能被冒用，此时浏览器会发出警告，如图 10.18 所示。

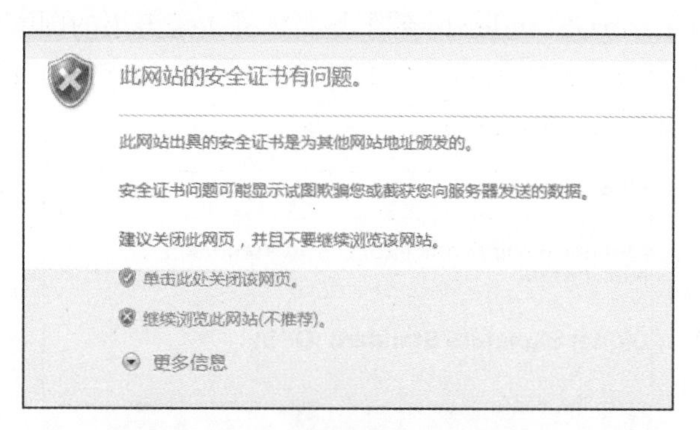

图 10.18　浏览器警告：网址不一致

（5）如果这张数字证书不是由受信任的机构颁发的，则浏览器会发出另一种警告，如图 10.19 所示。

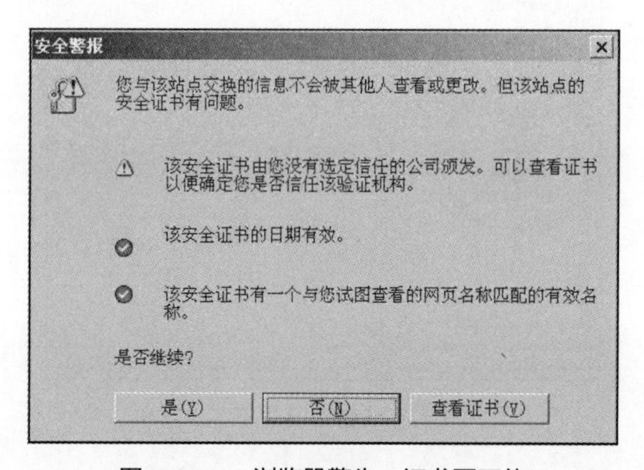

图 10.19　浏览器警告：证书不可信

（6）如果数字证书是可靠的，则客户端就可以使用证书中的服务器公钥对信息进行加密，并与服务器交换加密信息，如图 10.20 所示。

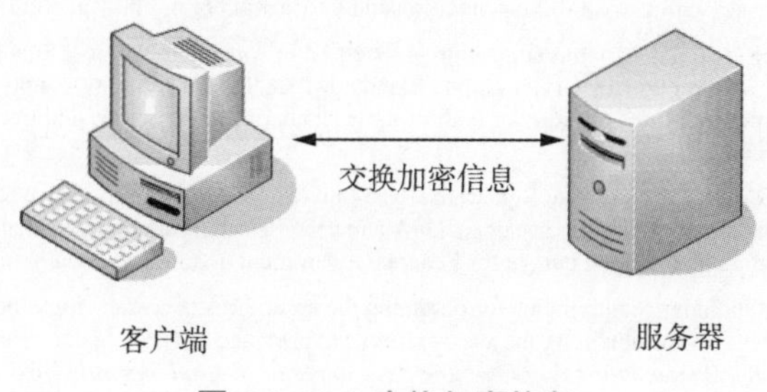

图 10.20　交换加密信息

10.5 签名方案与标准

DSS（Digital Signature Standard，数字签名标准）是美国的国家标准，目前最新发布的是 2013 版，其封皮如图 10.21 所示。在 DSS 2013 版中，DSS 的概要描述如图 10.22 所示，DSS 的基本过程如图 10.23 所示。

FIPS PUB 186-4

FEDERAL INFORMATION PROCESSING STANDARDS PUBLICATION

Digital Signature Standard (DSS)

CATEGORY: COMPUTER SECURITY SUBCATEGORY: CRYPTOGRAPHY

Information Technology Laboratory
National Institute of Standards and Technology
Gaithersburg, MD 20899-8900
http://dx.doi.org/10.6028/NIST.FIPS.186-4
Issued July 2013

U.S. Department of Commerce
Cameron F. Kerry, Acting Secretary
National Institute of Standards and Technology
Patrick D. Gallagher, Under Secretary of Commerce for Standards and Technology and Director

图 10.21 2013 年发布的 DSS

1. Introduction

This Standard defines methods for digital signature generation that can be used for the protection of binary data (commonly called a message), and for the verification and validation of those digital signatures. Three techniques are approved.

(1) The Digital Signature Algorithm (DSA) is specified in this Standard. The specification includes criteria for the generation of domain parameters, for the generation of public and private key pairs, and for the generation and verification of digital signatures.

(2) The RSA digital signature algorithm is specified in American National Standard (ANS) X9.31 and Public Key Cryptography Standard (PKCS) #1. FIPS 186-4 approves the use of implementations of either or both of these standards and specifies additional requirements.

(3) The Elliptic Curve Digital Signature Algorithm (ECDSA) is specified in ANS X9.62. FIPS 186-4 approves the use of ECDSA and specifies additional requirements. Recommended elliptic curves for Federal Government use are provided herein.

This Standard includes requirements for obtaining the assurances necessary for valid digital signatures. Methods for obtaining these assurances are provided in NIST Special Publication (SP) 800-89, *Recommendation for Obtaining Assurances for Digital Signature Applications*.

图 10.22 DSS 2013 中的概要部分

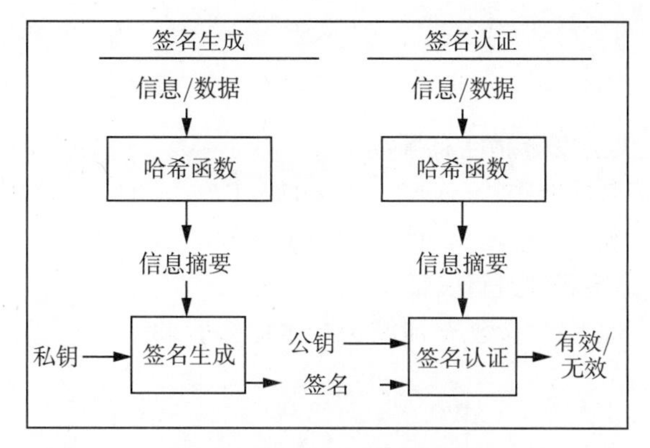

图 10.23 DSS 的基本过程

从文档描述中可以看到，DSS 标准支持 3 种签名算法：DSA（Digital Signature Algorithm）、RSA digital signature algorithm、ECDSA（Elliptic Curve Digital Signature Algorithm）。

关于 DSA 的详细介绍见文献随录。

文献随录

DSS 中并没有规范 RSA 签名算法，而是引用了另外两个标准，这两个标准定义了 RSA 签名算法（见图 10.24）。

5. The RSA Digital Signature Algorithm

The use of the RSA algorithm for digital signature generation and verification is specified in American National Standard (ANS) X9.31 and Public Key Cryptography Standard (PKCS) #1. While each of these standards uses the RSA algorithm, the format of the ANS X9.31 and PKCS #1 data on which the digital signature is generated differs in details that make the algorithms non-interchangeable.

图 10.24 DSS 中使用的 RSA 签名标准

下面简单说明 RSA 的签名原理。

如果 $\mathrm{pk_a}$，$\mathrm{sk_a}$ 分别表示 a 的公钥和私钥，H 表示哈希函数，E 表示加密函数，D 表示解密函数，C 表示一个数的比较函数（相等为真，不相等为假），$\mathrm{a} \to \mathrm{b} : M$ 表示 a 将消息 M 发给 b，$\mathrm{a} \leftarrow \mathrm{b} : M$ 表示 b 将消息 M 发给 a，b：$H(M)$ 表示在 b 端计算 M 的哈希值，则 RSA 签名可以表示为：

（1）$\mathrm{a} :: \mathrm{ds} = E_{\mathrm{sk_a}}(H(M))$。

（2）$\mathrm{a} \to \mathrm{b} :: M||\mathrm{ds}$。

（3）$\mathrm{b} :: C(D_{\mathrm{pk_a}}(\mathrm{ds}), H(M))$ 为真则签名有效，否则签名无效。

A 在发送给 B 消息时，需要签名并加密：

$$\mathrm{A} :: C = E_{\mathrm{pk_B}}\left(D_{\mathrm{sk_A}}\left(M\right)\right)$$

$$\mathrm{A} \to \mathrm{B} :: C$$

B 在收到 C 以后用私钥解密，用 A 的公钥解密，可以进行签名和加密。当 $n_{\mathrm{A}} > n_{\mathrm{B}}$ 时，$D_{\mathrm{sk_A}}\left(M\right)$ 二进制块可能不在 $[0,\ n_{\mathrm{B}} - 1]$ 上，将 $D_{\mathrm{sk_A}}\left(M\right)$ 对 n_{B} 取模也无法解决问题，因为取模后无法恢复 M。此时，可用的解决办法包括重新分块、阈值方法和 Konfelder 方法等。

习题

1. 数字签名能提供的安全属性有哪些?
2. 在 DSS 数字签名标准中，$p = 83 = 2 \times 41 + 1$，$q = 41$，$h = 2$，$g = 2^2 = 4 \bmod 83$。若取 $x = 57$，则 $y = g^x = 4^{57} = 77 \bmod 83$。在对消息 $M = 56$ 签名时，选择 $k = 23$，试计算签名并进行验证。
3. 在 DSA 签名算法中，参数 k 泄露会产生什么后果?

第11章

安全服务和安全机制

CHAPTER 11

在《信息安全技术术语》(GB/T25609—2033）这一国家标准中，对安全服务和安全机制相关概念的定义如下。

（1）安全策略（security policy)：用于治理某一组织及其系统内管理、保护并分发影响安全及有关元素的资产 (包括敏感信息) 的一组规则、指导和实践。

（2）安全服务（security service)：根据安全策略，为用户提供某种安全功能及相关保障。

（3）安全功能（security function)：为实现安全要素的要求，并正确实施相应安全策略所提供的功能。

（4）安全机制（security mechanism)：实现安全功能，提供安全服务的基本方法。

本章主要介绍 NIST 在其“SP 800-57 密钥管理建议”中总结的密码学支撑的安全服务和密码算法的 3 个分类，以及 OSI 网络 7 层模型中定义的安全服务、安全机制和安全服务在 7 层结构中可能的部署。读者通过这两部分介绍可以了解该重要标准，并思考在一个系统的安全目标实现时，分层的方法、由安全目标到安全服务、安全机制对安全服务的支持、安全服务配置等设计思想。

11.1　密码学支撑的安全服务

NIST 标准对密码学支撑的安全服务进行了总结，密码技术可以支撑 7 种安全服务：机密性、数据完整性、认证、授权、非否认性、所需的服务支持、组合服务。

文献随录

关于安全服务的详细介绍见文献随录。

11.2　密码算法

文献随录

NIST 标准将密码算法分为 3 类：密码哈希函数、对称密钥算法、非对称密钥算法。关于密码算法的详细介绍见文献随录。

11.3　OSI 7 层模型中的安全服务与机制

11.3.1　安全服务

GB/T 9387.2—1995 标准总结了以下 5 种安全服务。该部分内容均来自标准文件，读者在阅读时可能会感觉部分描述有些晦涩，是因为翻译上的出入。为与标准保持一致，这里不做调整。

1. 鉴别

鉴别可分为以下两类。

（1）**对等实体鉴别（peer-entity authentication)**：当由 (N) 层提供这种服务时，将使 $(N+1)$ 实体确信与之打交道的对等实体正是它所需要的 $(N+1)$ 实体。

（2）**数据原发鉴别（data origin authentication）**：当由 (N) 层提供这种服务时，将使 $(N+1)$ 实体确信数据来源正是所要求的对等 $(N+1)$ 实体。数据原发鉴别服务对数据单元的来源提供确认，这种服务对数据单元的重复或篡改不提供保护。

2. 访问控制

访问控制（access control）服务提供保护以应对 OSI 可访问资源的非授权使用。这种保护服务可应用于对资源的各种不同类型的访问（如使用通信资源，读取、写入或删除信息资源，处理资源的执行进程等）或应用于对一种资源的所有访问。

访问控制应与不同的安全策略协调一致。

3. 数据机密性

数据机密性服务对数据提供保护使之不被非授权地泄露，通常可分为以下几类。

（1）**连接机密性**：这种服务将保证一次 (N) 连接上的全部 (N) 用户数据的机密性。

注意：在某些使用过程和层次上，保护所有数据可能是不合适的，如加速或连接请求中的数据。

（2）**无连接机密性**：这种服务将保证单个无连接的 (N) SDU 中的全部 (N) 用户数据的机密性。

（3）**选择字段机密性**：这种服务将保证那些被选择的字段的机密性。这些字段处于 (N) 连接的 (N) 用户数据中，或者是单个无连接的 (N) SDU 中的字段。

（4）**通信业务流机密性**：这种服务将导致无法通过观察通信业务流而推断出其中的机密信息。

4. 数据完整性

数据完整性服务用于应对主动威胁，通常可分为以下几类。

注意：在一次连接上，连接开始时使用对等实体鉴别服务，并在连接的存活期使用数据完整性服务，这样就能为在此连接上传送的所有数据单元的来源和完整性提供确证。此外，使用顺序号，还能另外为数据单元的重复提供检测。

（1）**带恢复的连接完整性**：这种服务将保证 (N) 连接上的所有 (N) 用户数据的完整性，并检测整个 SDU 序列中的数据是否遭到篡改、插入、删除或重演 (同时试图补救恢复)。

（2）**不带恢复的连接完整性**：与带恢复性的连接完整性类似，区别只在于不进行补救恢复。

（3）**选择字段的连接完整性**：这种服务将保证在一次连接上传送的 (N) SDU 的 (N) 用户数据中的选择字段的完整性，所取形式为确定被选字段是否遭到篡改、插入、删除或重演。

（4）**无连接完整性**：当由 (N) 层提供这种服务时，对发出请求的 $(N+1)$ 实体提供完整性保证。

这种服务将保证单个的无连接 SDU 的完整性，所取形式可以是确定一个接收到的 SDU 是否遭到篡改。另外，该服务在一定程度上也能提供对重演的检测。

（5）**选择字段无连接完整性**：这种服务将保证单位无连接的 SDU 中的被选字段的完整性，所取形式为确定被选字段是否遭到篡改。

5. 抗抵赖

抗抵赖可分为以下两类。

（1）**有数据原发证明的抗抵赖**：为数据的接收者提供数据来源的证据。这将使发送者谎称未发送过这些数据或否认它的内容的企图不能得逞。

（2）**有交付证明的抗抵赖**：为数据的发送者提供数据交付证据。这将使接收者事后谎称未收到过这些数据或否认它的内容的企图不能得逞。

11.3.2 特定的安全机制

这些安全机制可以设置在适当的系统层上，以提供安全服务。

1. 加密机制

加密既能为数据提供机密性，也能为通信业务流信息提供机密性，并且可作为其他安全机制中的一部分或起补充作用。

加密算法可以是可逆的，也可以是不可逆的。可逆加密算法可分为以下两类。

（1）对称（如秘密密钥）加密。对于这种加密，知道了加密密钥也就意味着知道了解密密钥，反之亦然。

（2）非对称（如公开密钥）加密。对于这种加密，知道了加密密钥并不意味着也知道解密密钥，反之亦然。该系统的两个密钥有时也称“公钥”和“私钥”。

不可逆加密算法可以使用密钥，也可以不使用密钥。若使用密钥，则该密钥可以是公开的，也可以是秘密的。

除了某些不可逆加密算法的情况外，加密机制的存在通常意味着要使用密钥管理机制。下面介绍几种密钥管理机制。

2. 数字签名机制

数字签名机制可分为以下两个过程。

（1）对数据单元签名。

（2）验证签过名的数据单元。

签名过程涉及使用签名者的私有信息作为私钥，对数据单元进行加密，以及生成该数据单元的一个密码校验值。

验证过程涉及使用公开的规程与信息，以确定该签名是否来自签名者的私有信息。

数字签名机制的本质特征为该签名只有使用签名者的私有信息才能生成。因而，当该签名得到验证后，它能在事后的任何时候向第三方（如法官或仲裁人）证明：只有私有信息的唯一拥有者才能生成这个签名。

3. 访问控制机制

为了决定和实施一个实体的访问权，访问控制机制可以使用该实体已鉴别的身份、相关信息（如它与一个已知的实体集的从属关系）或附属权力。如果这个实体试图使用非授权的资源，或者以不正当方式使用授权资源，那么访问控制功能将拒绝这一企图，并可能产生一个报警信号或将其记录为安全审计跟踪的一个部分来报告该事件。对于无连接数据传输，发给发送者的拒绝访问的通知只能作为强加于原发的访问控制结果而被提供。

访问控制机制的建立涉及以下几方面。

（1）访问控制信息库在信息库保存对等实体的访问权限。这些信息可以由授权中心或正被访问的实体保存，其形式可以是一个访问控制表、等级结构或分布式结构的矩阵。此外，通常还要预先假定对等实体的鉴别已得到保证。

（2）鉴别信息。例如口令，对该信息的占有和出示即证明正在进行访问的实体已被授权。

（3）权力。对权力的占有和出示即证明有权访问由该权力所规定的实体或资源。需要注意的是，权力应是不可伪造的，且以可信赖的方式进行运送。

（4）安全标记。当与一个实体相关联时，这种安全标记可用于表示同意或拒绝访问，通常根据安全策略而定。

（5）试图访问的时间。

（6）试图访问的路由。

（7）访问持续期。

访问控制机制可应用于通信联系中的端点或中间点。涉及原发点或中间点的访问控制用于决定发送者是否被授权与指定的接收者进行通信，或者是否被授权使用所要求的通信资源。

在无连接数据传输目的端上，对等级访问控制机制的要求在原发点必须事先知道，还必须记录在安全管理信息库中。

4. 数据完整性机制

数据完整性分为两方面：单个数据单元或字段的完整性，数据单元流或字段流的完整性。一般来说，用于提供这两种类型完整性服务的机制是不同的，尽管第二类完整性服务的提供依赖第一类服务。

决定单个数据单元的完整性涉及两个过程，一个在发送实体上，另一个在接收实体上。发送实体给数据单元附加一个量，这个量为该数据的函数（本身可被加密），通常可以是补充信息（如分组校验码）或密码校验值。接收实体产生一个相应的量，并把它与接收到的量进行比较，以确定该数据是否在转送中被篡改过。但是，单靠这种机制不能防止单个数据单元的重演。在网络体系结构的适当层上，操作检测可能在本层或较高层上导致恢复作用（如经重传或纠错）。

对于连接数据传送，保护数据单元序列的完整性（防止乱序、数据的丢失、重演、插入和篡改）还需要某种明显的排序形式，如顺序号、时间标记或密码链。

对于无连接数据传送，时间标记可以在一定程度上提供保护，防止单个数据单元的重演。

5. 鉴别交换机制

可用于鉴别交换的技术包括使用鉴别信息（如口令，由发送实体提供而由接收实体验证），密码技术，使用该实体的特征或占有物。

这种机制可设置在 (N) 层，以提供对等实体鉴别。如果在鉴别实体时，该机制得到否定的结果，则可能会导致连接的拒绝或终止，也可能会在安全审计跟踪中增加记录或报告给安全管理中心。

当采用密码技术时，这些技术可以与“握手”协议相结合，以防止重演（即确保存活期）。

鉴别交换技术的选用取决于使用它们的环境。在许多场合，它们必须与以下技术结合使用。

（1）时间标记与同步时钟。

（2）两方握手和三方握手（分别对应于单方鉴别和相互鉴别）。

（3）由数字签名和公证机制实现的抗抵赖服务。

6. 通信业务填充机制

通信业务填充机制可以提供各种不同级别的保护，以抵抗通信业务分析。这种机制只有在通信业务填充受到机密服务保护时才是有效的。

7. 路由选择控制机制

路由能动态或预定地选取，以便只使用物理上安全的子网络、中继站或链路。

在检测到持续的操作攻击时，端系统可以指示网络服务的提供者经不同的路由建立连接。

带有某些安全标记的数据可能被安全策略禁止通过某些子网络、中继或链路。连接的发起者（或无连接数据单元的发送者）可以指定路由选择说明，由它请求回避某些特定的子网络、链路或中继。

8. 公证机制

在两个或多个实体之间通信的数据的性质，如完整性、原发地、时间和目的地等能够借助公证（notarization）机制而得到确保。这种保证是由第三方公证人提供的。公证人为通信实体所信任并掌握必要信息，以一种可证实方式提供所需的保证。每个通信事例可使用数字签名、加密和完整性机制，以适应公证人提供的相关服务。当这种公证机制被使用时，数据在参与通信的实体之间经由受保护的通信实例和公证方进行通信。

11.3.3 普遍安全机制

普遍安全机制不是为任何特定的服务而设定的，它可被认为属于安全管理方面。

1. 可信功能度

为了扩充其他安全机制的范围或建立这些安全机制的有效性，在系统中必须使用可信功能度。对于任何功能度，只要它直接提供安全机制或提供对安全机制的访问，则其都应该是可信赖的。

通常对硬件与软件寄托信任的手段已超出相关标准的范围，而且在任何情况下，这些手段都会随已察觉到的威胁的级别和被保护信息的价值而改变。

一般来说，这些手段的代价高而且难于实现。能大大简化这一难题的办法是选取一个体系结构，使其允许安全功能在一些模块中实现。这些模块能与非安全功能分开制作，并由非安全功能提供。

应用于一个层而对该层之上的联系所进行的任何保护必须由另外的手段提供，如通过适当的可信功能度。

2. 安全标记

包含数据项的资源可能具有与这些数据相关联的安全标记，如指明数据敏感性级别的标记。在转送过程中，通常将数据与其适当的安全标记一起转送。安全标记可能是与被传送的数据相关联的附加数据，也可能是隐含的信息（如使用一个特定密钥加密数据所隐含的信息）或由该数据的上下文所隐含的信息（如数据来源或路由来隐含）。明显的安全标记必须是清晰、可辨认的，以便对其进行适当的验证。此外，它们还必须安全、可靠地依附于与之关联的数据。

3. 事件检测

与安全有关的事件检测包括对安全明显的检测和对“正常”事件的检测，如一次成功的访问 (或注册)。与安全有关的事件的检测可由 OSI 内部含有安全机制的实体来执行。构成一个事件的技术规范由事件处置管理来维护。对各种安全事件的检测，可能引起以下行为。

（1）在本地报告该事件。

（2）远程报告该事件。

（3）对事件进行记录。

（4）对事件进行恢复。

常见的安全事件可分为以下几类。

（1）特定的安全侵害。

（2）特定的选择事件。

（3）对事件发生次数计数的溢出。

这一领域的标准化将考虑对事件报告与事件记录有关信息的传输，以及为了传输事件报告与事件记录所使用的语法和语义定义。

4. 安全审计跟踪

安全审计跟踪提供了一种不可忽视的安全机制，它的潜在价值在于检测和调查安全的漏洞。安全审计是指对系统的记录与行为进行独立的品评考查，目的是测试系统的控制是否恰当，保证与既定策略和操作堆积的协调一致，有助于做出损害评估，以及对在控制、策略与规程中指明的改变做出评价。安全审计要求在安全审计跟踪中记录有关安全的信息，分析和报告从安全审计跟踪中获取的信息。这种日志记录被认为是一种安全机制，而分析和报告被视为一种安全管理功能。

安全审计的存在可对某些潜在的侵犯安全的攻击源起到威慑作用。收集审计跟踪的信息，列举被记录的安全事件的类别（如对安全要求的明显违反或成功操作的完成），可以适应各种不同的需要。

OSI 安全审计跟踪将考虑要选择记录的信息类型和记录条件，以及为了交换安全审计跟踪信息所采用的语法和语义定义。

5. 安全恢复

安全恢复处理来自事件处置与管理功能等机制的请求，并将恢复动作当作应用一组规则的结果。恢复动作可分为以下 3 类。

（1）立即的。立即动作可能造成操作的立即放弃，如断开。

（2）暂时的。暂时动作可能使一个实体暂时无效。

（3）长期的。长期动作可能是将一个实体记入“黑名单”或改变密钥。

标准化的客体包括恢复动作的协议和安全恢复管理的协议。

11.3.4　安全服务和安全机制的关系

安全服务和安全机制的对应关系如表 11.1 所示。

表 11.1　安全服务和安全机制的关系

服　务	机　制							
	加密	数字签名	访问控制	数据完整性	鉴别交换	通信业务填充	路由控制	公证
对等实体鉴别	Y	Y	•	•	Y	•	•	•
数据原发鉴别	Y	Y	•	•	•	•	•	•
访问控制服务	•	•	Y	•	•	•	•	•
连接机密性	•	Y	Y	Y	Y	Y	•	Y
无连接机密性	•	Y	Y	Y	Y	Y	•	Y
选择字段机密性	•	Y	Y	Y	Y	Y	Y	Y
通信业务流机密性	•	Y	Y	Y	Y	•	•	Y
带恢复的连接完整性	•	Y	Y	•	Y	Y	Y	Y
不带恢复的连接完整性	•	Y	Y	•	Y	Y	Y	Y
选择字段连接完整性	•	Y	Y	•	Y	Y	Y	Y
无连接完整性	•	•	Y	•	Y	Y	Y	Y
选择字段无连接完整性	•	•	Y	•	Y	Y	Y	Y
抗抵赖（带数据原发证据）	•	Y	•	Y	•	•	•	Y
抗抵赖（带交付证据）	•	Y	•	Y	•	•	•	Y

注：**Y** 表示这种机制被认为是适宜的，单独使用或与别的机制联合使用。

• 表示这种机制被认为是不适宜的。

11.3.5　安全服务和层的关系

在 OSI 参考模型的 7 层结构每层可提供的安全服务列表中，安全服务和层的关系如表 11.2 所示。

表 11.2　安全服务和层的关系

服　务	层						
	1 物理层	2 数据链路层	3 网络层	4 传输层	5 会话层	6 表示层	7 应用层 *
对等实体鉴别	•	•	Y	Y	•	•	Y
数据原发鉴别	•	•	Y	Y	•	•	Y
访问控制服务	•	•	Y	Y	•	•	Y
连接机密性	Y	Y	Y	Y	•	•	Y
无连接机密性	•	Y	Y	Y	•	•	Y
选择字段机密性	•	•	•	•	•	•	Y
通信业务流机密性	Y	•	Y	•	•	•	Y
带恢复的连接完整性	•	•	•	Y	•	•	Y
不带恢复的连接完整性	•	•	Y	Y	•	•	Y
选择字段连接完整性	•	•	•	Y	•	•	Y
无连接完整性	•	•	Y	Y	•	•	Y
选择字段无连接完整性	•	•	•	•	•	•	Y
抗抵赖（带数据原发证据）	•	•	•	•	•	•	Y
抗抵赖（带交付证据）	•	•	•	•	•	•	Y

注：**Y** 表示这种机制被认为是适宜的，单独使用或与别的机制联合使用。

• 表示这种机制被认为是不适宜的。

* 表示应用层进程本身可以提供安全服务。

第12章

协　议

CHAPTER 12

“协，众之同和也，议，语也。”“协”“议”后引申为商议、讨论，协议（protocol）即通过商议达到一致。

在密钥学中可以看到很多类型的协议，这些协议都是要完成一定的安全目标且有两个及以上不同的参与方，这些参与方通过交互达成安全目标。

12.1 零知识协议

零知识协议（zero-knowledge protocol）是基于这样一个思考，即是否能够在不给通信方提供任何有用信息的前提下，使得通信方确信对方拥有一个给定的信息。关于零知识协议的解释见文献随录。

文献随录

J. Quisquater 和 L. Guillon 于 1989 年在文章 *How to Explain Zero-Knowledge Protocols to Your Children* 中列举了一个形象的基本零知识协议的例子，如图 12.1 所示。图 12.1 刻画了一个简单的迷宫，只有知道秘密口令的人才能打开 C 和 D 之间的门。现在，P（Prover）希望向 V（Verifier）证明 P 能够打开这个门，但是不愿意向 V 泄露 P 掌握的秘密口令。为此，P 采用了所谓“分割与选择”(cut and choice) 技术实现一个零知识协议。采用这种技术的零知识协议如下。

（1）V 在初始状态下停留在位置 A。

（2）P 一直走到迷宫深处，随机选择位置 C 或位置 D。

（3）P 消失后，V 走到位置 B，并命令 P 从某个出口返回位置 B。

（4）P 服从 V 的命令，必要时利用秘密口令打开 C 和 D 之间的门。

（5）P 和 V 重复执行 n 次步骤（1）～（4）。

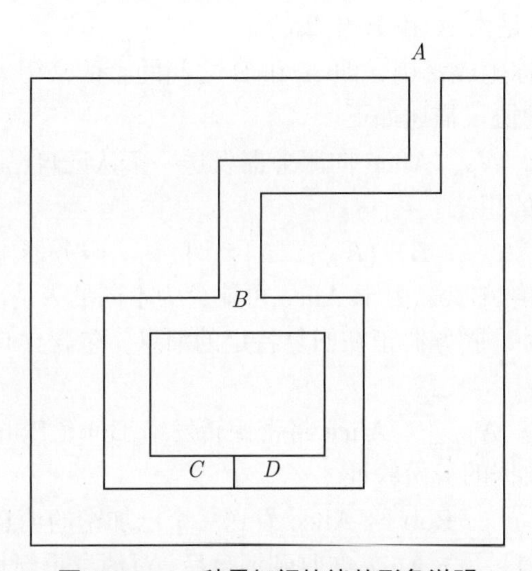

图 12.1 一种零知识协议的形象说明

在上述协议中，如果 P 不知道秘密口令，则他只能从来路返回，而不能走另外一条路。此外，P 每次猜对 V 要求他走哪条路的概率是 50 %，因此，P 在每轮协议中，能欺骗 V 的概率是 50 %。假定 $n = 16$，则执行 n 轮协议后，P 成功欺骗 V 的概率是 $1/2^n = 1/65536$。

如果 P 能够 16 次都按 V 的要求路线返回，则 V 能证明 P 确实知道秘密口令。同时可以看出，V 无法从上述证明中获取丝毫有关 P 的秘密口令的信息，因此该协议是一个零知识协议。

12.2 认证协议

认证协议（authentication protocol）是指完成认证目标的安全协议，即 A 通过这个过程让对方 B“确认”她是 A 或“相信”她是 A。

Needham 和 Schroeder 在 1978 年的 Communications of the ACM 上发表了文章 *Using Encryption for Authentication in Large Networks of Computers*，提出了著名的 Needham-Schroeder 认证协议，一个是基于对称密钥体制的 Needham-Schroeder 协议，另一个是基于公钥密码体制的 Needham-Schroeder 协议。

1. 基于对称密钥体制的 Needham-Schroeder

大家在学习 Needham-Schroeder 协议时，要特别注意协议的这种描述方式，在理解的同时学会利用这种方式描述协议。

下面对相关符号进行说明。此时，Alice（A）与 Bob（B）建立连接，其中 S 为一个受双方信任的服务器。在该过程中：

（1）A 和 B 分别是 Alice 和 Bob 的代指。

（2）K_{AS} 是只有 A 和 S 知道的对称密钥。

（3）K_{BS} 是只有 B 和 S 知道的对称密钥。

（4）N_{A} 和 N_{B} 分别是由 A 和 B 生成的。

（5）K_{AB} 是一个对称生成密钥，即 A 和 B 之间的会话密钥。

基于对称密码体制的协议描述如下。

（1）$\mathrm{A} \to \mathrm{S} :: \mathrm{A}，\mathrm{B}，N_{\mathrm{A}}$。Alice 向服务器发送一条认证自己和 Bob 身份的消息，并告知服务器与 Bob 通信的想法。

（2）$\mathrm{S} \to \mathrm{A} :: \{N_{\mathrm{A}}，K_{\mathrm{AB}}，\mathrm{B}，\{K_{\mathrm{AB}}，\mathrm{A}\}_{K_{\mathrm{BS}}}\}_{K_{\mathrm{AS}}}$。服务器生成并返回一个备份的加密密钥，以便 Alice 转发给 Bob。由于 Alice 可能会为不同的人请求密钥，因此使用 nonce 保证消息是即时的。此时，服务器正在回复特定的消息，包含 Alice 将与之分享该密钥的 Bob 的名字。

（3）$\mathrm{A} \to \mathrm{B} :: \{K_{\mathrm{AB}}，\mathrm{A}\}_{K_{\mathrm{BS}}}$。Alice 将密钥转发给 Bob，Bob 使用服务器共享的密钥进行解密，从而实现对数据的身份验证。

（4）$\mathrm{B} \to \mathrm{A} :: \{N_{\mathrm{B}}\}_{K_{\mathrm{AB}}}$。Bob 给 Alice 发送一个已加密的消息，以证明他拥有密钥。

（5）$\mathrm{A} \to \mathrm{B} :: \{N_{\mathrm{B}}-1\}_{K_{\mathrm{AB}}}$。Alice 在收到消息后，对消息重新加密并将其发回 Bob，以证明她依然在线且持有密钥。

其中，$\{M\}_K$ 表示消息 M 用密钥 K 加密。通常在使用上述符号描述时不需要进行文字解释，则其正式的描述应如下。

- $\mathrm{A} \to \mathrm{S} :: \mathrm{A}，\mathrm{B}，N_{\mathrm{A}}$

- S → A :: $\{N_{\rm A}，K_{\rm AB}，{\rm B}，\{K_{\rm AB}，{\rm A}\}_{K_{\rm BS}}\}_{K_{\rm AS}}$
- A → B :: $\{K_{\rm AB}，{\rm A}\}_{K_{\rm BS}}$
- B → A :: $\{N_{\rm B}\}_{K_{\rm AB}}$
- A → B :: $\{N_{\rm B}-1\}_{K_{\rm AB}}$

2. 基于公钥密码体制的 Needham-Schroeder

在该协议中，Alice (A) 和 Bob (B) 使用一个受信任的服务器 (S) 来根据请求分发公钥。在该过程中：

（1）$K_{\rm PA}$ 和 $K_{\rm SPA}$ 分别属于 A 的加密密钥对的公共部分和私有部分（S 表示“秘密密钥”）。

（2）$K_{\rm PB}$ 和 $K_{\rm SB}$ 属于 B。

（3）$K_{\rm PS}$ 和 $K_{\rm SS}$ 属于 S（$K_{\rm SS}$ 用于加密，$K_{\rm PS}$ 用于解密）。

基于公钥密码体制的协议描述如下。

- A → S :: A，B
- S → A :: $\{K_{\rm PB}，B\}_{K_{\rm SS}}$
- A → B :: $\{N_{\rm A}，{\rm A}\}_{K_{\rm PB}}$
- B → S :: B，A
- S → B :: $\{K_{\rm PA}，{\rm A}\}_{K_{\rm SS}}$
- B → A :: $\{N_{\rm A}，N_{\rm B}\}_{K_{\rm PA}}$
- A → B :: $\{N_{\rm B}\}_{K_{\rm PB}}$

在该协议的最后，A 和 B 知道彼此的身份且同时知道 $N_{\rm A}$ 和 $N_{\rm B}$，但窃听者并不知道上述信息。

3. 安全性分析

对于基于私钥密码体制的 Needham-Schroeder，其安全性描述为“该协议很容易受到重放攻击。如果攻击者使用一个旧的、被破解的 $K_{\rm AB}$ 值，则他可以将消息重放给 Bob。Bob 会接收该消息，因其无法分辨密钥是否即时”。

Denning 针对 Needham-Schroeder 重放攻击的描述如下。

假设有第三方 C 可以阻拦和记录 A、B 间所有的通信，同时 C 获得了一次通信密钥 $K_{\rm AB}$，则 C 可以在后续通信中欺骗 B 使用原来的密钥 $K_{\rm AB}$，该过程如下。

（1）C → B :: $\{K_{\rm AB}，{\rm A}\}_{K_{\rm BS}}$。C 重放以前的消息。

（2）B → A :: $\{N_{\rm B}\}_{K_{\rm AB}}$。C 截取并解密该消息，伪造 A 的响应。

（3）C → B :: $\{N_{\rm B}-1\}_{K_{\rm AB}}$。

至此，C 截取并解密 B 的回应，发送伪造的消息给 B，建立了 B 和 C 之间的一条保密通信链路，但是 B 以为是与 A 建立的。这条伪造的“A-B”保密通信链路，不会影响 A 继续与 B 建立保密通信链路，也不会影响 B 与其他人建立保密通信链路。

对于安全性问题，Denning 给出了使用时间戳 (timestamps) 的解决方案，而 Neuman 给出了使用 nonce 的解决方案。

12.3 智力扑克

智力扑克是 RSA 的 3 个发明者 Shamir、Riverst、Adleman 在其文章“Mental Poker”中提出的，原始表述如图 12.2 所示。

ABSTRACT

Can two potentially dishonest players play a fair game of poker without using any cards—for example, over the phone? This paper provides the following answers:

1 No. (Rigorous mathematical proof supplied.)
2 Yes. (Correct and complete protocol given.)

Once there were two "mental chess" experts who had become tired of their pastime. "Let's play 'Mental Poker,' for variety" suggested one. "Sure" said the other. "Just let me deal!"

Our anecdote suggests the following question (proposed by Robert W. Floyd): "Is it possible to play a fair game of 'Mental Poker'?" We will give a complete (but paradoxical) answer to this question. First we will prove that the problem is intrinsically insoluble, and then describe a fair method of playing "Mental Poker".

图 12.2　智力扑克的原始表述

SRA 方案用交换秘密 (commutative cipher) 实现治理扑克的公正博弈。在该方案中，$E_\mathrm{A}/E_\mathrm{B}$、$D_\mathrm{A}/D_\mathrm{B}$ 分别表示 A 和 B 的加密变换和解密变换。在比赛结束之前，这些变换都是保密的，在比赛结束后才公布这些变换，以此证明比赛的公正性。加密变换必须满足交换律 (这就是交换秘密名称的由来)，即对任何信息 M：

$$E_\mathrm{A}(E_\mathrm{B}(M)) = E_\mathrm{B}(E_\mathrm{A}(M)) \tag{12.1}$$

式 (12.1) 均成立。52 张扑克牌可以用 52 条信息表示如下。

M_1:　梅花2
M_2:　梅花3
⋮
M_{12}:　梅花K
M_{13}:　梅花A
⋮
M_{51}:　黑桃K
M_{52}:　黑桃A

假设由 B 发牌，则“公正发牌协议”如下。

（1）B 用自己的秘密加密变换 E_B 对 52 个信息进行加密，得到

$$E_\mathrm{B}(M_i),\ i = 1,\ 2,\ \ldots,\ 52 \tag{12.2}$$

B 在加密后洗牌，即随机地改变 $E_{\mathrm{B}}(M_i)$ 的顺序，然后将它们全部发送给 A。

（2）A 从中随机地选取 5 张牌，即 5 个信息，并将它们发送给 B。B 用自己的秘密解密变换 D_{B} 对这 5 个信息解密，从而知道自己手中有哪 5 张牌。A 无法知道 B 手中的牌，因为 A 不知道 B 的加密和解密变换。

（3）A 再次随机地挑选 5 个加密后的信息 C_1，C_2，$\cdots$，C_5，并用自己的秘密加密变换 E_{A} 对其加密，得到

$$C_i' = E_{\mathrm{A}}(C_i),\ i = 1,\ 2,\ \cdots,\ 5 \tag{12.3}$$

然后，A 将这 5 个双重加密的信息 C_1'，$\cdots$，C_5' 发送给 B。

（4）B 用自己的解密变换 D_{B} 对每个 C_i' 解密，得到

$$D_{\mathrm{B}}(C_i') = D_{\mathrm{B}}(E_{\mathrm{A}}(C_i)) = D_{\mathrm{B}}(E_{\mathrm{A}}(E_{\mathrm{B}}(M_j))) = D_{\mathrm{B}}(E_{\mathrm{B}}(E_{\mathrm{A}}(M_j))) = E_{\mathrm{A}}(M_j) \tag{12.4}$$

其中，$1 \leqslant j \leqslant 52$。B 将 $E_{\mathrm{A}}(M_j)$ 发回给 A，A 可以利用他自己的秘密解密变换 D_{A} 算出各 M_j，从而知道自己手中有哪 5 张牌。但是 B 对 A 手中的牌毫无所知，因为 D_{A} 是 A 的秘密解密变换。

如果在牌局进行中，A 或 B 要从剩下的牌中取牌，则可以重复执行上述公正发牌协议。在牌局结束后，A 和 B 都公开他们的加密和解密变换，以此校验对方是否如他们声称的那样进行了公正的博弈。

交换密码是否存在呢？下面对此进行验证。因为模数的指数运算满足交换律，所以可以构造 A、B 的加解密变换如下。

（1）A、B 事先约定一个大模数 n 和与其相应的欧拉函数 $\phi(n)$。

（2）A 选一对密钥 $(e_{\mathrm{A}},\ d_{\mathrm{A}})$，其中 $\gcd(e_{\mathrm{A}},\ \phi(n)) = 1$，且 $e_{\mathrm{A}} d_{\mathrm{A}} = 1 \pmod{\phi(n)}$，加解密为：

$$\begin{cases} E_{\mathrm{A}}(M) = M^{e_{\mathrm{A}}} \pmod n \\ D_{\mathrm{A}}(M) = M^{d_{\mathrm{A}}} \pmod n \end{cases} \tag{12.5}$$

（3）类似地，B 选一对密钥 $(e_{\mathrm{B}},\ d_{\mathrm{B}})$，其中 $\gcd(e_{\mathrm{B}},\ \phi(n)) = 1$，且 $e_{\mathrm{B}} d_{\mathrm{B}} = 1 \pmod{\phi(n)}$，加解密为：

$$\begin{cases} E_{\mathrm{B}}(M) = M^{e_{\mathrm{B}}} \pmod n \\ D_{\mathrm{B}}(M) = M^{d_{\mathrm{B}}} \pmod n \end{cases} \tag{12.6}$$

12.4 Kerberos 协议及系统

Kerberos 是一种计算机网络授权协议，用来在非安全网络中对个人通信以安全的手段进行身份认证。Kerberos 也指麻省理工学院为这个协议开发的一套计算机软件。

麻省理工学院在版权许可的情况下，制作了一个 Kerberos 的免费实现工具，这种情况类似于 BSD。在 2007 年，他们又组成了一个 Kerberos 协会，以此推动 Kerberos 的持续发展。

因为使用了 DES 加密算法（用 56 位的密钥），美国出口管制当局将 Kerberos 归类为军需品，并禁止其出口。Kerberos 版本 4 的实现工具 KTH-KRB 由瑞典皇家理工学院研制，它使这套系统在美国更改密码出口管理条例（2000 年）前就可以在美国境外使用。KTH-KRB 实现工具基于 eBones 版本，而该 eBones 基于麻省理工学院对外发行的基于 Kerberos 版本 4 的补丁 9 的 Bones（跳过了加密公式及对其的函数调用）。这些在一定程度上决定了 Kerberos 为什么没有被叫作 eBones 版。Kerberos 版本 5 的实现工具为 Heimdal，它基本上也是由发布 KTH-KRB 的同一组人发布的。

Windows 2000 及后续的操作系统都以 Kerberos 为其默认认证方法。RFC 3244 记录整理了微软对 Kerberos 协议软件包的添加，RFC4757“微软 Windows 2000 Kerberos 修改密码并设定密码协议”记录整理了微软对 RC4 密码的使用。虽然微软使用了 Kerberos 协议，却并没有用麻省理工学院的软件。苹果公司的 Mac OS X 也使用了 Kerberos 的客户和服务器版本，Red Hat Enterprise Linux4 及后续的操作系统使用了 Kerberos 的客户和服务器版本。

文献随录

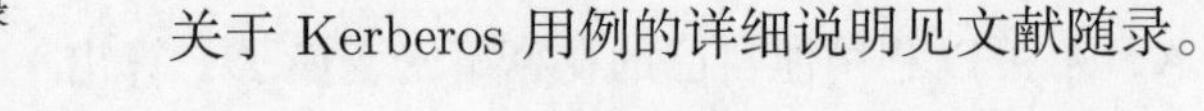

关于 Kerberos 用例的详细说明见文献随录。

12.5 Windows Logon

文献随录

Windows 操作系统是日常办公常用的操作系统之一，关于 LSA 认证中对 Windows Logon 的详细说明见文献随录。

12.6 TLS/SSL

传输层安全性协议（Transport Layer Security，TLS）及其前身安全套接层（Secure Sockets Layer，SSL）是一种安全协议，目的是为互联网通信提供安全及数据完整性保障。网景公司（Netscape）在 1994 年推出首版网页浏览器，网景导航者版本使用 HTTPS 并以 SSL 进行加密，这是 SSL 的起源。IETF 将 SSL 进行标准化，1999 年公布第一版 TLS 标准文件，随后又公布 RFC 5246 （2008 年 8 月）和 RFC 6176（2011 年 3 月）。该协议在浏览器、邮箱、即时通信、VoIP、网络传真等应用程序中得到广泛支持，主要的网站（如谷歌、Facebook 等）也以此创建安全连接、发送数据。目前，SSL 已成为互联网上保密通信的工业标准，它包含记录层和传输层两部分。记录层协议确定传输层数据的封装格式。传输层安全协议使用 X.509 认证，利用非对称加密算法对通信方做身份认证，之后交换对称密钥作为会话密钥（session key）。这个会话密钥用于加密通信双方交换的数据，保证两个应用间通信的保密性和可靠性，使客户与服务器应用之间的通信不被攻击者窃听。

12.7 IPv6

IPv6，即 IP 地址的第 6 版协议。对于常用的 IPv4，外网地址可能是这样一串数字：59.123.123.123。IPv4 的地址是 32 位，总数有 43 亿个左右，还要减去内网专用的 192、170

地址段，就更少了。而 IPv6 的地址是 128 位的，大概是 43 亿的 4 次方，地址极为丰富，几乎是取之不尽的，打个比方，地球上的每一粒沙子都能分配到自己的地址。

IPv6 将 IPSec 作为必备协议，从而保证了网络层端到端通信的完整性和机密性。

12.8 5G AKA

5G AKA 是 5G Authentication and Key Agreement 的缩写。随着通信网络技术的发展，第 5 代移动通信网络被提上日程。5G 通信网络的设计目标面向三大场景：增强型移动宽带（eMBB）、高可靠低时延（uRLLC）和海量机器类通信（mMTC）。因此，5G 通信不仅考虑人与人之间的通信，还将考虑人与物、物与物之间的通信，从而进入万物互联的状态。

在这种情况下，5G 认证面临着新的安全需求。一方面，为了适应多种类型的通信终端，并使得它们能够接入通信网络，5G 系统将进一步地扩展非蜂窝技术的接入场景。例如，电表、水表、摄像头等物联网设备通常采用蓝牙、WLAN 等技术与网络相连，这类设备采用 5G 系统通信时仍倾向于使用原有的连接方式。这就导致传统面向蜂窝接入的认证机制需要进一步向非蜂窝接入的方式扩展。另一方面，传统认证机制下，拜访地/归属地的两级移动网络架构下的认证机制要求归属网络无条件信任拜访网络的认证结果。但随着网络的发展，出现了越来越多的安全隐患，拜访网络和归属网络之间的信任程度在不断降低。例如，拜访地运营商可以声称为某运营商的用户提供了接入服务而实际未提供，导致计费纠纷。对于 5G 通信来说，相比人与人之间的语音通信和数据交互，万物互联下的移动通信将会承载更多的设备测控类信息，因此对接入安全的要求更高。例如，5G 系统被垂直行业用于传递远程操控的控制消息。这使得 5G 认证还需要加强归属网络对用户终端的认证能力，以使其摆脱对拜访网络的依赖，实现用户在归属地和拜访地等不同地点间的认证机制统一。5G 还引入了对用户身份的进一步增强保护，使得用户的永久身份不在空中接口上进行传输，拜访网络还需要从归属网络获得用户的身份信息。这就导致拜访网络和用户终端之间无法直接对身份信息进行确认。因此，为了简化设计，5G 认证过程中对用户的认证信息也需要进行确认。

基于上述安全需求，5G 提供了两种认证框架，即 5G-AKA 和 EAP-AKA。

第13章

协议的安全分析

CHAPTER 13

协议的分析方法有很多，针对不同的目标有不同的形式化分析方法，这里主要介绍针对某个或某些安全目标的协议分析理论和方法。对于形式化分析方法，构造的形式化系统的描述能力和推理能力是很重要的两方面。

13.1　BAN 逻辑

13.1.1　基本概念

BAN 逻辑是一种基于信念的模态逻辑，是 1989 年由 Michael Burrows、Martin Abdi 和 Roger Needham 提出的。在 BAN 逻辑的推理过程中，参加协议的主体的信念随消息交换的发展而不断变化和发展。应用 BAN 逻辑时，需要进行“理想化步骤”，将协议的消息转换为 BAN 逻辑中的公式，再根据具体情况进行合理的假设，由逻辑的推理规则根据理想化协议和假设进行推理，推断协议能否完成预期的目标。依照 BAN 逻辑的惯例，A，B，S 通常表示具体的主体；K_{ab}，K_{as}，K_{bs} 等表示具体的共享密钥；K_a，K_b，K_c 等表示具体的公开密钥；K_a^{-1}，K_b^{-1}，K_c^1 等表示相应的秘密密钥；N_a，N_b，N_c 等表示临时值；P，Q 和 R 表示任意主体；X 和 Y 表示任意语句；K 表示任意密钥。

BAN 逻辑符号如表 13.1 所示。

表 13.1　BAN 逻辑符号

语　义	符号表示
P believes X	P 相信 X
P sees X	P 曾收到 X
P said X	P 曾发送 X
P controls X	P 对 X 有管辖权
(X, Y)	X 和 Y 相连接
fresh(X)	X 是新的
X_K	用 K 加密 X 后的结果
$P \overset{\kappa}{\leftrightarrow} Q$	P 和 Q 可用共享密钥 κ 通信
$H(X)$	X 是单向杂凑函数
$\overset{\kappa}{\rightarrow} P$	κ 是 P 的公开密钥
$< X >_Y$	$< X, Y > \wedge Y$ 是某种秘密

13.1.2　逻辑公设

BAN 逻辑主要有以下 5 条逻辑公设。

（1）消息含义规则。

$$\frac{P \text{ believes } Q \overset{K}{\leftrightarrow} P,\ P \text{ sees } X_K}{P \text{ believes } Q \text{ said } X}$$

如果 P 相信 K 是 P 和 Q 之间的共享密钥，且 P 曾收到用 K 加密 X 后的结果，则 P

相信 Q 曾发送过 X。对于公钥系统，有类似的公设：

$$\frac{P \text{ believes } \overset{K}{\mapsto} Q\text{，} P \text{ sees } X_{K^{-1}}}{P \text{ believes } Q \text{ said } X}$$

（2）临时值校验规则。

$$\frac{P \text{ believes fresh}(X)\text{，} P \text{ believes } Q \text{ said } X}{P \text{ believes } Q \text{ believes } X}$$

如果 P 相信消息 X 是新的，且 P 相信 Q 曾发送过 X，则 P 相信 Q 相信 X。

（3）管辖规则。

$$\frac{P \text{ believes } Q \text{ controls } X\text{，} P \text{ believes } Q \text{ believes } X}{P \text{ believes } X}$$

如果 P 相信 Q 对 X 具有管辖权，且 P 相信 Q 是相信 X 的，则 P 相信 X。

（4）接收消息规则。

$$\frac{P \text{ sees } (X\text{，} Y)}{P \text{ sees} X} \qquad \frac{P \text{ sees } < X >_Y}{P \text{ sees} X}$$

$$\frac{P \text{ believes } Q \overset{K}{\leftrightarrow} P\text{，} P \text{ sees } X_K}{P \text{ sees } X}$$

$$\frac{P \text{ believes } \overset{K}{\mapsto} P\text{，} P \text{ sees } X_K}{P \text{ sees } X}$$

$$\frac{P \text{ believes } \overset{K}{\mapsto} Q\text{，} P \text{ sees } X_{K^{-1}}}{P \text{ sees } X}$$

如果一个主体曾收到一个公式，且该主体知道相关的密钥，则该主体曾收到该公式的组成部分。

（5）消息新鲜性规则。

$$\frac{P \text{ believes fresh}(X)}{P \text{ believes fresh } (X\text{，} Y)}$$

如果一个公式的一部分是新的，则该公式全部是新的。

13.1.3 推理步骤

BAN 逻辑的推理步骤如下。

（1）建立初始假设集合 α。

（2）建立理想化协议模型。

（3）建立协议预期目标集合 γ。

（4）利用初设和逻辑公设推理。

（5）推导出协议最终目标集合 Γ。

（6）若 $\Gamma \supseteq \gamma$，则协议可行。

以上步骤可能会重复进行，如通过分析增加新的初设、改进理想化协议等。通过 BAN 逻辑分析，可以回答一些问题：认证协议是否正确，认证协议的目标是否达到，认证协议的初设是否合适，认证协议是否冗余。

13.1.4 分析 Needham-Schroeder 协议

1. 初始假设集合

（1）A believes $A \overset{K_{as}}{\leftrightarrow} S$　　B believes $B \overset{K_{bs}}{\leftrightarrow} S$

S believes $A \overset{K_{as}}{\leftrightarrow} S$　　S believes $B \overset{K_{bs}}{\leftrightarrow} S$

S believes $A \overset{K_{ab}}{\leftrightarrow} B$

（2）A believes S controls $A \overset{K}{\leftrightarrow} B$　　B believes S controls $A \overset{K}{\leftrightarrow} B$

A believes S controls fresh $(A \overset{K}{\leftrightarrow} B)$

（3）A believes fresh (N_a)　　B believes fresh (N_b)

S believes fresh $(A \overset{K}{\leftrightarrow} B)$　　B believes fresh $(A \overset{K}{\leftrightarrow} B)$

以上大部分初始假设都是自然的，第一组 5 个初始假设涉及主体拥有的初始密钥，第二组 3 个初始假设说明客户相信认证服务器所具有的功能。其中，A 和 B 相信认证服务器 S 能为 A 和 B 生成新的会话密钥。但是，A 还相信 S 所生成的会话密钥同时具有临时值的性质。以上初始假设是有道理的，因为一个“好”的加密密钥通常具备临时值的特征。第三组 4 个初始假设指出，相关的临时值是新的。

下面要特别讨论的是最后一个初始假设：

$$B \text{ believes fresh } (A \overset{K}{\leftrightarrow} B)$$

这个假设是不寻常的。在后续的讨论中将对此进行说明，许多对此协议的批评均来自这个假设，而协议的发明者并未认识到他们实际上应用了这一假设。

2. 理想化协议模型

去除与协议分析无关的部分，理想化协议模型如下。

（1）$S \to A$ ：$\left\{N_a,\ (A \overset{K_{ab}}{\leftrightarrow} B),\ \text{fresh}(A \overset{K_{ab}}{\leftrightarrow} B),\ (A \overset{K_{ab}}{\leftrightarrow} B)_{K_{bs}}\right\}_{K_{as}}$

（2）$A \to B$ ：$(A \overset{K_{ab}}{\leftrightarrow} B)_{K_{bs}}$

（3）$B \to A$ ：$\left\{N_b,\ A \overset{K_{ab}}{\leftrightarrow} B\right\}_{K_{ab}}$ from B

（4）$A \to B$ ：$\left\{N_b,\ A \overset{K_{ab}}{\leftrightarrow} B\right\}_{K_{ab}}$ from A

最后两条包含了发送者的名称，为的是区分两条消息，以避免混淆。在原协议中，区分的方法是通过 N_b 和 $N_b - 1$ 实现的。事实上，$N_b - 1$ 在原协议中可以用任何 N_b 的函数来取代。

在理想化协议模型中，第 1、3、4 条消息是关于 K_{ab} 的语句说明，A 可以将会话密钥 K_{ab} 作为临时值应用，同时每个客户均认可对方相信该会话密钥 K_{ab} 是“好”密钥。

3. 建立协议预期目标

协议的预期目标如下。

$$A \text{ believes } A \overset{K_{ab}}{\leftrightarrow} B$$

$$B \text{ believes } A \overset{K_{ab}}{\leftrightarrow} B$$

4. 利用初设和逻辑公设推理

（1）**消息** $S \to A:\left\{N_a,(A \overset{K_{ab}}{\leftrightarrow} B),\ \text{fresh}(A \overset{K_{ab}}{\leftrightarrow} B),(A \overset{K_{bs}}{\leftrightarrow} B)_{K_{bs}}\right\}_{K_{as}}$ **的推导链条。**

由消息 $S \to A:\left\{N_a,(A \overset{K_{ab}}{\leftrightarrow} B),\ \text{fresh}(A \overset{K_{ab}}{\leftrightarrow} B),(A \overset{K_{bs}}{\leftrightarrow} B)_{K_{bs}}\right\}_{K_{as}}$ 可得

$A \text{ sees } \left\{N_a,(A \overset{K_{ab}}{\leftrightarrow} B),\ \text{fresh}(A \overset{K_{ab}}{\leftrightarrow} B),(A \overset{K_{bs}}{\leftrightarrow} B)_{K_{bs}}\right\}_{K_{as}}$

$$\xrightarrow{A \text{ believes } A \overset{K_{as}}{\leftrightarrow} S,\ \frac{P \text{ believes } Q \overset{K}{\leftrightarrow} P,\ P \text{ sees } X_K}{P \text{ believes } Q \text{ said } X}}$$

$A \text{ belives } S \text{ said } (N_a,A \overset{K_{ab}}{\leftrightarrow} B,\ \text{fresh}(A \overset{K_{ab}}{\leftrightarrow} B))$

$$\xrightarrow{A \text{ believes fresh}(N_a),\ \frac{P \text{ believes fresh}(X),\ P \text{ believes } Q \text{ said } X}{P \text{ believes } Q \text{ believes } X}}$$

$$\begin{cases} A \text{ believes } S \text{ believes } A \overset{K_{ab}}{\leftrightarrow} B \text{记为 Result1} \\ A \text{ believes } S \text{ believes fresh}(A \overset{K_{ab}}{\leftrightarrow} B) \text{记为 Result2} \end{cases}$$

$$\xrightarrow[\frac{P \text{ believes } Q \text{ controls } X,\ P \text{ believes } Q \text{ believes } X}{P \text{ believes } X}]{A \text{ believes } S \text{ controls } A \overset{K}{\leftrightarrow} B,\ A \text{ believes } S \text{ controls fresh } (A \overset{K}{\leftrightarrow} B)}$$

$$\begin{cases} A \text{ believes } A \overset{K_{ab}}{\leftrightarrow} B \text{记为 Result3} \\ A \text{ believes fresh}(A \overset{K_{ab}}{\leftrightarrow} B) \text{记为 Result4} \end{cases}$$

同时可得

$A \text{ sees } \left\{N_a,(A \overset{K_{ab}}{\leftrightarrow} B),\ \text{fresh}(A \overset{K_{ab}}{\leftrightarrow} B),(A \overset{K_{bs}}{\leftrightarrow} B)_{K_{bs}}\right\}_{K_{as}}$

$$\xrightarrow{\text{消息中包含要推出的内容}}$$

$A \text{ sees } \{A \overset{K_{ab}}{\leftrightarrow} B\}$记为 Result5

（2）**消息** $A \to B:(A \overset{K_{ab}}{\leftrightarrow} B)_{K_{bs}}$ **的推导链条。**

由消息 $A \to B:(A \overset{K_{ab}}{\leftrightarrow} B)_{K_{bs}}$ 可得

$B \text{ sees } (A \overset{K_{ab}}{\leftrightarrow} B)_{K_{bs}}$

$$\xrightarrow[]{B \text{ believes } B \overset{K_{bs}}{\leftrightarrow} S,\ \frac{P \text{ believes } Q \overset{K}{\leftrightarrow} P,\ P \text{ sees } X_K}{P \text{ believes } Q \text{ said } X}}$$

B believes S said $A \overset{K_{ab}}{\leftrightarrow} B$

由于 B 只能假定来自认证服务器 S 的消息是新的，而不能断定 A 发送的是新的消息还是重放的消息，因此无法继续分析和证明，除非加上那条可疑的初始假设：

$$B \text{ believes fresh } (A \overset{K}{\leftrightarrow} B)$$

一旦具备这个初始假设，就可以继续推导。

B believes S said $A \overset{K_{ab}}{\leftrightarrow} B$

$$\xrightarrow[]{B \text{ believes fresh } (A \overset{K}{\leftrightarrow} B),\ \frac{P \text{ believes fresh}(X),\ P \text{ believes } Q \text{ said } X}{P \text{ believes } Q \text{ believes } X}}$$

B believes S believes $A \overset{K}{\leftrightarrow} B$记为 Result6

B believes S said $A \overset{K_{ab}}{\leftrightarrow} B$

$$\xrightarrow[]{B \text{ believes } S \text{ controls } A \overset{K}{\leftrightarrow} B,\ \frac{P \text{ believes } Q \text{ controls } X,\ P \text{ believes } Q \text{ believes } X}{P \text{ believes } X}}$$

B believes $A \overset{K_{ab}}{\leftrightarrow} B$记为 Result7

此时根据 Result3：A believes $A \overset{K_{ab}}{\leftrightarrow} B$ 和消息 "$B \to A\ :\ \left\{N_b,\ A \overset{K_{ab}}{\leftrightarrow} B\right\}_{K_{ab}}$ from B" 可以进行如下推理。

$B \to A\ :\ \left\{N_b,\ A \overset{K_{ab}}{\leftrightarrow} B\right\}_{K_{ab}}$

$$\xrightarrow[]{A\text{收到消息}}$$

A sees $\left\{A \overset{K_{ab}}{\leftrightarrow} B\right\}_{K_{ab}}$

$$\xrightarrow[]{A \text{ believes } A \overset{K_{ab}}{\leftrightarrow} B,\ \frac{P \text{ believes } Q \overset{K}{\leftrightarrow} P,\ P \text{ sees } X_K}{P \text{ believes } Q \text{ said } X}}$$

A believes B said $A \overset{K_{ab}}{\leftrightarrow} B$

$$\xrightarrow[]{\text{Result4},\ \frac{P \text{ believes fresh}(X),\ P \text{ believes } Q \text{ said } X}{P \text{ believes } Q \text{ believes } X}}$$

A believes B believes $A \overset{K_{ab}}{\leftrightarrow} B$记为 Result8

类似地，根据消息："$A \to B\ :\ \left\{N_b,\ A \overset{K_{ab}}{\leftrightarrow} B\right\}_{K_{ab}}$ from A" 可以推出：

$$B \text{ believes } A \text{ believes } A \overset{K_{ab}}{\leftrightarrow} B \text{记为 Result9}$$

5. 推导出协议的最终目标集合

至此为止，推导出的最终目标集合有 Result3、Result7、Result8、Result9，即

$$\begin{cases} A \text{ believes } A \overset{K_{ab}}{\leftrightarrow} B \text{记为 Result3} \\ B \text{ believes } A \overset{K_{ab}}{\leftrightarrow} B \text{记为 Result7} \\ A \text{ believes } B \text{ believes } A \overset{K_{ab}}{\leftrightarrow} B \text{记为 Result8} \\ B \text{ believes } A \text{ believes } A \overset{K_{ab}}{\leftrightarrow} B \text{记为 Result9} \end{cases}$$

将最终目标集合与预期目标集合比较，可知预期目标集合是最终目标集合的子集，即协议达到预期目的。

6. 总结

Needham-Schroeder 协议得出了较强的结论，其代价是：必须额外假定 B 获得的会话密钥是新的会话密钥。这一代价是巨大的，因而招致许多批评，但也为 Needham–Schroeder 协议的进一步改进提供了依据。主要原因是：一旦会话密钥被破译，将会带来严重的后果。攻击者可以有无限的时间去寻找一个旧的会话密钥，然后重新使用它，以此作为新的密钥。很明显，问题在于 B 和认证服务器 S 没有产生联系。这样，上述 BAN 逻辑的形式化分析过程就为 Needham–Schroeder 协议的改进提供了方向。例如，一种改进方法是认证服务器 S 先发送消息给 B 而不是 A，这里不再赘述。

另外，从 BAN 逻辑的形式化分析过程也可以看到一些 Needham-Schroeder 协议的冗余性。例如，在第 2 条消息中，认证证书 $\{K_{ab}，A\}_{K_b}$ 通过 A 的密钥 K_{as} 加密是没有必要的，因为这个认证证书随后立即由 A 发送给 B 而没有再继续加密。从 BAN 逻辑形式化分析的整个过程来看，这种加密丝毫不影响分析和证明的过程，旁证了认证证书 $\{K_{ab}，A\}_{K_b}$ 通过 A 的密钥 K_{as} 加密的冗余性。

这个例子证明了 BAN 逻辑在分析认证协议时的重要作用，它可以证明协议的正确性和安全性，发现协议中不易察觉的缺陷，并指出进一步改进认证协议的方向。

13.2 逻辑编程和协议分析工具

除了使用一些针对安全协议分析设计的逻辑工具外，还可以使用通用的逻辑编程语言（如 Prolog、Datalog）和形式化语言（如 Z 语言）进行协议安全分析。

第14章

安全多方计算

CHAPTER 14

多方计算问题是由姚期智院士在其 1982 年发表的文章“Protocols for Secure Computations”中提出的，该问题可以描述为：一组互不信任的参与方之间在保护隐私信息且没有可信第三方的前提下的协同计算问题。姚期智院士在其文章中给出了“多方计算”（Multi-Party Computation，MPC）的理论框架。

随着大数据、机器学习应用的不断普及，隐私问题越来越被关注，多方计算的实践价值逐渐凸显。2019 年《人民日报》就隐私计算技术采访了姚期智院士，他如此解释 MPC：“我们两个人中每个人有一个数据，想要两个人数据合起来，但不想把数据交给对方。我们希望使这个计算实现，但是完全不透露我们的数据是什么。我提出这个概念的时候，完全出于科学的好奇心。现在，这个方向成为密码安全领域的一个大方向。”他认为，多方安全计算会在金融科技甚至人工智能、医药保护共享数据等方面发挥重要作用。值得一提的是，姚期智院士在当时的采访中表示，MPC 也将是中国贡献给世界的一个原创关键技术。提出 MPC 的 4 年后，姚期智院士于 1986 年提出了基于混淆电路的通用解决方案，进一步验证了多方安全计算的通用可行性，同时也奠定了现代计算机密码学的理论基础。此后，经 Oded Goldreich、Shafi Goldwasser 等密码学学者进一步的研究和创新，多方安全计算逐渐发展成为现代密码学的一个重要分支。

在该篇报道中也罗列了一些多方计算的应用场景，摘录部分内容如下。

MPC 之所以近几年开始受到关注，一方面是因为产业互联网、AI 等关键领域的发展越来越离不开数据上云和数据挖掘，数据隐私问题的解决迫在眉睫。

MPC 已经成长到了一定的阶段，其产业价值潜力开始彰显，特别是在涉及隐私敏感型输入数据（如客户行为信息、身份信息、金融信息、征信信息、医疗信息）的应用场景。

拥有隐私敏感型数据的金融、物流、供应链、物联网、汽车业，都会是 MPC 很有应用价值的地方。而且，在解决数据隐私问题的同时，数据孤岛的困境也能得到缓解，因为一部分数据孤岛现象存在正是基于数据隐私的考量。

尤其对于以海量数据作为训练根基、正在隐私保护合规中寻求落地的 AI 技术来说，这将是一个好消息。

以医疗场景中的基因数据为例，基因数据具有隐私性要求高、数据体量大的特点。此前就有业内人士表示，“生物信息是个人信息安全的最后一道防线”。目前，基因数据一般会保存在研究机构或者医疗公司的本地系统中，但这些“新石油”处于共享、流通的状态其实才更利于生物医疗技术的发展，如基于基因数据挖掘研究某种疾病并开发出更有针对性的药物等。例如，如果不同的机构能够部署 MPC 节点，那么这些数据就可以通过 MPC 协议间接实现数据共享：基因数据仍保留在本地，但是不同的机构可以共同实现计算出需要的数据结果。类似的项目已经在国内出现。2018 年，民生健康（万向区块链和民生人寿保险有限公司共同成立）就和宁波保险行业协会合作，以健康险为业务场景，模拟联盟内保险公司之间的数据查询，证明了 MPC 在建立共享价值网络上是完全可行的。不过，需要指出，由于模拟的数据规模较小，那个项目并没有产生实际的商业价值。

文献随录

关于 NIST 网站对 SMPC 的定义和解释见文献随录。

多方计算的产业化进程方面也有多方力量进入。

作为 MPC 的提出者和重要奠基人，姚期智院士所在的清华交叉信息研究院与清华大学、清华五道口金融学院于 2018 年 6 月联合成立了华控清交信息科技（北京）有限公司（下称“华控清交”），华控清交专注于研究、开发和营运基于密码学的 MPC 技术、标准和基础设施。团队通过综合运用密码学混淆电路、不经意传输、秘密分享、同态加密、同态承诺、零知识证明等多种理论和协议，结合计算机工程技术，研发出了一个软硬件结合的多方安全计算平台。据介绍，这个计算平台可以在多方输入且不暴露输入信息的情况下进行密文计算，最终得出与明文一致的密文计算结果，可支持涵盖 AI 算法训练在内的几乎全部计算类型和多种数据格式。目前，华控清交已经在金融行业多方联合风控、多方联合建模，能源行业风电效率优化、政府领域电子政务等场景有具体落地和试点项目。

早在 2012 年，蚂蚁金服就开始研究 MPC。2019 年 5 月，蚂蚁金服推出其基于 MPC 的安全计算平台“摩斯”，据称提供了一种全新的安全和保护隐私的数据合作方式，能够在本地数据不泄露、原始数据不出域的前提下，通过密码学算法，分布式执行既定逻辑的运算并获得预期结果，高效、安全地完成数据合作。目前，“摩斯”已广泛应用于联合金融风控、保险快速理赔、民生政务、多方联合营销、多方联合科研、跨境数据合作等多个领域。

14.1　百万富翁方案

姚期智院士在其 1982 年发表的文章 *Protocols for Secure Computations* 中首次给出了一个百万富翁的解决方案。

设 Alice 有 i 百万元，Bob 有 j 百万元（$1 \leqslant i$，$j \leqslant 10$），此时需要一个协议来判断“i 是否小于 j”且最后只能得到这个信息（没有获得多余的有关 i，j 的信息）。设 M 是所有 N 位非负整数集合，Q_N 是所有 M 到 M 的 1-1 满射函数（onto function）集合，E_a 是 Alice 从 Q_N 中随机选取的公钥。E_a 逆函数 D_a 只有 Alice 知道，对于 Bob 同样有 E_b 和 D_b。

姚期智院士的百万富翁方案如下。

（1）Bob 取一个 N 位随机数 x，计算 $k = E_a(x)$。

（2）Bob 将 $k - j$ 发给 Alice[①]。

（3）Alice 计算 $y_u = D_a(k - j + u)$，$u = 1，2，\cdots，10$。

（4）Alice 随机选一个 $N/2$ 位随机素数 p，计算 $z_u = y_u \pmod p$，$u = 1，2，\cdots，10$。如果所有 z_u 在模 p 下至少相差 2[②]，则停止。否则，产生新的 p，直至条件成立。也就是说，该计算过程直至 $|z_u - z_v| \geqslant 2$，u，$v \in \{1，2，\cdots，10\}$，$u \neq v$。

（5）Alice 将 p 和 z_1，z_2，$\cdots$，z_i，$z_{i+1}+1$，$z_{i+2}+1$，$\cdots$，$z_{10}+1$ 发送给 Bob。以上 10 个数都是在模 p 的运算。

（6）Bob 取 Alice 发来的第 j 个数 w，如果 $w = x \pmod p$，则 $i \geqslant j$，否则 $i < j$。

（7）Bob 告知 Alice 比较结果。

由此可以看到，在 Alice 计算 y_u 且 $u = j$ 时，$y_j = D_a(k) = x$，Bob 选择这个位置上的数。如果 i 在 j 之后，则 j 处的 x 不发生改变；如果 i 在 j 之前，则第 j 个数应该被修改，j 处的 x 也会被修改。

---

① 原文为 $k - j + 1$。

② 此处要求相差为 2，这是因为在下面的步骤中通过“+1”改变了原数值，而这种改变应该是能够与原值进行区分的。

在上面的讨论中其实存在一个假设，即 Alice 和 Bob 都是可信的。而在实际中，这是个很强的假设，需要将该假设的强度降低一些。如果认为计算方存在获取其他计算方原始数据的需求，但仍按照计算协议执行，则称为“半诚实敌手模型”。在半诚实敌手模型中，参与方之间有一定信任关系。如果将假设强度再降低，认为参与方根本就不按照计算协议执行计算过程，能够随意中断协议的运行，破坏协议的正常执行过程，也能随意修改协议的中间结果或者与其他参与方相互勾结，则称为“恶意敌手模型”。在恶意敌手模型中，参与方可采用任何（恶意）方式与对方通信且没有任何信任关系，结果可能是协议执行不成功且双方得不到任何数据，或者协议执行成功但双方仅知道计算结果。

14.2　同态加密

在同态加密中，隐私同态方法的核心思想如下。

（1）计算场景需要抽象为两个代数系统，一个是用户的代数系统 U[①]，另一个是计算机系统的代数系统 C。

$$U =< S;\ f_1,\ f_2,\ \cdots,\ f_k;\ p_1,\ p_2,\ \cdots,\ p_l;\ s_1,\ s_2,\ \cdots,\ s_m >$$

$$C =< S';\ f_1',\ f_2',\ \cdots,\ f_k';\ p_1',\ p_2',\ \cdots,\ p_l';\ s_1',\ s_2',\ \cdots,\ s_m' >$$

其中，S，S' 是集合；f_i，$f_i'(i=1,\ 2,\ \cdots,\ k)$ 是函数；p_i，$p_i'(i=1,\ 2,\ \cdots,\ l)$ 是谓词；s_i，$s_i'(i=1,\ 2,\ \cdots,\ m)$ 是常数。

（2）从实现角度来看，C 就是系统中的一些子程序，用于计算 f_i' 和 p_i'。

（3）设置编码函数 $\phi: S' \to S$ 和他的逆函数，解码函数 $\phi^{-1}: S \to S'$。用户要处理的数据序列为 d_1，d_2，$\cdots$，$d_i \in S$，$i=1,\ 2,\ \cdots$。在系统 C 处理前，用户先对这些数据进行加密，即 $\phi^{-1}(d_1)$，$\phi^{-1}(d_2)$，$\cdots$。

（4）为了使系统能够在加密的数据上进行处理，函数 ϕ 必须是 C 到 U 的同态映射，即应满足以下条件。

- $f_i'(a,\ b,\ \cdots) = c \Rightarrow f_i(\phi(a),\ \phi(b),\ \cdots) = \phi(c)$
- $p_i'(a,\ b,\ \cdots) \equiv p_i(\phi(a),\ \phi(b),\ \cdots)$
- $\phi(s_i') = s_i$

下面分析数据操作过程，假定用户 U 想让 C 计算 $f_1(d_1,\ d_2)$，他将数据 $\phi^{-1}(d_1)$，$\phi^{-1}(d_2)$ 给 C，C 计算 $f_1'(\phi^{-1}(d_1),\ \phi^{-1}(d_2))$，对结果使用 ϕ 运算：

$$\phi(f_1'(\phi^{-1}(d_1),\ \phi^{-1}(d_2))) = f_1(d_1,\ d_2)$$

从而在不透露 d_1，d_2 的前提下实现运算。

代数系统 C 和函数 ϕ，ϕ^{-1} 在选择时应该满足以下条件。

（1）ϕ，ϕ^{-1} 容易计算。

（2）C 中的 f_i'，p_i' 可以有效计算。

---

① 例如，一个实例是 $< \mathbf{Z}; +,\ -,\ \times,\ \div; 0,\ 1 >$，$\mathbf{Z}$ 为整数集。

（3）加密后的数据 $\phi^{-1}(d_i)$ 与原数据 d_i 相比，不应该占用更多的存储空间。

（4）获得多个 $\phi^{-1}(d_i)$ 后，不会暴露 ϕ（唯密文攻击）。

（5）获得多个 d_i 和其对应的 $\phi^{-1}(d_i)$ 后，不会暴露 ϕ（选择明文攻击）。

（6）根据 C 中的 f_i，p_i 不能获得 ϕ。

14.3 开源项目

实际上有很多开源项目可以作为进行相关研究和系统实现的基础，下面介绍几个开源项目。

（1）SEAL 是 Microsoft 的同态加密库，由微软的 Cryptography Research 小组开发，国内 Gitee 上有每日同步一次的镜像。

（2）HElib 是一个开源的同态加密库。

（3）HEAAN 是一个开源的同态加密库。

（4）FHE 是 Google 的一个开源全同态加密库，国内 Gitee 上有镜像。

第15章

比特币和区块链

CHAPTER 15

15.1 比特币起源

2008 年，（Satoshi Nakamoto）中本聪发表了《比特币：一种点对点式的电子现金系统》，论文中详细描述了如何创建一套去中心化的电子交易体系（这种体系不需要创建在交易双方相互信任的基础之上）。不久之后，2009 年 1 月 3 日，他开发出了首个实现比特币算法的客户端程序并进行了首次“采矿”（mining），获得了第一批的 50 个比特币。这标志着比特币金融体系正式诞生。

2010 年 12 月 5 日，在维基解密泄露美国外交电报事件期间，比特币社区呼吁维基解密接受比特币捐款以打破金融封锁。中本聪表示坚决反对，他认为比特币还在摇篮中，经不起冲突和争议。7 天后的 12 月 12 日，他在比特币论坛中发表了最后一篇文章，提及了最新版本软件中的一些小问题，随后不再露面，电子邮件通信也逐渐终止。

从发表论文以来，中本聪的真实身份长期不为外界所知，维基解密创始人朱利安·阿桑奇（Julian Assange）宣称中本聪是一位密码朋克（cypherpunk）。另外，有人称“中本聪是一名无政府主义者，他的初衷并不希望数字加密货币被某国政府或中央银行控制，而是希望其成为全球自由流动、不受政府监管和控制的货币。”

15.2 技术发展脉络

ACM Queue 在 2017 年发表了文章 *Bitcoin's Academic Pedigree*，对比特币的技术发展脉络进行了梳理，如图 15.1 所示。该文章按以下组织方式进行了基本概念的说明。

（1）ledger(账本)。

- linked timesstamping（时间戳链）
- Merkle trees（默克尔树）
- Byzantine fault tolerance（拜占庭容错）

（2）proof of work（工作量证明）。

- the origins（概念起源）
- hashcash（哈希现金）
- proof of work and digital cash:A catch-22（工作量证明和数字现金：左右为难）

（3）putting it all together（集成）。

- public keys as identities（以公钥作为身份）

15.2.1 账本

由于比特币系统是一个去中心化电子货币系统，因此每个人都有一个账本的副本。账本记录了比特币的交易，相当于一个区块链（block chain）。

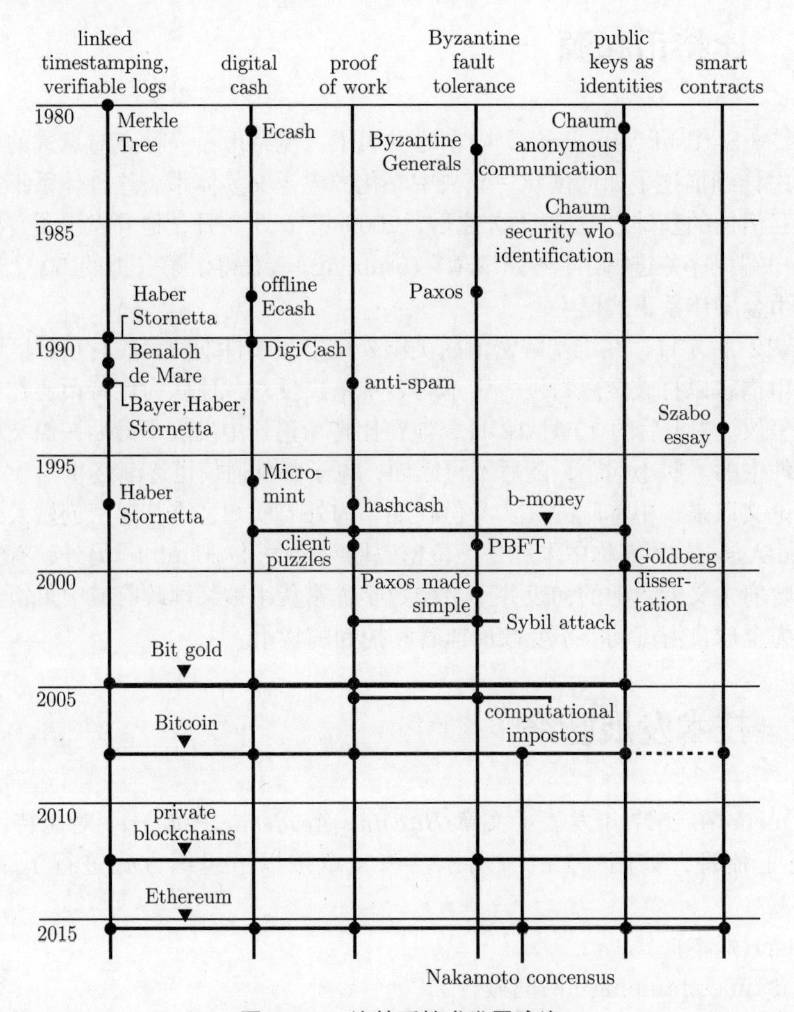

图 15.1 比特币技术发展脉络

15.2.2 交易

在比特币系统中，电子货币（electronic coin）是一个签名链，每位货币所有者通过对“前一次交易和下一位所有者公钥”哈希值进行数字签名，并且将这个签名附加在电子货币尾端，以此完成货币的转移。收款人通过验证签名就能够验证该链条的所有者。表示电子货币的签名链如图 15.2 所示。

15.2.3 拜占庭协议

由于比特币是一个去中心化的系统，但是账本信息又要保持一致，因此实际上并不容易实现。这是分布式系统里的一个经典问题，即同步问题或共识问题。

这个问题通常用“拜占庭将军问题”进行形象表述。

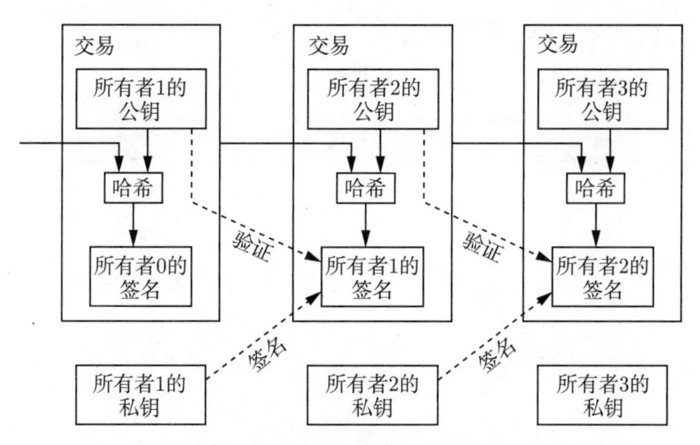

图 15.2 电子货币的签名链

1. 拜占庭将军问题

拜占庭将军问题（the Byzantine generals problem）的原文表述是“可靠的计算机系统必须能够应对一个或多个故障组件，失败的组件可能会向不同的部分发送冲突信息，系统应对这个问题抽象地描述为拜占庭将军问题。”当然，这个故事是虚构的。

基于原论文对该问题的其中一种描述如下。

拜占庭帝国军队的几个师驻扎在敌城外，每个师都由各自的将军指挥。将军们只能通过信使相互沟通。在观察敌情之后，他们必须制订一个共同的行动计划，如进攻（attack）或撤退（retreat），只有当半数以上的将军共同发起进攻时才能取得胜利。然而，其中一些将军可能是叛徒，试图阻止忠诚的将军达成一致的行动计划。更严重的是，负责传递消息的信使也可能是叛徒，他们可能篡改、伪造或丢弃消息。

为了更加深入地理解拜占庭将军问题，下面以三将军问题为例进行说明。

当三个将军都忠诚时，可以通过投票确定一致的行动方案，如图 15.3 所示。将军 A、B 通过观察敌军军情并结合自身情况判断可以发起攻击，而将军 C 通过观察敌军军情并结合自身情况判断应当撤退。最终三个将军经过投票表决所得结果为进攻 : 撤退 =2:1，所以将一同发起进攻取得胜利。对于三个将军，在每个将军都能执行两种决策（进攻或撤退）的情况下，共存在 6 种不同的场景，图 15.3 为其中一种场景。其他 5 种场景可以简单地推得，三个将军通过投票将达成一致的行动计划。

当三个将军中存在一个叛徒时，他可能扰乱正常的作战计划。图 15.4 展示了将军 C 为叛徒的一种场景，他给将军 A 和将军 B 发送了不同的消息。在这种场景下，将军 A 通过投票最终得出撤退的结论，将军 B 通过投票最终得出进攻的结论。将军 C 是叛将，他不会根据投票结果行事，他会根据是否对己方有力而做出进攻或撤退的决断。例如，将军 C 撤退，结果只有将军 B 发起进攻并战败。

事实上，对于三个将军中存在一个叛徒的场景，想要总能达到一致的行动方案是不可能的。详细的证明可参看 Leslie Lamport 的论文。此外，论文中给出了一个更加普适的结论：如果存在 m 个叛将，那么至少需要 $3m+1$ 个将军，才能最终达到一致的行动方案。

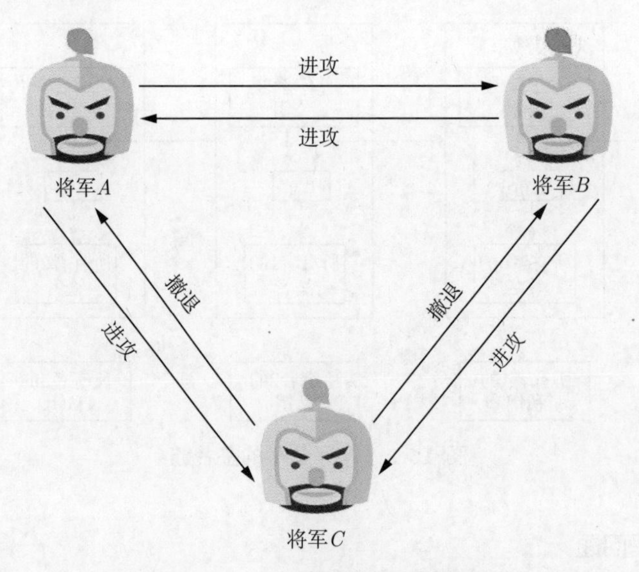

图 15.3　三个将军都忠诚的情况

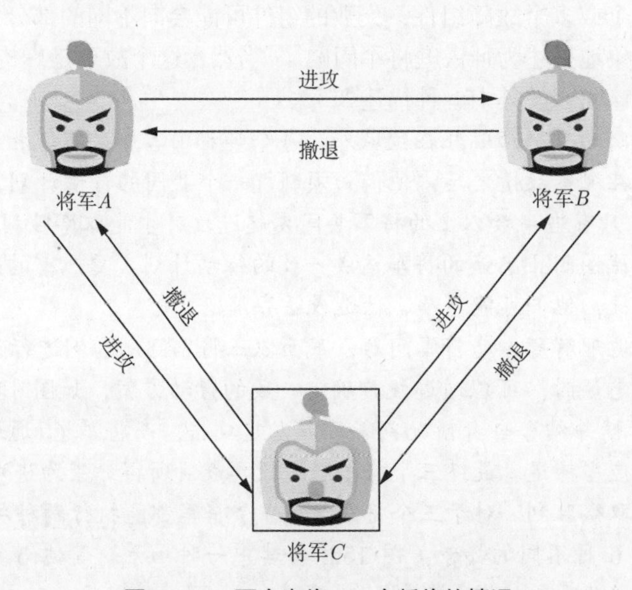

图 15.4　两个忠将、一个叛将的情况

Leslie Lamport 在论文中给出了两种拜占庭将军问题的解决方案，即口信消息型解决方案和签名消息型解决方案。

(1) 口信消息型解决方案。

口信消息（oral message）的定义如下。

① 任何已经发送的消息都将被正确传达。

② 消息接收者知道消息的来源。

③ 消息的缺席可以被检测。

基于口信消息的定义可知，口信消息不能被篡改但可以被伪造。基于对图 15.4 场景的推导可以知道，当存在一个叛将时，必须再增加 3 个忠将才能达到最终的行动一致。为加深理解，下面利用 3 个忠将、1 个叛将的场景对口信消息型解决方案进行推导。

在口信消息型解决方案中，首先发送消息的将军称为指挥官，其余将军称为副官。对于“3 忠 1 叛”的场景需要进行两轮作战信息协商，如果没有收到作战信息，则默认撤退。图 15.5 是指挥官为忠将的场景。在第一轮作战信息协商中，指挥官向 3 位副官发送了进攻的消息。三位副官进行第二轮作战信息协商，由于将军 A 和将军 B 为忠将，因此他们根据指挥官的消息向另外两位副官发送了进攻的消息；而将军 C 为叛将，为了扰乱作战计划，他向另外两位副官发送了撤退的消息。最终指挥官、将军 A 和将军 B 达成了一致的进攻计划，从而取得胜利。

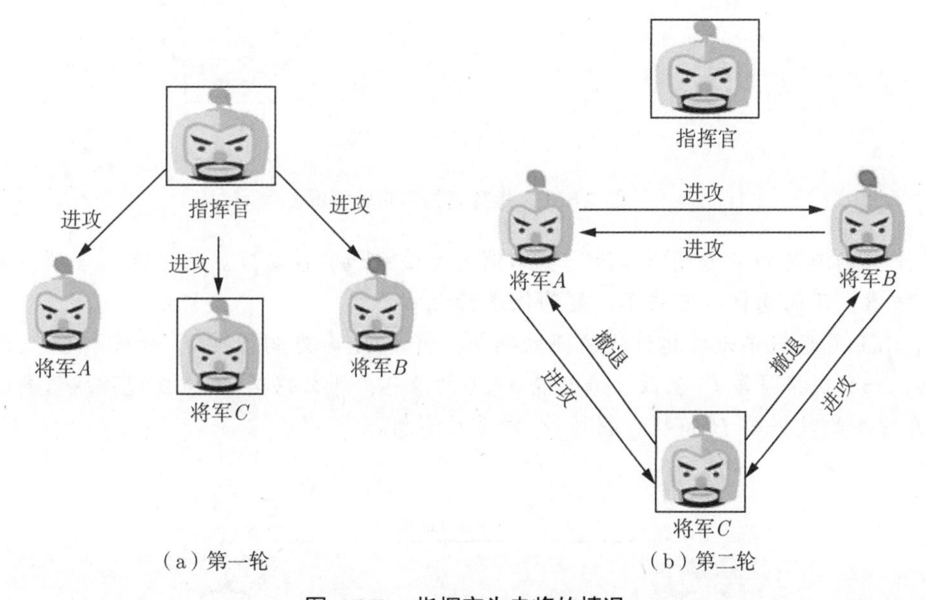

图 15.5 指挥官为忠将的情况

图 15.6 是指挥官为叛将的场景。在第一轮作战信息协商中，指挥官向将军 A 和将军 B 发送撤退的消息，但是为了扰乱将军 C 的决定而向其发送进攻的消息。在第二轮作战信息协商中，由于所有副官均为忠将，因此来自指挥官的消息都将正确地发送给其余两位副官，最终所有忠将都能达成一致撤退的计划。

如上所述，对于口信消息型拜占庭将军问题，如果叛将人数为 m 且将军人数不少于 $3m+1$，那么最终能达成一致的行动计划。需要注意的是，在这个算法中，叛将人数 m 是已知的且叛将人数 m 决定了递归的次数，即叛将数 m 决定了进行作战信息协商的轮数。如果存在 m 个叛将，则需要进行 $m+1$ 轮作战信息协商，这也是该示例情况需要进行两轮作战信息协商的原因。

（2）签名消息型解决方案。

签名消息定义是在口信消息定义的基础上增加了如下两条：

① 忠将的签名无法伪造，而且对其签名消息的内容进行任何更改都会被发现。

② 任何人都能验证将军签名的真伪。

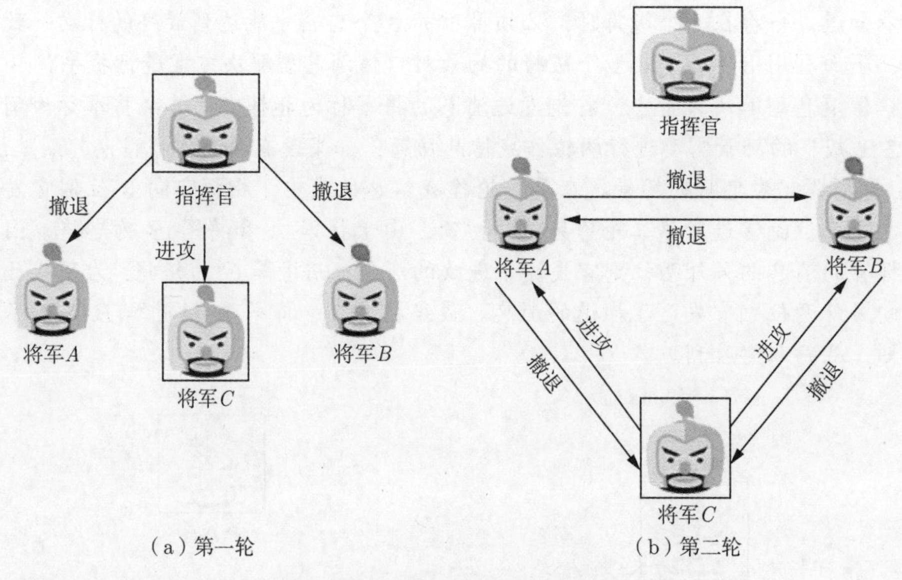

图 15.6　指挥官为叛将的情况

基于签名消息的定义可以知道，签名消息无法被伪造或篡改。为了深入理解签名消息型解决方案，下面同样以三将军问题为例进行说明。

图 15.7 是忠将率先发起作战协商的场景，将军 A 率先向将军 B 和将军 C 发送了进攻消息，一旦叛将将军 C 篡改了来自将军 A 的消息，那么将军 B 将发现作战信息已被将军 C 篡改，此时将军 B 将执行将军 A 发送的消息。

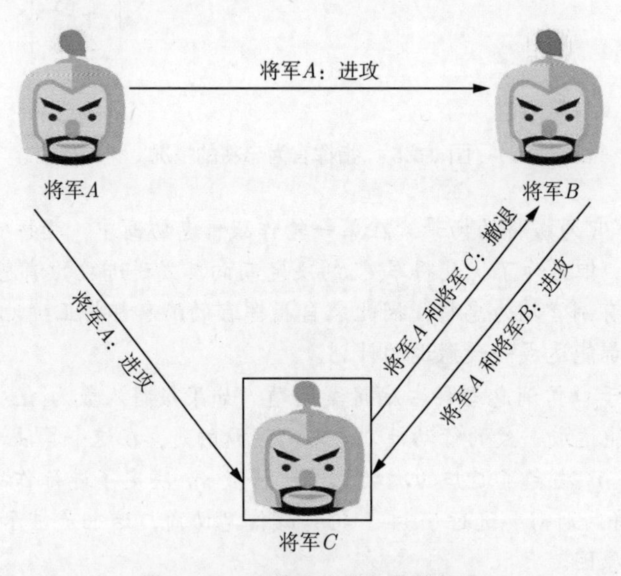

图 15.7　忠将率先发起作战协商

图 15.8 是叛将率先发起作战协商的场景，叛将将军 C 率先发送了误导的作战信息，此时将军 A 和将军 B 将发现将军 C 发送的作战信息不一致，因此判定其为叛将。通常可对其进行处理后再进行作战信息协商。签名消息型解决方案可以处理任何数量叛将的场景。

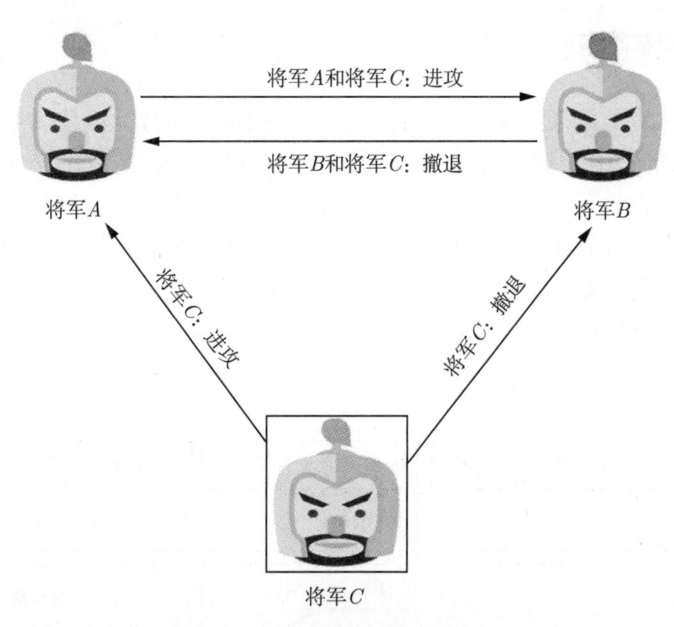

图 15.8 叛将率先发起作战协商

拜占庭将军问题是为了形象解释计算机分布式处理中的问题而构造出来的故事，将军对应计算机节点，忠将对应运行良好的计算机节点，叛将对应被非法控制的计算机节点，信使被杀对应通信故障而使消息丢失，信使被间谍替换对应通信被攻击者篡改或伪造信息。如上文所述，拜占庭将军问题提供了对分布式共识问题的一种情景化描述，是分布式系统领域最复杂的模型。此外，它也为人们理解和分类现有的众多分布式一致性协议和算法提供了框架。现有的分布式一致性协议和算法主要可分为以下两类：

① 故障容错算法（Crash Fault Tolerance，CFT），即非拜占庭容错算法，可以解决分布式系统中存在故障但不存在恶意攻击的场景下的共识问题。也就是说，在该场景下可能存在消息丢失或重复，但不存在消息被篡改或伪造的场景。该算法一般用于局域网场景下的分布式系统，如分布式数据库。属于此类的常见算法有 Paxos 算法、Raft 算法、ZAB（Zookeeper Atomic Broadcast）协议等。

② 拜占庭容错（Byzantine Fault Tolerance）算法，可以解决分布式系统中同时存在故障和恶意攻击的场景下的共识问题。该算法一般用于互联网场景下的分布式系统，如数字货币中的区块链技术。属于此类的常见算法有 PBFT（Practical Byzantine Fault Tolerance）算法、PoW（Proof-of-Work）算法等。

2. 拜占庭共识算法之 PBFT

PBFT 是指实用拜占庭容错算法。该算法由 Miguel Castro 和 Barbara Liskov 在 1999 年的“操作系统设计与实现国际会议”（OSDI99）上提出，解决了原始拜占庭容错算法效率不高的问题，将算法复杂度由指数级降低到多项式级，使得拜占庭容错算法在实际系统应用中变得可行。

15.2.4 挖矿原理

比特币每个区块的数据结构由区块体和区块头两部分组成。区块体中包含了矿工搜集的若干交易信息，图 15.9 假设有 8 个交易被收录在区块中，所有的交易生成一颗默克尔树。默克尔树是一种数据结构，它将叶子节点两两哈希，生成上一层节点，上层节点再哈希生成上一层，直到最后生成一个默克尔树根。只有树根保留在区块头中，这样可以节省区块头的空间，也便于交易的验证。区块头中包含父区块的哈希、版本号、当前时间戳、难度值、随机数和默克尔树根。

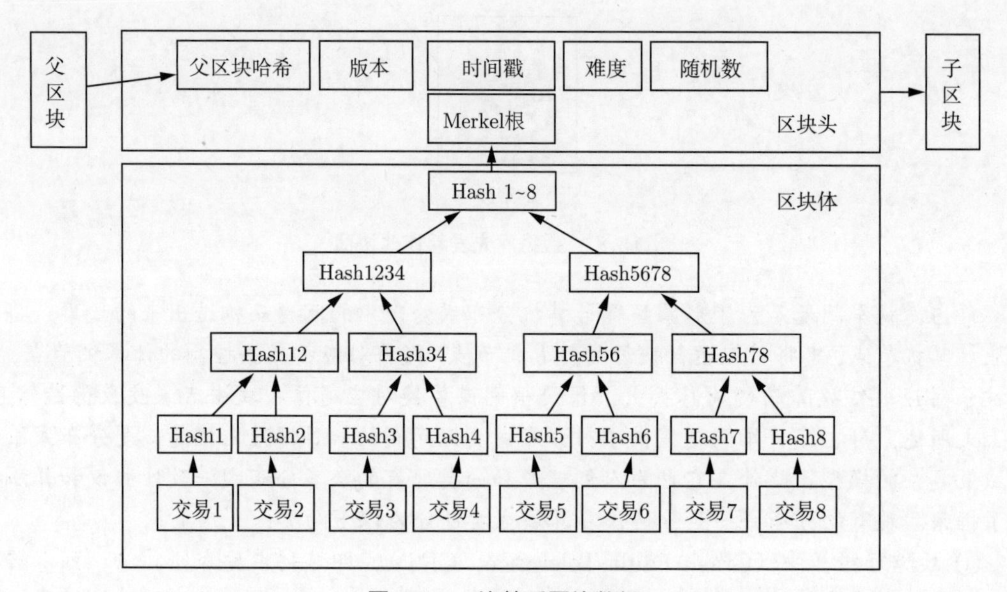

图 15.9　比特币区块数据

假设区块链已经链接到某个块，A、B、C、D 节点已经搜集了近 10 分钟内的一些在线交易信息，选出其中约 4000 条交易，打包生成默克尔树根，将区块头中的信息（父区块哈希 + 版本号 + 时间戳 + 难度值 + 随机数 + 默克尔树根）组成一个字符串 str，通过两次哈希函数得出一个 256 位的二进制数，即 SHA256（SHA256（str））。比特币要求生成结果的前 n 位必须是 0（n 为难度值）。如果此时生成的二进制数不符合要求，则必须改变随机数的值并重新计算，直到算出满足条件的结果为止。如果 n 是 5，则生成的二进制数必须是 00000……（共 256 位）。一旦挖矿成功，矿工就可以将这个消息广播到全网，其他的矿工就会基于该区块继续挖矿。下一个区块头中的父区块哈希值就是上一个区块生成的这个二进制数。

解决这个数学难题要靠运气，理论上，运气最好的矿工可能 1 次哈希就能算出结果，运气差则可能永远都算不出来。但是总体来看，如果一个矿工的算力越大，则其单位时间内进行的哈希次数就越多，因而越可能在短时间内挖矿成功。

那么 n 是如何确定的呢？比特币设计者希望总体上平均每 10 分钟产生一个区块，且

挖矿成功的概率为 $1/2^n$。假设世界上有 1 万台矿机，每台矿机的算力[1]是 1.4×10^{13}次/s（次/s 称为哈希率），则 1 万台矿机 10 分钟可以做 $1.4\times10^{13}\times6\times10^2\times10^4=8.4\times10^{19}$ 次哈希运算。从概率角度分析，想要挖矿成功需要做 2^n 次运算，列出等式 $2^n=8.4\times10^{19}$ 可以解出 n 约为 66，则 1 万台矿机在 10 分钟内可以挖矿成功的难度为 66。对于这种方法，通常只能提高自己的算力，以尽快算出结果。

当一个矿工算出了合适的随机数且没有收到其他矿工算出的通知时，他就可以认为自己首先找到了随机数（当然有时可能是因网络延迟而没有收到通知）。此时他要做的就是向全网广播，告诉大家他算出的随机数及这个包的数据。其他矿工收到这个消息后，如果这个时间段没有更早的消息，则他们会验证该随机数及这个包里的数据是否合法。如果数据验证通过，则矿工们会接受该随机数就是这个时间段的最终挖出区块，他们会将这个区块添加到自己的账本的末端，与原来的账本链接在一起，并且停掉之前的计算随机数的进程，将自己包里未包含在新区块里的交易数据重新放到待打包交易池中，然后进行下一轮的挖矿。

15.2.5　钱包

比特币的底层技术是公钥体系，而比特币钱包包含私钥和地址两部分。地址是比特币钱包的唯一标识，其生成过程如下。

（1）计算公钥摘要。公钥既可以是完整版，也可以是压缩版，这里选择压缩版。生成公钥后，对公钥进行两次哈希运算，通过 SHA-256 算法得到运算结果后再进行一次 RIPEMD-160 运算，最终得到的结果就是所谓的加密版公钥，如 453233600a96384bb8d73d400984117-ac84d7e8b。

（2）添加网络标识字节。比特币有两个网络：主网和测试网。如果需要生成一个主网地址，则应在加密版公钥开头添加标识字节 0x00，如 00453233600a96384bb8d73d400984117-ac84d7e8b。

（3）添加校验值。通过对第二步得到的结果运行两次 SHA-256 哈希运算，然后取最终哈希值的前 4 个字节即可得到校验值，如十六进制表示为 512f43c4。将这个校验值添加到第二步结果的末尾，即可得到钱包地址，如 00453233600a96384bb8d73d400984117ac84d7e8b-512f43c4。

有了校验值后，钱包软件就很容易判定地址是否填错或损坏。但是，通常钱包地址不是用十六进制表示的，而是用 Base58 格式，因此最终钱包地址可能表示为 17JsmEyg-bbEUEpvt4PFtYaTeSqfb9ki1F1。

---

[1] 1 kH / s = 每秒 1，000 哈希
1 MH / s = 每秒 1，000，000 次哈希
1 GH / s = 每秒 1，000，000，000 次哈希
1 TH / s = 每秒 1，000，000，000,000 次哈希
1 PH / s = 每秒 1，000，000，000，000，000 次哈希
1 EH / s = 每秒 1，000，000，000，000，000，000 次哈希

15.3 比特币

比特币的本质其实就是一堆复杂算法所生成的特解。特解是指方程组所能得到有限个解中的一组，每个特解都能解开方程且是唯一的。挖矿的过程就是通过庞大的计算量不断地去寻求这个方程组的特解，这个方程组被设计成了只有 2100 万个特解，所以比特币的上限就是 2100 万个。挖掘比特币可以下载专用的比特币运算工具，然后注册各种合作网站，将注册的用户名和密码填入计算程序中，再单击运算即可正式开始。完成 Bitcoin 客户端安装后，可以直接获得一个 Bitcoin 地址，当别人付钱时，只需要将地址贴给别人，就能通过同样的客户端进行收付款。在安装好比特币客户端后，它将会分配一个私钥和一个公钥。此时需要备份包含私钥的钱包数据，才能保证财产不丢失。如果不幸完全格式化硬盘，则个人的比特币将会完全丢失。

哈希算法在比特币中的应用几乎无处不在，主要包括 SHA256 和 RIPEMD160。比特币将这两个哈希算法的应用组合成 hash256(d)=sha256(sha256(d)) 和 hash160(d)=ripemd160 (sha256(d)) 两个函数，其中 d 为待哈希的字节数组，两者分别生成 256 位（32 字节）和 160 位（20 字节）的十六进制数值。hash256 主要用于生成标志符，如区块 ID、交易 ID 等，而 hash160 主要用于生成比特币地址。

对于 hash160 比较认同的说法是 ripemd160 可以使得生成的地址更短，但是只做一次 ripemd160 哈希可能会存在安全漏洞，因此同时使用 sha256 起到安全加固的作用。hash256 使用两次 sha256 哈希算法的原因来自 sha1 算法，由于一次 sha1 哈希存在被生日攻击（birthday attack）的风险，因此通常进行两次 sha1 哈希。sha256 本身并不存在生日攻击漏洞，但是防御性地使用两次 sha256 哈希借鉴于 sha1。

15.4 其他数字货币或虚拟货币

比特币是中本聪在 2009 年设计开发，以开源发布的 P2P 形式的虚拟货币。后来又有很多采用相同思想发布的虚拟货币，图 15.10 和图 15.11 是用搜索引擎获得两个页面，以此说明现在已经出现的类似于比特币的虚拟货币。严格地讲，比特币应该是指中本聪发起的虚拟货币，但是现在比特币已成为虚拟货币或数字货币的代名词，这种替换应该以不引起歧义为前提。

货币	符号	发行时间	创始人	活跃	市值	比特币基础	算法
比特币	BTC	2009	中本聪	是	2000亿美元	是	SHA-256
以太币	ETH	2014	维塔利克·布特林	是	320亿美元	否	Ethash
瑞波币	XRP	2013	克里斯·拉森	是	170亿美元	是	SHA-256
柚子币	EOS	2017	丹尼尔·拉里默	是	55亿美元	否	DPOS
莱特币	LTC	2011	李启威	是	75亿美元	是	Scrypt
比特币现金	BCH	2017	吴忌寒	是	75亿美元	是	SHA-256

图 15.10 部分虚拟货币

图 15.11 BTC123 网站上列出的数字货币（部分）

15.5 区块链

通常人们都认为区块链是与比特币的概念一起提出的，但是通过中本聪的原始论文可以发现，其中根本没有提及“区块链”这个概念，这是后来人们用于指代与比特币及其账本类似系统的一个宽泛术语。

我国于 2016 年 10 月 18 日在北京成立了“中国区块链技术和产业发展论坛”，论坛由中国电子技术标准化研究院、蚂蚁金服、万向、微众银行、平安集团、乐视联服、万达网络、用友、三一集团、海航科技等国内从事区块链的重点企事业单位构成。该论坛的主要工作之一是编写区块链的相关标准。2017 年 5 月 16 日，该论坛发布了首个区块链标准《区块链参考架构》，其对区块链的概念定义如下。

（1）区块链（blockchain）：在**对等网络**环境下，通过透明和可信规则，构建不可伪造、不可篡改和可追溯的一种**块链式数据结构**，以实现和管理事务处理的模式（事务处理包括但不限于可信数据的产生、存取和使用等）。

（2）对等网络（peer-to-peer network）：一种仅包含对控制和操作能力等效的节点的计算机网络。

（3）块链式数据结构（chained-block data structure）：一段时间内发生的事务处理以区块为单位进行存储，并以密码学算法将区块按时间顺序连接成链条的一种数据结构。

文献随录

关于 NIST 对区块链的定义及描述见文献随录。

虽然区块链概念的产生晚于比特币，但是由于其应用场景更加宽泛，所以比特币反而成了区块链的一种应用，即区块链技术在特定场景下的具体应用。

文献随录

按照准入机制，区块链可以分为公有链（public blockchain）、私有链（private blockchain）和联盟链（consortium blockchain）3 类。关于区块链类型的详细说明见文献随录。

对于不同类型的区块链，其节点之间的信任程度不同，所以各自采用了不同的共识算法。公链中的节点可以很自由地加入或者退出，不需要严格的验证和审核，所以公链不仅需要考虑集群中存在故障节点，还需要考虑作恶节点。公链使用的共识算法有 PoW、POS、DPOS、Ripple 等。私链的适用环境一般是不考虑集群中存在作恶节点，只考虑因为系统或网络原因导致的故障节点。私链使用的共识算法有 Paxos、Raft 等。联盟链中每个新加入的节点都是需要经过验证和审核的，联盟链的适用环境除了需要考虑集群中存在故障节点，还需要考虑集群中存在作恶节点。联盟链使用的共识算法有 PBFT、DBFT 等。

在区块链中，有时可以见到侧链（side chain）的概念。侧链不是一种区块链类型，而是一种协议，这个协议具体是：可以让比特币安全地从比特币主链转移到其他区块链，又可以从其他区块链安全地返回比特币主链的一种协议。侧链技术为什么会出现？简单来讲，在比特币、以太坊等公链上做创新或拓展是比较困难的。同时，公链每秒处理交易笔数有限（如以太坊 25tps、比特币 7tps），并且在交易用户过多时会发生拥堵，甚至瘫痪。为了解决该问题，侧链技术应运而生。侧链就像是一条条通路，将不同的区块链互相连接在一起，以实现区块链的扩展。公链本身是一本分布式账本，侧链是独立于公链的另一本分布式账本。两个账本之间能够“互相操作”，实现交互。

第16章

可信计算

CHAPTER 16

冯登国院士在 2013 年出版的专著《可信计算——理论与实践》中对可信计算（trusted computing）进行了全面深入的介绍，下面引用“绪论”的部分内容，来介绍可信计算的基本背景。

随着云计算、物联网和移动互联网等新型技术的快速发展，新型技术已经深刻影响到社会的管理方式和人们的生活方式，无处不在的信息已经成为国家、企业和个人的重要资产。随着病毒和恶意软件等的泛滥，黑客攻击技术和能力的增强，这些重要信息资产将暴露在越来越多的威胁中。毫无疑问，提供一个可信赖的计算环境，保障信息的机密性、完整性、真实性和可靠性，已经成为国家、企业和个人优先考虑的安全需求。传统的防火墙、入侵检测和病毒防御等网络安全防护手段都侧重于保护服务器的信息安全，而相对脆弱的终端就越来越成为信息系统安全的主要薄弱环节。针对这些系统安全需求和各类攻击手段，可信计算从计算机体系结构着手，从硬件安全出发建立一种信任传递体系以保证终端的可信，从源头上解决人与程序、人与机器以及人与人之间的信任问题。

可信计算就是在这种背景下应运而生的。对于“可信”这一概念目前有着众多不同的理解，为明确可信的含义，ISO/IEC、IEEE 和 TCG（Trusted Computing Group）等组织都给出了可信的准确定义。TCG 组织在其可行理念下提出了通过嵌入在硬件平台上的可信平台模块（Trusted Platform Module，TPM）来提高计算机系统安全性的技术思路，得到了产业界的普遍认同。我们的思路与 TCG 类似，认为可信是指以安全芯片为基础建立可信的计算环境，确保系统实体按照预计的行为执行。

在可信计算发展过程中，通常将可信计算的特征总结如下。

- Memory curtaining（存储器屏蔽）
- Secure input and output（安全输入和输出）
- Sealed storage（密封存储）
- Remote attestation（远程证明）

文献随录

关于可信计算特征的详细描述见文献随录。

16.1 可信平台模块

在可信计算中，以可信平台模块为核心，构建整个可信计算环境，如图 16.1 所示。

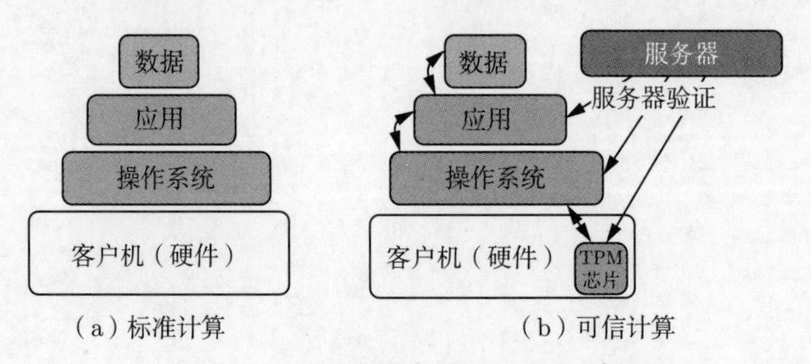

图 16.1 以 TPM 为核心构建可信计算

TPM 整体架构如图 16.2所示。

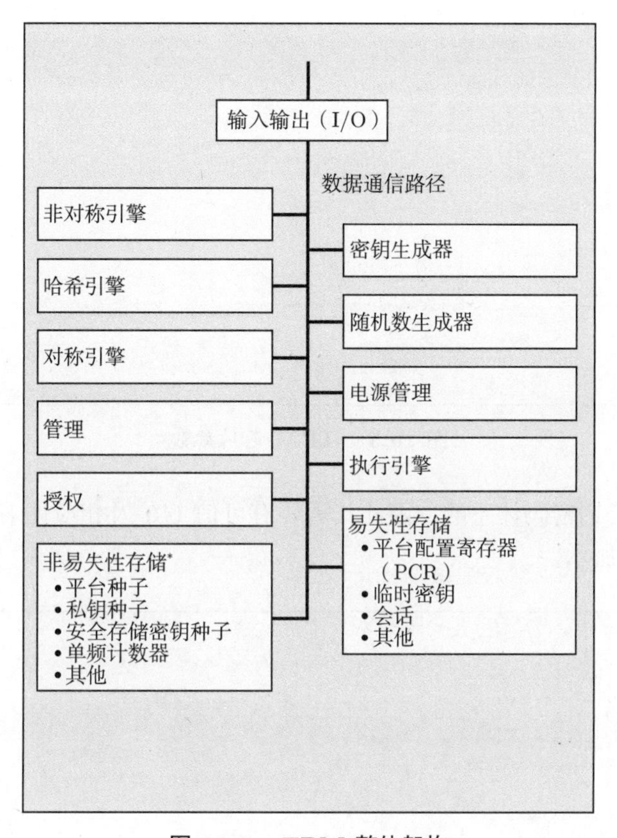

图 16.2　TPM 整体架构

图 16.3 是 TPM 芯片，图 16.4 是 TPM 模组，根据不同的主板，应用场景有不同的模组。

图 16.3　TPM 芯片　　**图 16.4　TPM 模组**

TPM 芯片参数的示例如图 16.5 所示。

Parametrics	SLB 9665TT2.0
Ambient Temperature min max	-20.0 °C 85.0 °C
Applications	embedded security ; trusted computing ; PC and mobile computing with Intel x86, ARM platforms and others; embedded devices e.g. communication, gateways, printer, PoS systems, networking, ATMs
Asymmetric Cryptography	ECC ; ECC BN-256 ; ECC NIST P-256 ; ECC256 ; ECDH ; RSA1024 ; RSA2048
CPU	16-bit
Certifications	CC EAL4+ ; FIPS 140-2 level 2 (with FW update)
Delivery Forms	TSSOP-28
Interfaces	LPC
Package	TSSOP-28
Product Description	FW5.63 ; standardized security controller for computing platforms and embedded systems
Symmetric Cryptography	HMAC ; SHA-1 ; SHA-256
Use Cases	PC TPM

图 16.5 TPM 芯片参数

TPM 是基于公钥密码体系的，因此其需要有可信 CA 及相应证书。英飞凌 TPM 的 CA 证书如图 16.6 所示。

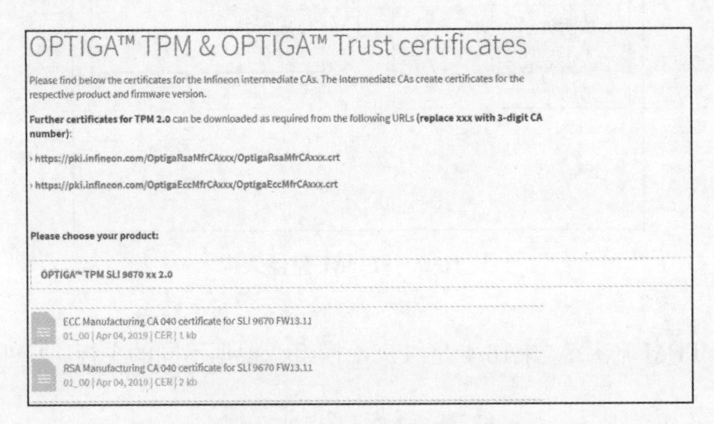

OPTIGA™ TPM & OPTIGA™ Trust certificates

Please find below the certificates for the Infineon intermediate CAs. The intermediate CAs create certificates for the respective product and firmware version.

Further certificates for TPM 2.0 can be downloaded as required from the following URLs **(replace xxx with 3-digit CA number)**:

› https://pki.infineon.com/OptigaRsaMfrCAxxx/OptigaRsaMfrCAxxx.crt

› https://pki.infineon.com/OptigaEccMfrCAxxx/OptigaEccMfrCAxxx.crt

Please choose your product:

OPTIGA™ TPM SLI 9670 xx 2.0

ECC Manufacturing CA 040 certificate for SLI 9670 FW13.11
01_00 | Apr 04, 2019 | CER | 1 kb

RSA Manufacturing CA 040 certificate for SLI 9670 FW13.11
01_00 | Apr 04, 2019 | CER | 2 kb

图 16.6 TPM 的 CA 证书

TPM 功能模块组成如图 16.7 所示，其详细描述如下。

（1）密码学系统：实现数据加密、数字签名、密码杂凑和随机数生成等各类密码算法的逻辑计算引擎，是一个不对外提供接口的内部功能模块。大部分 TPM 功能都以密码学系统为基础。

（2）平台数据保护功能：对外提供密钥管理和各类数据机密性、完整性保护功能，是直接体现密码学系统的功能类别。计算平台可依赖该功能构建安全的密钥管理和密码学计算器，这是 TPM 最基本的应用方式。

（3）身份标识功能：对外提供身份标识密钥的申请与管理功能，是远程证明（即对远程验证方报告本机完整性）的基础。

（4）完整性存储与报告功能：对外提供完整性值存储和签署（报告）功能，直接体现“可信性”。计算平台可依赖该功能构建平台内部的信任链，还可以在内部信任链的基础上向外部实体进行远程证明，这是 TPM 的主要应用方式。

（5）资源保护功能：保护 TPM 内部资源的各类访问控制机制。

（6）辅助功能：为 TPM 正常运转提供支持。计算平台可利用这些功能设定 TPM 的启动和工作方式，提高工作便捷性；还可以利用这些功能保护应用程序和 TPM 之间的通信信道，获取可信的时间戳和计数器服务等。

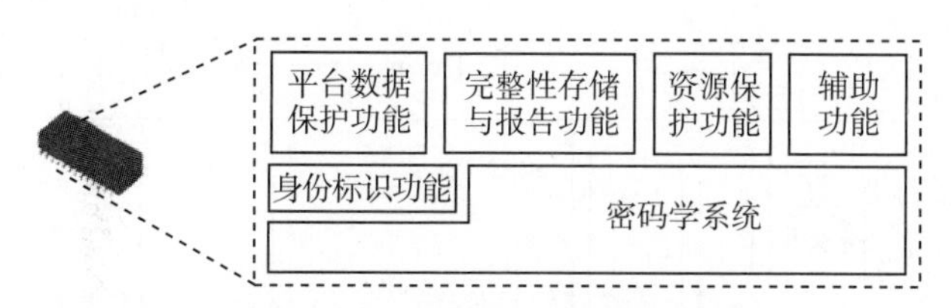

图 16.7 TPM 功能模块组成

TPM 硬件模块组成如图 16.8 所示，其详细描述如下。

（1）标志位管理器：存储与维护对于 TPM 正常与安全工作至关重用的内部标志位（包括使能标志位、激活标志位和属主标志位）的管理模块。

（2）RSA 算法引擎：依据 PKCS#1 标准，提供 RSA 密码算法进行数据加解密及数字签名、验证功能的运算模块，支持 2048b（推荐）、1024b 和 512b 3 种安全级别。

（3）对称加密算法引擎：采用 Vernam 对称加密算法及相关的 MGF1 密钥生成算法，可用于实现 AES 算法。

（4）随机数生成器：依据 IEEE P1363 规范，生成协议中的随机数和对称加密算法所用密钥的运算模块。

（5）密码杂凑引擎：依据 FIPS-180-1 标准，采用 SHA-1 算法计算密码杂凑值的运算模块。

（6）非易失性存储器：存储 TPM 的长期密钥（背书密钥和存储根密钥）、完整性信息、所有者授权信息及少量重要应用数据的存储模块。

（7）易失存储器：存储计算中产生的临时数据的存储模块。

（8）电源管理模块：负责常规的电源管理和物理现场信号的检测，后者对动态度量信任根等依赖物理信号的技术至关重用。

（9）I/O 模块：负责 TPM 与外界之间及 TPM 内部各物理模块之间的通信，具体包括信息编解码、信息转发和模块访问控制。

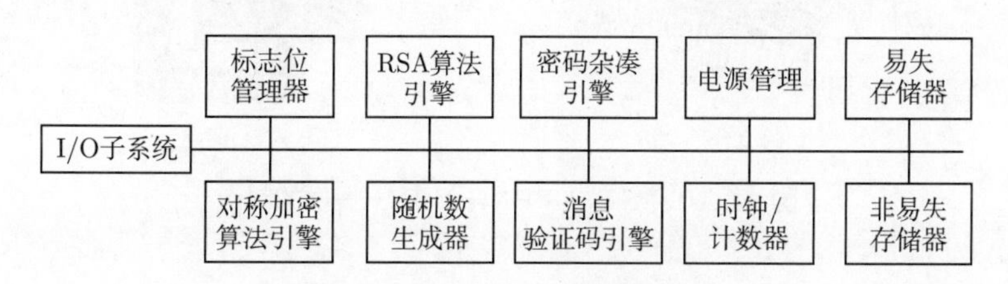

图 16.8 TPM 硬件模块组成

下面给出 ST 公司某 TPM 芯片的实际介绍资料。图 16.9 是 ST33TPMLPC 芯片的硬件框图。该芯片有 TSSOP28 和 VQFN32 两种封装，如图 16.10 所示。ST33TPMLPC

外部接口采用的是 LPC，也可以采用其他接口如 I²C、SPI。ST 公司也产生针对新 TPM 2.0 规范的芯片，如 ST33GTPMI2C、ST33GTPMASPI 等。

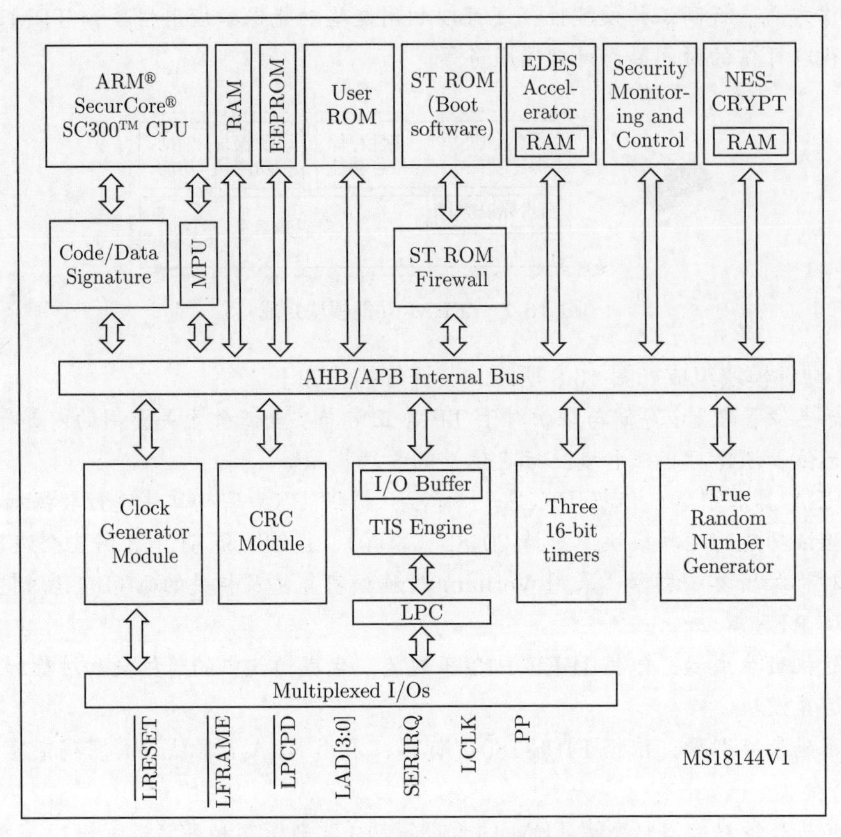

图 16.9　某 TPM 芯片的硬件框图

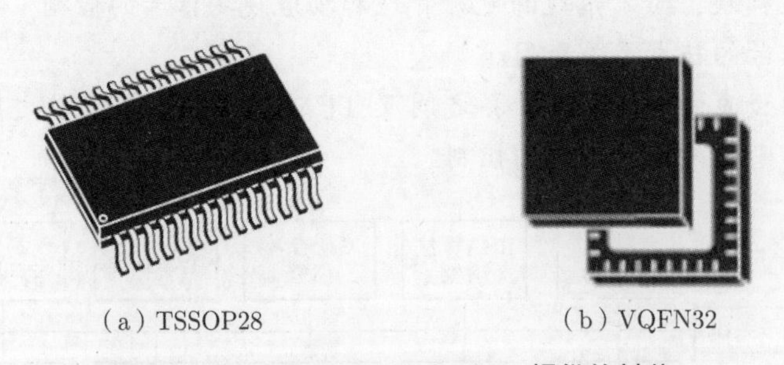

（a）TSSOP28　　（b）VQFN32

图 16.10　ST33TPM12LPC 提供的封装

在 Windows 操作系统中，通过在命令行执行：tpm.msc，可以查看 TPM 管理界面。要想在操作系统中看到 TPM，需要在硬件配置上使能 TPM，通常是在 BIOS 里设置，具体操作可参考 Intel 的技术文档。

16.2　相关资源

可信计算组是一个国际上的可信计算联盟，在官方网站上有其制定的标准、介绍资料、相关研讨活动和 TPM 产品认证。

第17章

量子计算

CHAPTER 17

17.1 量子的提出

量子（quantum）是现代物理的重要概念。一个物理量如果存在最小的不可分割的基本单位，则这个物理量是量子化的，并将最小单位称为量子。

在经典物理学中，根据能量均分定理可知：能量是连续变化的，可以取任意值。19 世纪后期，科学家们发现很多物理现象无法用经典理论解释。当时德国物理界聚焦于黑体辐射问题的研究。1900 年左右，M. 普朗克试图解决黑体辐射问题，他大胆提出量子假设，并得出了沿用至今的普朗克辐射定律。普朗克提出："像原子作为一切物质的构成单位一样，'能量子'（量子）是能量的最小单位。物体吸收或发射电磁辐射，只能以能量量子的方式进行"。普朗克在 1900 年 12 月 14 日的德国物理学学会会议中第一次发表能量量子化数值、一个分子摩尔（mol）的数值及基本电荷等。两种数值比以前更准确，他提出的理论也成功解决了黑体辐射的问题，标志着量子力学的诞生。

后来的研究表明，不但能量表现出这种不连续的离散化性质，其他物理量诸如角动量、自旋、电荷等也都表现出这种不连续的量子化现象。这同以牛顿力学为代表的经典物理有根本的区别。量子化现象主要表现在微观物理世界，因此可以说描写微观物理世界的物理理论是量子力学。

1905 年，美国物理学家爱因斯坦将量子概念引入光的传播过程，提出"光量子"（光子）的概念，并提出光同时具有波动和粒子的性质，即光的"波粒二象性"。

20 世纪 20 年代，法国物理学家德布罗意提出"物质波"概念，即一切物质粒子均具备波粒二象性；德国物理学家海森伯等人建立了量子矩阵力学；奥地利物理学家薛定谔建立了量子波动力学。量子理论的发展进入了量子力学阶段。

1928 年，英国物理学家狄拉克完成了矩阵力学和波动力学之间的数学等价证明，对量子力学理论进行了系统的总结，并将两大理论体系——相对论和量子力学成功地结合起来，揭开了量子场论的序幕。

20 世纪前期，经过爱因斯坦、玻尔、德布罗意、海森伯、薛定谔、狄拉克、玻恩等物理学家的不断努力，比较完整的量子力学理论得以初步建立。量子理论是现代物理学的基石之一，为从微观层面理解宏观现象提供了理论基础。量子假设的提出有力地冲击了经典物理学，促进物理学进入微观层面，奠基现代物理学。但直到现在，物理学家关于量子力学的一些假设依然不能被充分地证明，仍有很多需要研究的地方。

17.2 量子的态叠加

态叠加原理，又称叠加态原理，是量子力学中的一个基本原理，广泛应用于量子力学的各方面。态叠加原理实际上是在希尔伯特空间中构造一个形式上很像波函数的产物。

在量子力学中，如果 Ψ_1 和 Ψ_2 是体系的可能状态，那么它们的线性叠加 $\Psi = c_1\Psi_1 + c_2\Psi_2$($c_1$，$c_2$ 是复常数) 也是体系的可能状态，这就是量子力学的态叠加原理。

态叠加原理是"波的相干叠加性"与"波函数完全描述一个微观体系的状态"两个概

念的概括。它还是与测量密切联系在一起的一个基本原理，与经典波叠加的物理含义有本质的不同。如果体系处在 Ψ_1 态时测量某力学量 F 得到结果 A，且体系处在 Ψ_2 态时测量 F 得到结果 B，则体系处在 Ψ 态时测量 F 可能得到结果 A 或 B，这就是常见的比喻性描述“薛定谔的猫”。

17.3 量子比特

在经典的计算机理论中，用于编码（表示）信息的信号量要么处于 1，要么处于 0。当利用量子编码（表示）信息时，由于量子叠加态的性质，一个量子的比特可以是 0，也可以是 1。此时，量子的信息表示能力得到了提升，是传统电信号表示的 2 倍。

下面我们举个例子表示这种变化所带来的巨大能力上的变化。

假设有两个人，一个人的 10 根手指是普通手指，另一个人的 10 根手指是量子手指，即一根手指有两个状态。

如果在他们面前只有一份苹果，那么无论是普通手指还是量子手指都没有差别，很容易表达出这份苹果的数量。

如果面前是两份苹果，那么情况就完全不同了。普通手指只能表示其中一份，如果还想表示另外一份，那么就必须增加资源。他需要再叫一个人，用那个人的手指表示第二份苹果。此时，量子手指的优势将得到凸显，因为量子手指有叠加状态，所以通过编码后，它可以同时表示两份苹果的个数。

对于量子手指，最多能表示多少份苹果呢？一个人 10 根手指，每根手指两个状态，$2^{10}=1024$，即可以表示 1024 份苹果。经典手指的话就必须找 1024 个人才能完整表示。显然，n 个量子比特的信息容量是 n 个经典比特的 2^n 倍。

这个能力有多强呢？目前探知整个宇宙的原子数量①是 2^{300}，如果用量子比特进行表示，则只需要 300 个就能数清宇宙所有的原子。

基于上面的讨论可以思考一个问题：为什么现在人们的设想变得如此广阔或出现很多想象（如元宇宙、整个世界可以计算、整个世界是一个程序等）。这正是因为随着信息技术的发展，人们发现对可见世界的编码和计算好像已经不太遥远。

17.4 量子计算机

传统计算机通过不断压缩信息单元表示和处理部件的物理尺寸，不断扩展单位面积上的存储和处理单元，以此提高计算速度。但是经过多年的发展，这种结构已经达到了原子量级，基本接近天花板水平。

量子计算（quantum computing）是一种遵循量子力学规律，调控量子信息单元（量子状态）进行计算的新型计算模式。量子计算的理论模型仍然是图灵机，而量子计算机是用量子力学规律重新诠释的通用图灵机。从可计算的问题上分析，量子计算机只能解决传

① 目前有 3 种计算方法，通常认为比较精确的算法所得结果是 1.04659×10^{80}，该数字比较接近 2^{300}。

统计算机所能解决的问题。从计算的效率上分析，由于量子力学叠加性的存在，因此某些已知的量子算法在处理某些问题时速度要远远快于传统的通用计算机。

量子计算机是一种遵循量子力学规律，实现数学和逻辑运算、处理和存储信息能力的系统。它以量子态为记忆单元和信息存储形式，以量子动力学演化为信息传递与加工基础的量子通信与量子计算。在量子计算机中，其硬件的各种元件的尺寸均达到原子或分子的量级。量子计算机是一个物理系统，它能存储和处理用量子比特表示的信息，其基本信息单位是量子比特。

17.4.1 量子计算机发展过程

20 世纪 80 年代初期，Benioff 首先提出了量子计算的思想，他设计了一台可执行的、有经典类比的量子 Turing 机——量子计算机的雏形。

1982 年，Feynman 发展了 Benioff 的设想，提出量子计算机可以模拟其他量子系统。为了仿真模拟量子力学系统，Feynman 提出了按照量子力学规律工作的计算机的概念，这被认为是最早的量子计算机思想。

1985 年，牛津大学的 David Deutsch 证明了任何物理过程原则上都能很好地被量子计算机模拟，提出了基于量子干涉的计算机模拟（即“量子逻辑门”）这一新概念，并指出了量子计算机可以通用化、量子计算错误的产生和纠正等问题。

20 世纪 80 年代中期，这一研究领域由于若干原因被冷落了。首先，因为当时所有的量子计算机模型都是把量子计算机看成一个不与外界环境发生作用的孤立系统，而不是实际模型。其次，存在许多不利于实现量子计算机的制约因素，如 Landauer 指出的去相干、热噪声等。另外，量子计算机可能易出错，而且不易纠错。最后，当时尚不清楚量子计算机解决数学问题是否比经典计算快。

1994 年，AT&T 公司的 Perer Shor 博士发现了因子分解的有效量子算法。1996 年，S.Loyd 证明了 Feynman 的猜想，他指出模拟量子系统的演化将成为量子计算机的一个重要用途，量子计算机可以建立在量子图灵机的基础上。此后，随着计算机科学和物理学间跨学科研究的突飞猛进，量子计算的理论和实验研究蓬勃发展。量子计算机的发展开始进入新的时代，各国政府和各大公司也纷纷制订了针对量子计算机的一系列研究开发计划。

2007 年，加拿大 DWave 公司成功研制出一台具有 16 昆比特的“猎户星座”量子计算机，并于 2008 年 2 月 13 日和 2 月 15 日分别在美国加利福尼亚州和加拿大温哥华展示了该量子计算机。

2009 年 11 月 15 日，美国国家标准技术研究院研制出可处理两个昆比特数据的量子计算机。

2017 年 3 月 6 日，IBM 宣布将于年内推出全球首个商业“通用”量子计算服务 IBM。

2017 年 5 月 3 日，中国科学院潘建伟团队构建出光量子计算机实验样机，其计算能力已超越早期计算机。此外，中国科研团队完成了 10 个超导量子比特的操纵，成功打破了目前世界上最大位数的超导量子比特的纠缠和完整的测量的记录。

2020 年 6 月 18 日，中国科学院宣布，中国科学技术大学潘建伟、苑震生等在超冷原子量子计算和模拟研究中取得重要进展——在理论上提出并实验实现原子深度冷却新机制的基础上，在光晶格中首次实现了 1250 对原子高保真度纠缠态的同步制备，为基于超冷原子光晶格的规模化量子计算与模拟奠定了基础。这一成果于 2020 年 6 月 19 日在线发表于学术期刊《科学》上。

2020 年 12 月 4 日，中国科学技术大学宣布该校潘建伟等人成功构建 76 个光子的量子计算原型机“九章”，求解数学算法高斯玻色取样只需 200s，而目前世界最快的超级计算机要用 6 亿年。这一突破使中国成为全球第二个实现“量子优越性”的国家。国际学术期刊《科学》发表了该成果，审稿人评价这是“一个最先进的实验”“一个重大成就”。

2021 年 2 月 8 日，中科院量子信息重点实验室的科技成果转化平台合肥本源量子科技公司，发布具有自主知识产权的量子计算机操作系统“本源司南”。

2021 年 7 月 27 日，东京大学与日本 IBM 宣布，商用量子计算机已开始投入使用，这在日本属于首次。

2021 年 11 月 15 日，据英国《新科学家》杂志网站报道，IBM 公司宣称已经研制出了一台能运行 127 个量子比特的量子计算机“鹰”，这是迄今全球最大的超导量子计算机。

2022 年 1 月 23 日，我国首个量子计算全球开发者平台正式上线。该平台旨在成为国内首个“经典-量子”协同的量子计算开发和应用示范平台，推进量子计算产业落地。该平台面向全球量子计算爱好者和开发者，并提供全面丰富的量子计算服务。

2022 年 8 月 25 日，“量见未来”量子开发者大会在北京举办，会议期间，百度发布超导量子计算机“乾始”和全球首个全平台量子软硬一体解决方案“量羲”，集量子硬件、量子软件、量子应用于一体，提供移动端、PC 端、云端等在内的全平台使用方式。“乾始”是集量子硬件、量子软件、量子应用于一体的产业级超导量子计算机，其硬件平台现已搭载 10 量子比特高保真度超导量子芯片，为用户提供稳定优质的量子计算服务。“量羲”是百度推出的全球首个全平台量子软硬一体解决方案，提供私有化部署、云服务、硬件接入等一系列服务，最大限度地简化了量子硬件部署到量子服务的全流程。

2023 年 7 月 7 日，中国科学技术大学刊发新闻，中国科学技术大学中国科学院量子信息与量子科技创新研究院潘建伟、朱晓波、彭承志等组成的研究团队与北京大学袁骁合作，成功实现了 51 个超导量子比特簇态制备和验证，刷新了所有量子系统中真纠缠比特数目的世界纪录，并首次实现了基于测量的变分量子算法的演示。该工作将各个量子系统中真纠缠比特数目的纪录由原先的 24 个大幅突破至 51 个，充分展示了超导量子计算体系优异的可扩展性，对于多体量子纠缠研究、大规模量子算法实现以及基于测量的量子计算具有重要意义。

17.4.2 量子计算机工作原理及实现模式

国外科技巨头英特尔、微软、IBM、谷歌，国内巨头阿里巴巴、腾讯、百度、华为等都认为：量子计算的黄金时代即将到来，利用量子力学为电脑运算带来指数级的巨幅加速即将实现！为此，大家都在向量子计算投入千万美元的研发资金。其实，他们是在对不同的量子计算技术下赌注——没有人知道采用哪种量子比特能造出有实用价值的量子计算机。

1. 量子比特的实现方法

量子计算的基础和核心是量子比特的实现，量子比特相比传统计算机比特更强大，因为它利用了两个独特的量子现象：叠加（superposition）和纠缠（entanglement）。量子叠加使量子比特能够同时具有 0 和 1 的数值，可进行“同步计算”（simultaneous computation）。量子纠缠使分处两地的两个量子比特能共享量子态，创造出超叠加效应：每增加一个量子比特，运算性能就翻一倍。

任何两级量子力学系统都可以用作量子比特。如果多级系统具有可以有效地与其余状态解耦的两个状态（如非线性振荡器的基态和第一激发态），则也可以使用多级系统。

当前实现量子比特的几个典型物理方法如表 17.1 所示。

表 17.1　量子比特的典型物理实现方法

<table>
<tr><th>物理基础</th><th>名　称</th><th>信息支持</th><th>0</th><th>1</th></tr>
<tr><td rowspan="3">光子</td><td>极化编码</td><td>偏振光</td><td>横向</td><td>垂直</td></tr>
<tr><td>光子数</td><td>Fock 态</td><td>真空</td><td>单光子状态</td></tr>
<tr><td>时间仓编码</td><td>到达时间</td><td>早</td><td>晚</td></tr>
<tr><td>光的相干状态</td><td>光压缩</td><td>正交</td><td>振幅压缩状态</td><td>相位压缩状态</td></tr>
<tr><td rowspan="2">电子学</td><td>电子旋转</td><td>旋转</td><td>向上</td><td>向下</td></tr>
<tr><td>电子数</td><td>电荷</td><td>没有电子</td><td>一个电子</td></tr>
<tr><td>核</td><td>通过 NMR 解决核自旋</td><td>旋转</td><td>向上</td><td>向下</td></tr>
<tr><td>光学晶格</td><td>原子自旋</td><td>旋转</td><td>向上</td><td>向下</td></tr>
<tr><td rowspan="3">约瑟夫森连接</td><td>超导电荷量子比特</td><td>电荷</td><td>不带电的超导岛 ($Q = 0$)</td><td>带电的超导岛 ($Q = 2e$，一对额外的库珀对)</td></tr>
<tr><td>超导通量量子比特</td><td>电流</td><td>顺时针方向电流</td><td>逆时针方向电流</td></tr>
<tr><td>超导相位量子比特</td><td>能量</td><td>基态</td><td>第一激发态</td></tr>
<tr><td>单电荷量子点对</td><td>电子定位</td><td>电荷</td><td>电子在左</td><td>电子在右</td></tr>
<tr><td>量子点</td><td>点旋转</td><td>旋转</td><td>向下</td><td>向上</td></tr>
<tr><td>割裂拓扑系统</td><td>任意不关联</td><td>编织的激发</td><td>取决于特定的拓扑系统</td><td>取决于特定的拓扑系统</td></tr>
<tr><td>范德华力异质结构</td><td>电子定位</td><td>电荷</td><td>底层电子</td><td>顶层电子</td></tr>
</table>

2. 量子计算的实现方法

当前已知的量子计算的主流实现方法有超导、离子囚禁、量子退火、硅量子点、量子光学、拓扑量子计算等。各种方法的简单介绍如表 17.2 所示。

3. 量子计算实现的主要问题

量子计算理论已经相对成熟，但实现中仍面临着众多棘手难题，甚至许多难题眼下还处于无解的状态，最突出的问题主要有以下几方面。

表 17.2 量子计算的主流实现方法

	超导	离子阱	半导体量子点	量子光学	拓扑量子计算
图示					
原理	一般无电阻电流沿回路来回震荡，注入的微波信号使电流强奋，让它进入叠加态	离子的量子能取决于电子的位置：使用精心调整的激光可以冷却并困住这些离子，使它们进入叠加态	通过向纯硅加入电子，科学家们造出了这种人造原子：微波控制着电子的量子态	利用激光激发量子点产生单光子，通过开关分成多路，再通过光纤导入主体设备光学量子网络，最后利用单管子探测器探测结果	电子通过半导体结构时会出现准粒子，它们的交叉路径可以用来编写量子信息
比特操作方式	全电	全光	全电	全光	NA
量子比特数	50+	70+	4	48	从0到1的过程中
相干时间	约50微秒	大于1000秒	约100微秒	长	▪受拓扑保护，理论上可以无限长
双量子比特门保真度	99.4%	99.9%	92%	97%	理论上可以到100%
双量子比特门操作时间	~50ns	~10μs	~100ns	NA	NA
可实现门数	~10^3个	~10^8个	~10^3个	NA	NA
主频	~20Mhz	~100Khz	~10Mhz	NA	NA
业界支持（列举典型，非完全）	国外：谷歌、IBM、英特尔、Quantum circuits、Rigetti 国内：本源量子、浙大、南大、北京量子院	国外：lanQ、NIST、霍尼韦尔 国内：清华大学、中科大	国外：英特尔、普林斯顿、代尔夫特 国内：本源量子、中科大	国外：Xanadu、MIT 国内：中科大	国外：微软、代尔夫特 国内：清华、北大物理所
优势	电路设计定制的可控性强，可扩展性优良，可依托成熟的现有集成电路工艺	量子比特品质高，相干时间长，量子比特制备和读出效率较高	可扩展性好，易集成，与现有半导体芯片工艺完全兼容	相干时间长，操控手段简单，与光纤和集成光学技术相容，扩展性好	对环境干扰，噪声，杂志有很大的抵抗能力
需突破点	极为苛刻（超低温）的物理环境	可扩展性差，小型化难	相干时间较短，纠缠数量少，必须保持低温	两量子比特之间的逻辑门操作难	尚停留在理论层面，无器件化实现

（1）量子比特本身不能抑制噪声。

（2）无误差量子计算需要量子错误校正。

（3）大数据输入不能被高效载入至量子计算机。

（4）量子算法设计难度较大。

（5）量子计算机将需要一个全新的软件栈。

（6）量子计算机的中间态无法被直接测量。

（7）从理论到工程跨域实现困难。

17.5 量子纠缠

量子纠缠（quantum entanglement）是指一种物理现象，当一对或一组粒子产生后，彼此以某种方式相互作用。例如，每个粒子的量子态不能脱离其他粒子而独立描述，即使这些粒子在空间距离上被分开很远。量子纠缠是经典物理和量子物理差异的核心，纠缠是量子力学的一个基本特征，而在经典力学中则不存在。

图 17.1 是在偏振方向属性上纠缠的两个光子的示意图。

量子纠缠这种物理现象是无法直接用于信息传输的，更不能用于超光速信息传递。因为无论对 A 电子进行何种操作，B 电子附近的人都是无法知道的，他们不知道 A 是否被测量，也无法知道与 A 相关的任何其他操作。无论对 A 进行何种操作，B 处的人测量时都是一半概率上旋、一半概率下旋。这个过程中没有任何信息可以在两个电子之间进行传递。

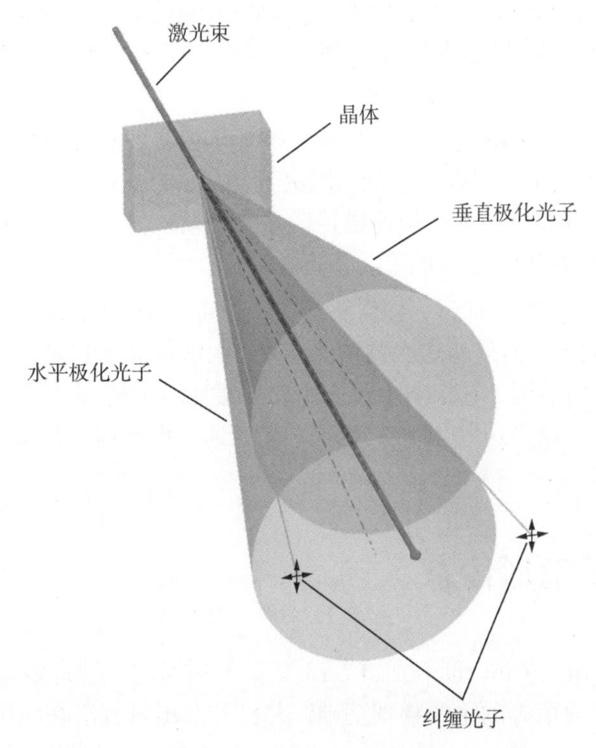

图 17.1　将光子分裂成相互垂直偏振的光子纠缠对

17.6 EPR 佯谬

量子纠缠是指两个粒子即使相隔数光年之遥，也能够具有相互联系的特性。这种“相互联系”的特性看似诡异，一如双胞胎所谓的“心灵感应”，那么这种“隐形”联系是否存在呢？爱因斯坦认为，量子纠缠理论存在漏洞。为了证明仅用量子力学描述世界具有不完整性，他从量子力学原理出发，推演出一个十分荒谬的结果，这就是爱因斯坦等人于 1935 年提出的著名的“EPR 佯谬”。EPR 佯谬也称“EPR 悖论”“EPR 论证”，是由爱因斯坦（Einstein）、潘多尔斯基（Podolsky）和罗森（Rosen）提出的，即“是否可以认为量子力学对物理实在的描述是完备的”。

下面对 EPR 佯谬进行详细说明。

假设有一个量子系统由两个自旋为 1/2 的粒子构成，每个粒子的自旋要么向上，要么向下，但两个粒子的总自旋为零，这意味着它们总是处于自旋相反的状态。

现在将粒子 A 和 B 分别配置于相距遥远的两个地方，如 A 在地球上而 B 在月球上。按照量子力学的理论，每个粒子的自旋方向是不确定的，在任何方向上测量会有一半概率向上，一半概率向下。但如果地球上的粒子 A 被测量并发现其自旋向下，那么月球上的粒

子 B 即便不测量也能确定其自旋必定向上，因为 A、B 自旋总是相反的。

由此可见，地球上的 A 未被测量时，月球上的 B 只有一半概率向上，而地球上的 A 一旦被测量并发现自旋向下，则月球上的 B 立刻以百分之百概率处于自旋向上的状态。月球上 B 的状态似乎是瞬时被地球上 A 的测量控制，这种控制行为以超光速方式发生。这就是从量子力学原理推演出来的必然结果。

爱因斯坦由此断定，"超光速"行为是绝对不可能发生的，他称为"幽灵般的超距作用"。量子力学造就出这个不可能存在的"幽灵"，由此可见"量子力学是不完备的"，不足以正确地描述真实的世界。为了正确地描述世界，必须从量子力学理论体系之外引进新的参数（俗称隐参数），以此消除"量子世界的概率性"。

量子力学如何应对 EPR 佯谬，如何解释这个神奇的幽灵呢？在 EPR 实验中，月球上的 B 虽然测到自旋向上，但仅从这次测量的结果，无法推断出它是以 50 % 还是 100 % 的概率获得结果的。换句话说，它根本不可能由此知道地球上的 A 是否被测量这个信息，因此这里根本不存在"信息传送"。即使"幽灵"超光速，也不违背狭义相对论"信息传送不能超光速"的原理。

17.7 量子隐形传态

量子隐形传态（quantum teleportation）是量子纠缠的一种奇妙应用，并被实验验证。这个过程已成为量子通信等的重要物理基础，并已开辟出具有潜在应用价值的新技术。

"teleportation"的含义是"远距传物"，通常在科幻电影或神话小说中出现，人或物在某地突然消失，瞬间在远处重现。现实中当然无法做到，但"量子纠缠"出现后，科学家提出"量子隐形传态"的方案，可以使量子信息或量子态在某处消失并在远处重现，有点类似于"远距传物"。量子隐形传态的具体过程如下。

Alice 有个粒子 C，其处于量子态 $|\Psi\rangle_C$，她希望将此量子信息 $|\Psi\rangle_C$ 传给远处的 Bob，但信息载体 C 本身仍保留在 Alice 处。

设 A、B 是两个来自纠缠源的两个粒子，分别传给 Alice 和 Bob，如图 17.2 所示。由于 A 和 B 处于纠缠态，因此 Alice 和 Bob 就有一个量子关联的通道，只要一方被测量，另外一方的量子态会瞬间发生相应的变化。

此时，Alice 拥有两个彼此独立的粒子 A 和 C，Alice 对 A 和 C 进行 Bell 态测量，这种测量可能有 4 种结果（即 4 个不同的 Bell 态），各自概率为 1/4。Alice 先做一次测量，获得其中一个结果（即一个 Bell 态），随后将测量结果通过经典信道传给 Bob。Bob 获取此经典信息后，对粒子 B 进行相应的操作，使其处于量子态 $|\Psi\rangle_C$ 上，实现量子态从 C 传给 B。这就是所谓的量子隐形传态。

用更多术语描述该过程：在量子隐形传态中，相隔两地的通信双方首先分享一对纠缠粒子，其中一方将待传输量子态的粒子（一般来说与纠缠粒子无关联）和自己手里的纠缠粒子进行 Bell 态分辨，然后将分辨的结果告知对方，对方则根据得到的信息进行相应的操作。

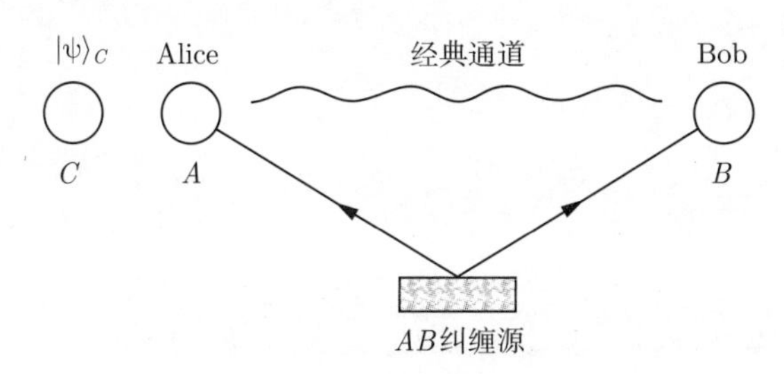

图 17.2　量子隐形传态

17.8　量子通信

量子通信（quantum communication）是利用量子叠加态和纠缠效应进行信息传递的新型通信方式。通常所说的量子通信，从严格意义上讲，应该称为量子加密通信，即量子理论和传统通信方式相结合。特别地，利用量子叠加态和隐形传态进行密钥共享，称为量子密钥分发（Quantum Key Distribution，QKD）。

BB84 是目前常用的量子密钥分发协议之一，是 C.H. Bennett 和 G Brassard 在 1984 年提出的方案。BB84 协议通过光子的 4 种偏振态进行编码，发送者（通常称为 Alice）和接收者（通常称为 Bob）用量子信道传输量子态。如果用光子作为量子态载体，则对应的量子信道可以是光纤。另外还需要一条公共经典信道，如无线电或因特网。公共信道的安全性一般不需要考虑，BB84 协议在设计时已考虑到了两种信道都被第三方（通常称为 Eve）窃听的可能。

关于量子密码的详细介绍可以阅读曾贵华教授的《量子密码学》。

第18章 商用密码应用安全性评估

CHAPTER 18

2021 年 3 月，国家市场监督管理总局、国家标准化管理委员会发布中华人民共和国国家标准公告（2021 年第 3 号），国家密码应用与安全性评估的关键标准《信息安全技术信息系统密码应用基本要求》（GB/T 39786—2021）正式发布，于 2021 年 10 月 1 日正式实施。

GB/T 39786—2012（以下简称 GB/T 39786）是贯彻落实《中华人民共和国密码法》、指导我国商用密码应用与安全性评估工作开展的纲领性、框架性标准。

商用密码应用安全性评估（简称“密评”）是指在采用商用密码技术、产品和服务集成建设的网络和信息系统中，对其密码应用的合规性、正确性和有效性等进行评估。

密评工作的责任主体是涉及国家安全与社会公共利益的重要领域网络和信息系统的建设、使用、管理单位。密评对象包括基础信息网络、涉及国计民生和基础信息资源的重要信息系统、重要工业控制系统、面向社会服务的政务信息系统，以及关键信息基础设施、网络安全等级保护第三级及以上的信息系统。

密评主要依据被测信息系统通过评审的密码应用方案和 GB/T 39786，从总体要求、物理和环境安全、网络和通信安全、设备和计算安全、应用和数据安全、密钥管理、安全管理等方面开展评估。

18.1 密码法中的评估要求

《中华人民共和国密码法》（以下简称《密码法》）由中华人民共和国第十三届全国人民代表大会常务委员会第十四次会议于 2019 年 10 月 26 日通过，自 2020 年 1 月 1 日起施行。

《密码法》明确国家对密码实行分类管理，密码分为 3 类：核心密码、普通密码和商用密码。

（1）核心密码、普通密码用于保护国家秘密信息，核心密码保护信息的最高密级为绝密级，普通密码保护信息的最高密级为机密级。核心密码、普通密码属于国家秘密。密码管理部门依照本法和有关法律、行政法规、国家有关规定，对核心密码、普通密码实行严格统一管理。

（2）商用密码用于保护不属于国家秘密的信息。公民、法人和其他组织可以依法使用商用密码保护网络与信息安全。

在《密码法》中对核心密码、普通密码的评估要求如下。

第十七条　密码管理部门根据工作需要会同有关部门建立核心密码、普通密码的安全监测预警、安全风险评估、信息通报、重大事项会商和应急处置等协作机制，确保核心密码、普通密码安全管理的协同联动和有序高效。

对商业密码的评估要求如下。

第二十七条　法律、行政法规和国家有关规定要求使用商用密码进行保护的关键信息基础设施，其运营者应当使用商用密码进行保护，自行或者委托商用密码检测机构开展商用密码应用安全性评估。商用密码应用安全性评估应当与关键信息基础设施安全检测评估、网络安全等级测评制度相衔接，避免重复评估、测评。

第三十七条　关键信息基础设施的运营者违反本法第二十七条第一款规定，未按照要求使用商用密码，或者未按照要求开展商用密码应用安全性评估的，由密码管理部门责令改正，给予警告；拒不改正或者导致危害网络安全等后果的，处十万元以上一百万元以下罚款，对直接负责的主管人员处一万元以上十万元以下罚款。

18.2　等保、密评与关基

对于等保、密评和关基，三者适用对象不同。等级保护对象基本覆盖了全部的网络和信息系统，第三级以上的网络安全等级保护对象同时为关基和密评的评估对象；关键基础设施一定是等级测评和密评的评估对象。三者之间的关系如图 18.1 所示。

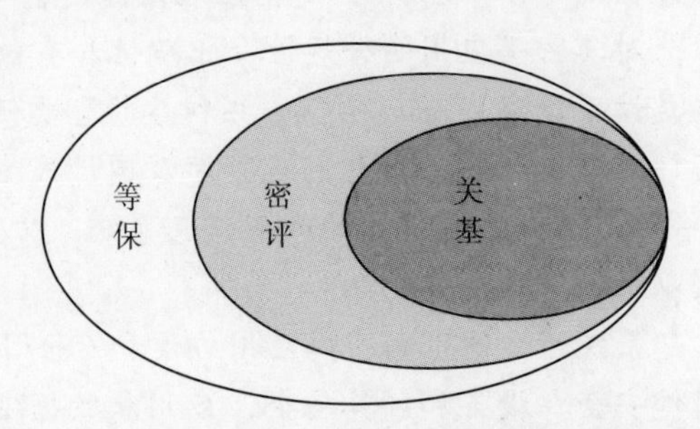

图 18.1　等保、密评、关基三者适用对象范围示意图

18.3　密评的基本内容

GB/T 39786 是贯彻落实《密码法》、指导我国商用密码应用安全性评估工作开展的纲领性、框架性标准。

该标准对被测系统分为五级，但是只对 1~4 级的基本要求进行了规定，从物理和环境安全、网络和通信安全、设备和计算安全、应用和数据安全 4 方面提出了密码应用技术要求，从管理制度、人员管理、建设运行和应急处置 4 方面提出了密码应用管理要求。密评各级目录结构如图 18.2 所示。

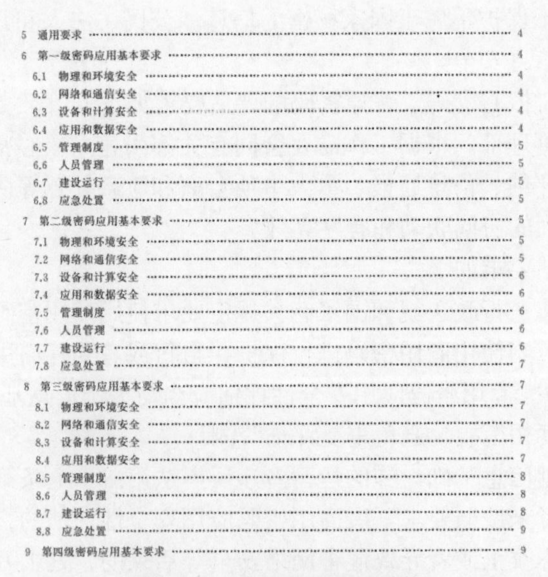

图 18.2　密评各级目录结构

GB/T 39786 内容框架如图 18.3 所示。

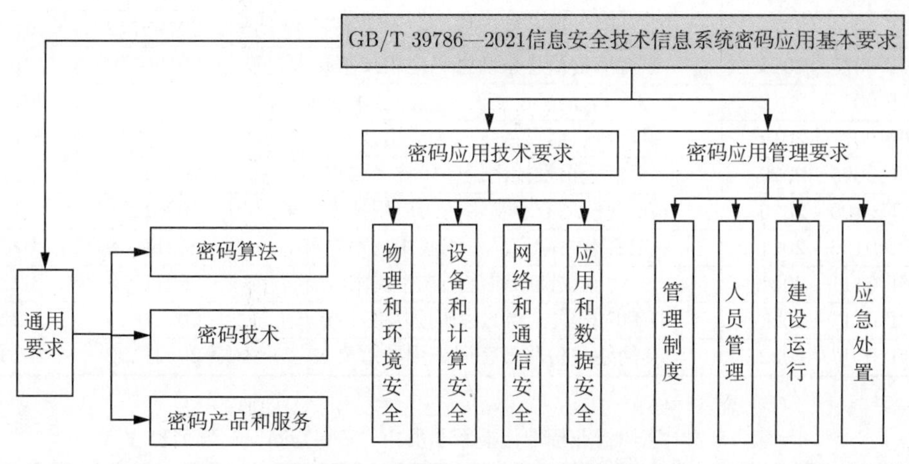

图 18.3　GB/T 39786 内容框架

18.4　密评的应用支撑标准

2018 年国家秘密管理局发布《信息系统密码应用基本要求》(GM/T 0054)，密码行业标准化委员会陆续制定发布了一批针对具体应用场景的密码应用技术要求和指南。这些标准聚焦电子保单、远程移动支付、电子招投标等不同的应用场景，就 GM/T 0054 的要求在特定信息系统中进行了进一步的具象化，供各行业领域信息系统责任单位参考。随着 GB/T 39786 的发布，这些标准在将来可能要做少许适应性修订，以适应 GM/T 0054 替代标准 GB/T 39786 的要求。

在密码行业标准化技术委员会的网站上分别以“应用技术要求”(见表 18.1) 和“应用指南”(见表 18.2) 两个关键字可以查询现有标准。

表 18.1　密码行业标准化技术委员会“应用技术要求”标准列表

行 标 号	标 准 名 称	发布时间	实施时间
GM/T 0035.2—2014	射频识别系统密码应用技术要求第 2 部分：电子标签芯片密码应用技术要求	20140213	20140213
GM/T 0035.3—2014	射频识别系统密码应用技术要求第 3 部分：读写器密码应用技术要求	20140213	20140213
GM/T 0035.4—2014	射频识别系统密码应用技术要求第 4 部分：电子标签与读写器通信密码应用技术要求	20140213	20140213
GM/T 0035.5—2014	射频识别系统密码应用技术要求第 5 部分：密钥管理技术要求	20140213	20140213
GM/T 0070—2019	电子保单密码应用技术要求	20190712	20190712
GM/T 0072—2019	远程移动支付密码应用技术要求	20190712	20190712
GM/T 0073—2019	手机银行信息系统密码应用技术要求	20190712	20190712

续表

行 标 号	标 准 名 称	发布时间	实施时间
GM/T 0074—2019	网上银行密码应用技术要求	20190712	20190712
GM/T 0075—2019	银行信贷信息系统密码应用技术要求	20190712	20190712
GM/T 0076—2019	银行卡信息系统密码应用技术要求	20190712	20190712
GM/T 0077—2019	银行核心信息系统密码应用技术要求	20190712	20190712
GM/T 0095—2020	电子招投标密码应用技术要求	20201228	20210701
GM/T 0100—2020	人工确权型数字签名密码应用技术要求	20201228	20210701
GM/T 0106—2021	银行卡终端产品密码应用技术要求	20211018	20220501
GM/T 0111—2021	区块链密码应用技术要求	20211018	20220501
GM/T 0112—2021	PDF 格式文档的密码应用技术要求	20211018	20220501
GM/T 0117—2022	网络身份服务密码应用技术要求	20221120	20230601

表 18.2 密码行业标准化技术委员会“应用指南”标准列表

行 标 号	标 准 名 称	发 布 时 间	实 施 时 间
GM/T 0071—2019	电子文件密码应用指南	20190712	20190712
GM/T 0096—2020	射频识别防伪系统密码应用指南	20201228	20210701

18.5 密评的配套测评文件

为了配合 GB/T 39786 的实施且更好地指导和规范密评活动，中国密码学会密评联委会组织制定了《信息系统密码应用测评要求》《信息系统密码应用测评过程指南》《信息系统密码应用高风险判定指引》《商用密码应用安全性评估量化评估规则》《商用密码应用安全性评估报告模板（2020 版）》5 个测评类指导性文件，并于 2020 年 12 月在国家密码管理局官方网站和中国密码学会网站上发布，标准化工作也在有序推进。这 5 个文件基本与 GB/T 39786 同步制定，依据 GB/T 39786 的指标要求展开，各文件关系如图 18.4 所示。

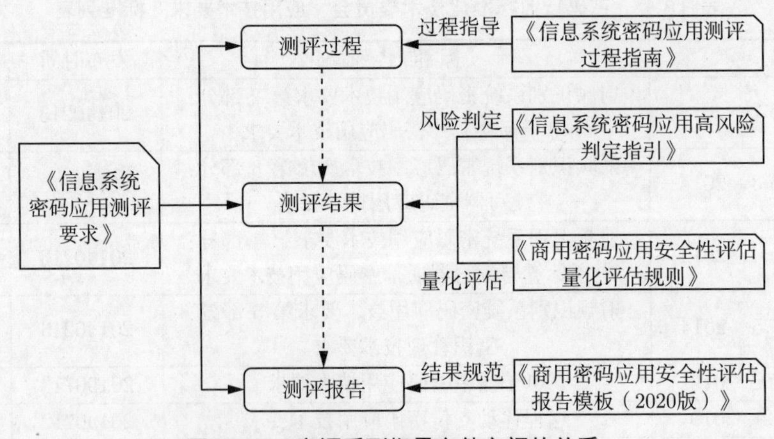

图 18.4 密评系列指导文件之间的关系

《信息系统密码应用测评要求》依照 GB/T 39786，规定了信息系统不同等级密码应用的测评要求。

《信息系统密码应用测评过程指南》指导了信息系统密码应用的测评过程，包括测评准备活动、方案编制活动、现场测评活动、分析与报告编制活动，规范了各项测评活动及其工作任务。

《商用密码应用安全性评估量化评估规则》《信息系统密码应用高风险判定指引》是《信息系统密码应用测评要求》的有力补充，充分体现了密评的“综合判定、保住底线”的思路。

《商用密码应用安全性评估报告模板（2020 版）》从结果规范角度给出了密评报告的模板，涵盖了《信息系统密码应用测评要求》《商用密码应用安全性评估量化评估规则》《信息系统密码应用高风险判定指引》的相关内容。

附录A

拓展阅读

APPENDIX A

A.1 姚期智——图灵奖的介绍

姚期智院士曾获得 2000 年的图灵奖，在美国计算机协会 ACM 的图灵奖获得者介绍中可以看到他的主要贡献，详见文献随录。

文献随录

A.2 ZUC 算法

祖冲之算法集是由我国学者自主设计的加密和完整性算法，包括祖冲之（ZUC）算法、加密算法 128-EEA3 和完整性算法 128-EIA3。ZUC 算法属于同步序列密码算法，也是国内首个成为国际密码标准的密码算法。ZUC 算法框架如图 A.1 所示。

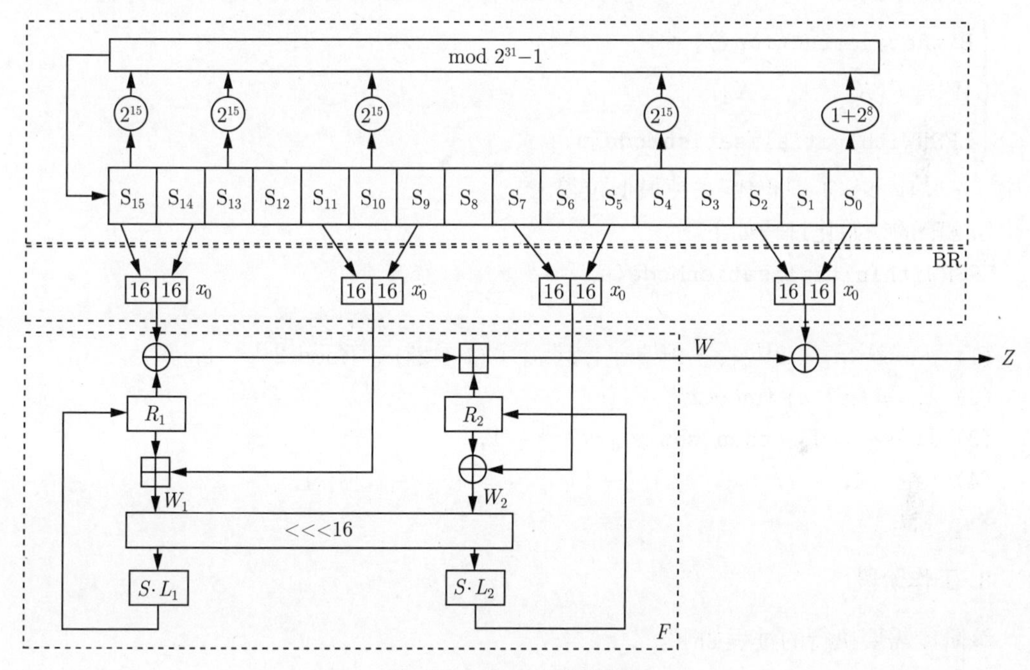

图 A.1 ZUC 算法框架

下面将 ZUC 算法看作一个加密盒（黑盒），以此进行详细分析。输入一个 128 位的初始密钥和初始向量，输出一个 32 位的密钥流（即密钥字流），如图 A.2 所示。

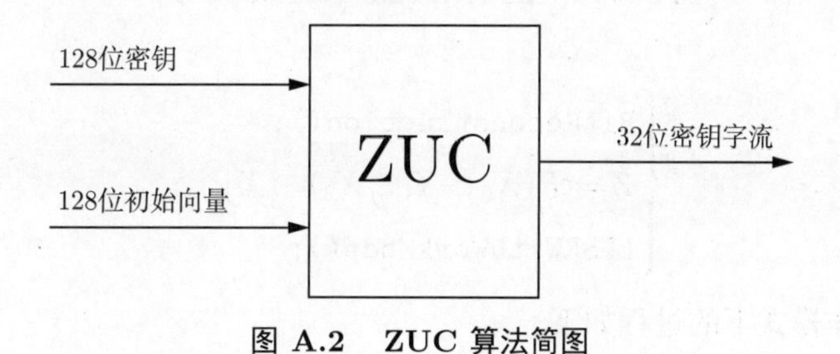

图 A.2 ZUC 算法简图

A.2.1 ZUC 核心部分

ZUC 算法的核心部分如下。

1. 密钥装载

$k = k_0 \| k_1 \| \cdots \| k_{15}$，$k_i$ 为 8 位。

$iv = iv_0 \| iv_1 \| \cdots \| iv_{15}$，$iv_i$ 为 8 位。

$D = d_0 \| d_1 \| \cdots \| d_{15}$，$d_i$ 为 15 位，D 为 240 位常量。

$s_i = k_i \| d_i \| iv_i$，$0 \leqslant i \leqslant 15$，$s_i$ 为 31 位，用于初始化 LFSR。

2. 初始化阶段

密钥装载完成后，s_0，s_1，$\cdots$，s_{15} 初始化且 R_1，R_2 全为 0。然后，将以下过程执行 32 次。

$$\begin{cases} \texttt{BitReconstruction();} \\ W = F(X_0,\ X_1,\ X_2); \\ \texttt{LFSRWithInitialisationMode(u);} \end{cases}$$

其中，$u = W >> 1$，即 W 去掉最低位得 u。

LFSR 的初始化过程如下。

LFSRWithInitialisationMode(u)

{

(1) $v = 2^{15}s_{15} + 2^{17}s_{13} + 2^{21}s_{10} + 2^{20}s_4 + (1+2^8)s_0 \pmod{2^{31}-1}$;

(2) $s_{16} = (v+u) \pmod{2^{31}-1}$;

(3) if $s_{16} = 0$, then set $s_{16} = 2^{31}-1$;

(4) $(s_1,\ s_2,\ \cdots,\ s_{15},\ s_{16}) \longrightarrow (s_0,\ s_1,\ \cdots,\ s_{14},\ s_{15})$;

}

3. 工作阶段

该阶段需要执行的过程如下。

执行一次：

$$\begin{cases} \texttt{BitReconstruction();} \\ W = F(X_0,\ X_1,\ X_2); \\ \texttt{LFSRWithInitialisationMode(u);} \end{cases}$$

循环执行：

$$\begin{cases} \texttt{BitReconstruction();} \\ Z = F(X_0,\ X_1,\ X_2) \oplus X_3; \\ \texttt{LFSRWithWorkMode();} \end{cases}$$

LFSR 在工作模式下的过程如下。

LFSRWithInitialisationMode(u)

```
{
(1) v = 2^15 s_15 + 2^17 s_13 + 2^21 s_10 + 2^20 s_4 + (1 + 2^8) s_0 (mod 2^31 − 1);
(2) if s_16 = 0,  then set s_16 = 2^31 − 1;
(3) (s_1, s_2, ···, s_15, s_16) ⟶ (s_0, s_1, ···, s_14, s_15);
}
```

4. F 函数

在 F 函数中，L_1，L_2 是两个线性变换，$S=(S_0, S_1, S_2, S_3)=(S_0, S_1, S_0, S_1)$。对于 S，S_i 是个 8 入 8 出的盒子，查表方法是高 4 位为行号，低 4 位为列号。

A.2.2 ZUC 算法的设计理念及准则

该部分内容来自 ZUC 设计者之一的冯秀涛博士提供的相关资料。

1. 设计理念

ZUC 算法的设计主要采用分解 + 融合的思想，即将算法分解成若干部件，每个部件偏重某些攻击方法。

（1）LFSR：采用非 2 特征素域设计，在 F_2 上是非线性的，可以抵抗当前许多针对二元域上的密码攻击方法，如区分分析、相关分析、代数分析等。

（2）比特重组：打破素域 F_p 上的代数结构，使得针对 F_p 上的密码攻击方法变得十分困难，如代数分析。

（3）非线性函数 F：借鉴分组密码设计思想，采用 S 盒和最佳扩展准则的线性变换，进一步打破 F_p 上的代数结构，同时增强抵抗传统基于 F_2 的密码攻击的能力，如区分分析、相关分析等。

通过上述部件及不同代数结构之间的相互融合，以达到整体安全性的目的。

2. 设计准则

LFSR 的设计遵循以下准则。

（1）为了保证序列源具有大的周期和好的统计特性，其特征多项式 $f(x)$ 必须是 F_p 上的本原多项式。

（2）为了便于快速软硬件实现，$f(x)$ 的非零项系数的二进制汉明重量必须尽可能的低。

（3）为了保证在模 $2^{31}-1$ 和模 2 之间的低位符合率，$f(x)$ 的所有非零系数的汉明总量之和必须为奇数。

（4）$f(x)$ 的所有非零项系数中 1 的位置尽可能的两两不同。

（5）$f(x)$ 没有明显的低权重低次数的倍式。

基于以上准则，这里选择本原多项式：

$$f(x)=x^{16}-(2^{15}x^{15}+2^{17}x^{13}+2^{21}x^{10}+2^{20}x^4+(2^8-1))$$

比特重组的设计遵循以下准则。

（1）便于软硬件实现。

（2）4 个 32 位输出必须拥有好的统计特性。

（3）4 个 32 位的输出在不同时刻之间重叠的比特数尽可能的低。

非线性函数 F 的设计准则。

（1）带 64 位记忆。

（2）使用 S 盒提高非线性。

（3）使用具有好的扩散特性的线性变换。

（4）每个记忆单元的更新必须同时依赖 3 个以上独立寄存器单元的值。

（5）非线性函数 F 的输出必须是平衡的且具有好的随机性。

（6）非线性函数 F 应该便于软硬件实现，且具有低的硬件实现代价。

文献随录

A.3　有限域

关于有限域的详细说明见文献随录。

文献随录

A.4　GF(2) 上的本原多项式

关于本原多项式的详细说明见文献随录。

文献随录

A.5　单向函数

关于单向函数的详细说明见文献随录。

文献随录

A.6　Enigma 密码机

在密码学史中，恩尼格玛密码机（德语 Enigma，也称哑谜机或“谜”式密码机）是一种用于加密与解密文件的密码机，如图 A.3 所示。确切地说，恩尼格玛是对第二次世界大战时期纳粹德国使用的一系列相似的转子机械加解密机器的统称，它包括了许多不同的型号，均是密码学对称加密算法的流加密的具体实现。

图 A.3　德国海军使用的 Enigma 密码机

A.7 安全模型

安全模型有很多种，不同的模型有各自不同的作用范围、安全目标和视角。

A.7.1 BLP 模型

文献随录

BLP（Bell-Lapadula）模型是一种强制访问控制（Mandatory Access Control，MAC）模型。关于 BLP 模型的详细说明见文献随录。

A.7.2 ISO 安全模型

文献随录

关于 ISO 安全模型的详细说明见文献随录。

A.7.3 其他模型

除了上述两种模型外，常见的安全模型还包括 IATF 安全模型和 BS7799 PDCA 模型等。

A.8 Vernam 密码机

Vernam 密码机是 AT&T 公司设计的一次一密系统，其说明如图 A.4 所示。

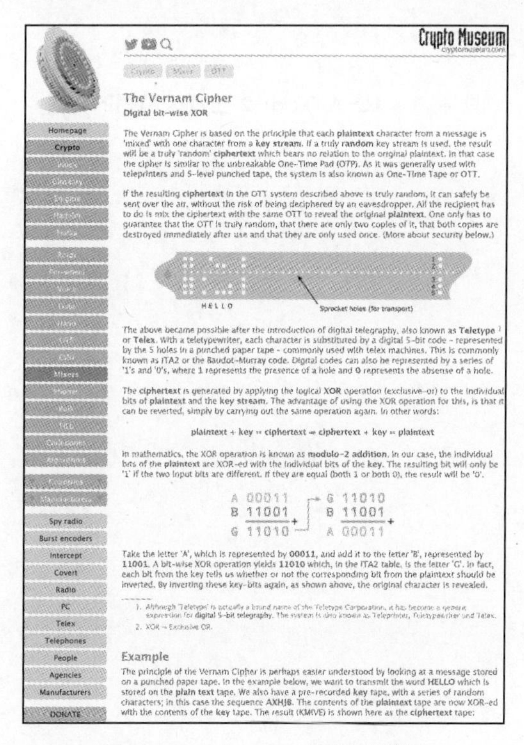

Crypto Museum
cryptomuseum.com

Homepage
Crypto
Spy radio
Burst encoders
Intercept
Covert
Radio
PC
Telex
Telephones
People
Agencies
Manufacturers
DONATE

The Vernam Cipher

Digital bit-wise XOR

The Vernam Cipher is based on the principle that each **plaintext** character from a message is 'mixed' with one character from a **key stream**. If a truly **random** key stream is used, the result will be a truly 'random' **ciphertext** which bears no relation to the original plaintext. In that case the cipher is similar to the unbreakable One-Time Pad (OTP). As it was generally used with teleprinters and 5-level punched tape, the system is also known as One-Time Tape or OTT.

If the resulting **ciphertext** in the OTT system described above is truly random, it can safely be sent over the air, without the risk of being deciphered by an eavesdropper. All the recipient has to do is mix the ciphertext with the same OTT to reveal the original **plaintext**. One only has to guarantee that the OTT is truly random, that there are only two copies of it, that both copies are destroyed immediately after use and that they are only used once. (More about security below.)

The above became possible after the introduction of digital telegraphy, also known as **Teletype** [1] or **Telex**. With a teletypewriter, each character is substituted by a digital 5-bit code - represented by the 5 holes in a punched paper tape - commonly used with telex machines. This is commonly known as ITA2 or the Baudot-Murray code. Digital codes can also be represented by a series of '1's and '0's, where **1** represents the presence of a hole and **0** represents the absense of a hole.

The **ciphertext** is generated by applying the logical **XOR** operation (exclusive-or) to the individual bits of **plaintext** and the **key stream**. The advantage of using the XOR operation for this, is that it can be reverted, simply by carrying out the same operation again. In other words:

plaintext + key = ciphertext → ciphertext + key = plaintext

In mathematics, the XOR operation is known as **modulo-2 addition**. In our case, the individual bits of the **plaintext** are XOR-ed with the individual bits of the **key**. The resulting bit will only be '1' if the two input bits are different. If they are equal (both 1 or both 0), the result will be '0'.

Take the letter 'A', which is represented by **00011**, and add it to the letter 'B', represented by **11001**. A bit-wise XOR operation yields **11010** which, in the ITA2 table, is the letter 'G'. In fact, each bit from the key tells us whether or not the corresponding bit from the plaintext should be inverted. By inverting these key-bits again, as shown above, the original character is revealed.

1. Although 'Teletype' is actually a brand name of the Teletype Corporation, it has become a generic expression for **digital 5-bit telegraphy**. The system is also known as Teleprinter, Teletypewriter and Telex.
2. XOR = Exclusive OR.

Example

The principle of the Vernam Cipher is perhaps easier understood by looking at a message stored on a punched paper tape. In the example below, we want to transmit the word **HELLO** which is stored on the **plain text** tape. We also have a pre-recorded **key** tape, with a series of random characters; in this case the sequence **AXHJB**. The contents of the **plaintext** tape are now XOR-ed with the contents of the **key** tape. The result (KMIVE) is shown here as the **ciphertext** tape:

图 A.4　Vernam 密码机说明

文献随录

A.9 RSA-Tool 2

RSA-Tool 2 是一个使用度较高的 RSA 工具，其生成公私钥的界面如图 A.5 所示。在该软件说明中，对于密钥生成的描述见文献随录。

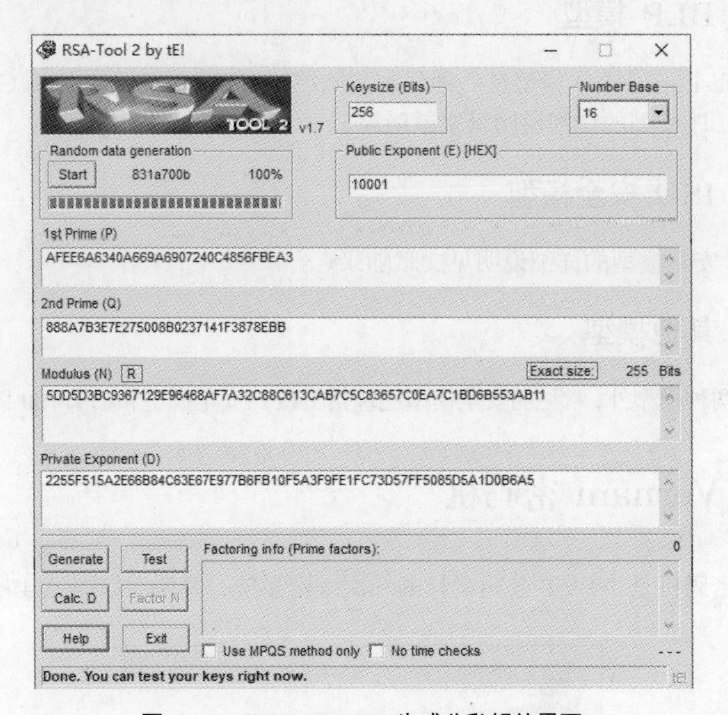

图 A.5 RSA-Tool 2 生成公私钥的界面

附录B

课程设计参考

APPENDIX B

课程设计（curriculum design）是一个用来描述在一节课或一门课程中，有目的、有意识、系统地组织教学模块（instructional blocks），即教师教学计划（plan instruction）的一种方式。教师在设计课程时必须明确“做什么、谁做、日程安排”。以下内容来自“Gurriculum Design: Definition，Purpose and Types”。

B.1 课程设计的目的

课程设计的终极目标是改善学生的学习情况。教师在进行课程设计时，一定要有一个明确的教育目的。同时，也要特别注意学习目标在不同阶段的衔接和互补。

B.2 课程设计的类型

1. 以学科为中心的课程设计

以学科为中心的课程设计围绕一个特定的学科材料或准则，需要描述“需要学什么和怎么学”。通常教师会给出一个需要交给学生的知识点表，同时附上一个例子来说明如何交给学生。目前，绝大多数课程设计都是采用这种方式。这种方式不是以学生为中心，也没有考虑学生的学习方式，因此学生的主动性和积极性将成为问题。

2. 以学习者为中心的课程设计

以学习者为中心的方法考虑了每个学习者的需要、兴趣和目标。这种方法承认学生的不一致性，根据学生的需要进行调整，在赋能学习者的同时也允许学习者通过选择重塑他们的教育。

以学习者为中心的教学方案提供给学生选择作业、学习体验或者活动的机会，这可以调动学生的积极性，帮助他们在学习的内容上投入更多关注度。

这种方法的缺点是劳动密集型（labor-intensive），进行有区别的指导，需要教师针对每个学生的需求找到其所需的引导材料。在这种情况下，教师的时间、经验、技巧都要有足够的保障和支持，同时也要求教师在学生的需要、课程所需的输出之间寻找平衡，这也是一项巨大的挑战。

3. 以问题为中心的课程设计

以问题为中心的课程设计也是一种以学生为中心的形式。这种方法聚焦在“学生如何提出问题和如何找到解决问题的方案”，增加了课程之间的相关性，允许学生在学习时更具创造性和创新性，其缺点是并不总考虑学习的方式。

B.3 课程设计的注意事项

（1）明确学生需求，可对学生的需求进行分析，保留收集分析学习者的相关数据，如学习者在某些领域或相关技能已经知道的、需要知道的，也可以包括学习者的认知和优缺点。

（2）建立一个清晰的学习目标和产出列表。学习目标是老师想让学生在课程中达到的结果，学习产出是学生在课程学习后应该达到的（可检测的）知识、技能和态度。

（3）明确限制条件，即明确影响课程设计的因素，如课程时间等。

（4）考虑建立一个课程地图，通常也称课程矩阵。

（5）明确教学方法。教学方法应该考虑如何与学生的学生类型共同起作用。如果教学方法无益于课程，则需要进行更换。

（6）建立不同的评估方法。在过程结束或过程中需要评估学习者、教师和课程，以确定课程设计是否起作用。此外，还需要评估课程输出的达成度。

（7）谨记课程设计不是一蹴而就的，需要持续改进。

附录 C

相 关 机 构

APPENDIX C

C.1 国家密码管理局

国家密码管理局的职责是组织贯彻落实党和国家关于密码工作的方针、政策，研究提出解决密码工作发展中重大问题的建议；拟订密码工作发展规划，起草密码工作法规并负责密码法规的解释，组织拟订密码相关标准；依法履行密码行政管理职能，管理密码科研、生产、装备 (销售)，测评认证及使用，查处密码失泄密事件和违法违规研制、使用密码行为，负责有关密码的涉外事宜；对密码工作部门实施业务领导；负责网络与信息系统中密码保障体系的规划和管理，规划、建设和管理国家密码基础设施；指导密码专业教育和密码学术交流，组织密码专业人才教育培训，对高等院校、科研机构、学术团体开展密码基础理论与应用技术研究、交流进行指导。国家密码管理局官网主页如图 C.1 所示。

图 C.1 国家密码管理局官网主页

C.2 密码行业标准化技术委员会

为满足密码领域标准化发展需求，充分发挥密码科研、生产、使用、教学和监督检验等方面专家作用，更好地开展密码领域的标准化工作，2011 年 10 月，经国家标准化管理委员会和国家密码管理局批准，成立“密码行业标准化技术委员会（Cryptography Standardization Technical Committee，CSTC）”。密码行业标准化技术委员会（以下简称“密标委”）是在密码领域内从事密码标准化工作的非法人技术组织，归口国家密码管理局领导和管理，主要从事密码技术、产品、系统和管理等方面的标准化工作。密标委委员由政府、企业、科研院所、高等院校、检测机构和行业协会等有关方面的专家组成。密标委目前下设秘书处和总体、基础、应用、测评 4 个工作组。密码行业标准化技术委员会官网主页如图 C.2 所示。

图 C.2　密码行业标准化技术委员会官网主页

CSTC 的主要任务是汇集资源和制定密码相关标准。在“标准列表”处可以查看相关标准，如图 C.3 所示。

标准中文名称　　标准英文名称
牵头单位　　合作单位
标准状态　全部
发布日期
实施日期

行标号	标准名称	类别	状态	英文名称	牵头单位	合作单位	发布	实施	上升国标	操作
GM/T 0001.1-2012	祖冲之序列密码算法：第1部分：算法描述	现行	推荐性GM/T	ZUC stream cipher algorithm-Part 1:Description of the algorithm	中国科学院软件研究所	中国科学院软件研究所、中国科学院数据与通信保护研究教育中心	20120321	20120321	已上升为国标	文件查看
GM/T 0001.2-2012	祖冲之序列密码算法：第2部分：基于祖冲之算法的机密性算法	现行	推荐性GM/T	ZUC stream cipher algorithm-Part 2:The ZUC-based confidentiality algorithm	中国科学院软件研究所	中国科学院软件研究所、中国科学院数据与通信保护研究教育中心	20120321	20120321	已上升为国标	文件查看
GM/T 0001.3-2012	祖冲之序列密码算法：第3部分：基于祖冲之算法的完整性算法	现行	推荐性GM/T	ZUC stream cipher algorithm-Part 3:The ZUC-based integrity algorithm	中国科学院软件研究所	中国科学院软件研究所、中国科学院数据与通信保护研究教育中心	20120321	20120321	-	文件查看

图 C.3　密码相关标准列表

C.3　商用密码检测中心

商用密码检测中心（以下简称“检测中心”）是国内权威的商用密码检测机构，主要职责包括：商用密码产品密码检测、信息安全产品认证密码检测、含有密码技术的产品密码检测、信息安全等级保护商用密码测评、商用密码行政执法密码鉴定、国家电子认证根 CA 建设和运行维护、密码技术服务、商用密码检测标准规范制订等。检测中心经过多年的建设，配备了各类先进的专业检测设备和测试工具，先后获得中国合格评定国家认可委员会的实验室认可（证书编号：CNAS L2109）和中国国家认证认可监督管理委员会的计量认证认定（证书编号：2013002730Z），并由中国国家认证认可监督管理委员会指定为第一批信息安全产品认证检测实验室。检测中心承担并完成了多项国家和部门重要科研课题，参与研制的数十项技术标准已作为国家标准或密码行业标准正式发布实施，商用密码检测中心官网主页如图 C.4 所示。在“下载中心”处可以查看相关文档，如图 C.5 所示。

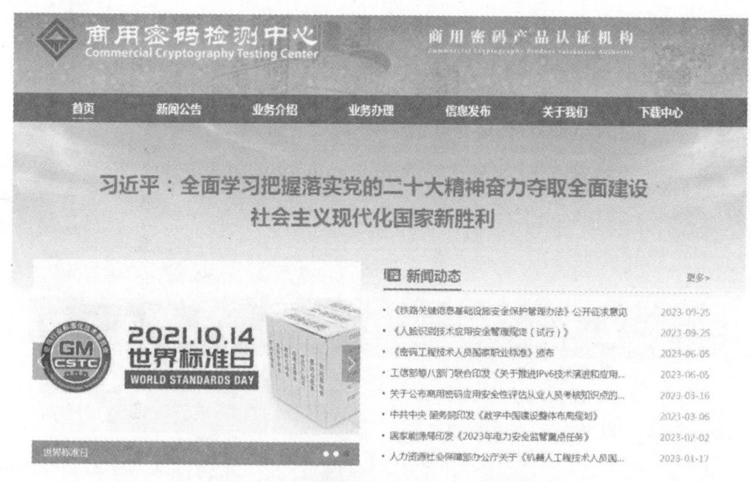

图 C.4 商用密码检测中心官网主页

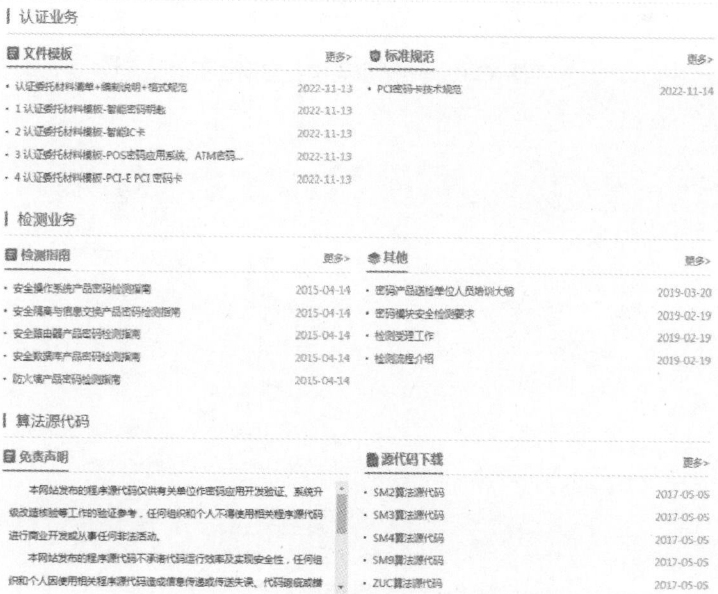

图 C.5 密码检测相关文档资源

C.4 中国密码学会

中国密码学会（以下简称“学会”）是由密码学及相关领域的科技工作者和单位自愿结成并依法登记的全国性、学术性、非营利性法人社会团体，是中国科协的组成部分。经民政部批准于 2007 年 3 月成立，业务主管单位为中国科协，挂靠单位为国家密码管理局。学会设有以下分支机构：组织、学术、教育与科普、青年、密码应用工作委员会和量子密码、密码数学理论、密码芯片、密码算法、电子认证、安全协议、混沌保密通信、密码测评专业委员会、商用密码应用安全性评估联委会。学会创办了《密码学报》（CN10—1195/TN），中文，双月刊。

图 C.6 中国密码学会官网主页

附录 D

相关法律、条例、标准

APPENDIX D

D.1 基本概念

法律是由国家制定或认可并以国家强制力保证实施的，反映由特定物质生活条件所决定的统治阶级意志的规范体系。法律是统治阶级意志的体现，是国家的统治工具。法律是由享有立法权的立法机关行使国家立法权，依照法定程序制定、修改并颁布，并由国家强制力保证实施的基本法律和普通法律总称。法律是法典和律法的统称，分别规定公民在社会生活中可进行的事务和不可进行的事务。法律可以划分为：（1）宪法；（2）法律；（3）行政法规；（4）地方性法规；（5）自治条例和单行条例。法律是从属于宪法的强制性规范，是宪法的具体化。宪法是国家法的基础与核心，法律则是国家法的重要组成部分。

条例是国家权力机关或行政机关依照政策和法令而制定并发布的，针对政治、经济、文化等各个领域内的某些具体事项而做出的，比较全面系统、具有长期执行效力的法规性公文。条例是法的表现形式之一，一般只是对特定社会关系做出的规定。条例是由国家制定或批准的规定某些事项或某一机关组织、职权等规范性的法律文件，也是指团体制定的章程。它具有法的效力，是根据宪法和法律制定的，是从属于法律的规范性文件，人人必须遵守，违反它就要带来一定的法律后果。

规章是各级领导机关及其职能部门、社会团体、企事业单位，为实施管理并规范工作、活动和有关人员行为，在其职权范围内制定并发布实施的、具有行政约束力和道德行为准则的规范性文书的总称。

管理制度是组织、机构、单位管理的工具，对一定的管理机制、管理原则、管理方法和管理机构设置的规范。它是实施一定的管理行为的依据，是社会再生产过程顺利进行的保证。合理的管理制度可以简化管理过程，提高管理效率。

D.2 《中华人民共和国网络安全法》

《中华人民共和国网络安全法》（以下简称《安全法》）是为了保障网络安全，维护网络空间主权和国家安全、社会公共利益，保护公民、法人和其他组织的合法权益，促进经济社会信息化健康发展而制定的法律。《安全法》由中华人民共和国第十二届全国人民代表大会常务委员会第二十四次会议于 2016 年 11 月 7 日通过，自 2017 年 6 月 1 日起施行。

下面是《安全法》的部分摘录内容。

第十条　建设、运营网络或者通过网络提供服务，应当依照法律、行政法规的规定和国家标准的强制性要求，采取技术措施和其他必要措施，保障网络安全、稳定运行，有效应对网络安全事件，防范网络违法犯罪活动，维护网络数据的完整性、保密性和可用性。

第二十一条　国家实行网络安全等级保护制度。网络运营者应当按照网络安全等级保护制度的要求，履行下列安全保护义务，保障网络免受干扰、破坏或者未经授权的访问，防止网络数据泄露或者被窃取、篡改：

……

（四）采取数据分类、重要数据备份和加密等措施；

……

第三十六条　关键信息基础设施的运营者采购网络产品和服务，应当按照规定与提供者签订安全保密协议，明确安全和保密义务与责任。

D.3 《中华人民共和国密码法》

《中华人民共和国密码法》（以下简称《密码法》）是为了规范密码应用和管理，促进密码事业发展，保障网络与信息安全，维护国家安全和社会公共利益，保护公民、法人和其他组织的合法权益而制定的法律。《密码法》是中国密码领域的综合性、基础性法律，由中华人民共和国第十三届全国人民代表大会常务委员会第十四次会议于 2019 年 10 月 26 日通过，自 2020 年 1 月 1 日起施行。

下面是《密码法》的部分摘录内容。

第六条　国家对密码实行分类管理。

密码分为核心密码、普通密码和商用密码。

第七条　核心密码、普通密码用于保护国家秘密信息，核心密码保护信息的最高密级为绝密级，普通密码保护信息的最高密级为机密级。

核心密码、普通密码属于国家秘密。密码管理部门依照本法和有关法律、行政法规、国家有关规定对核心密码、普通密码实行严格统一管理。

第八条　商用密码用于保护不属于国家秘密的信息。

公民、法人和其他组织可以依法使用商用密码保护网络与信息安全。

第九条　国家鼓励和支持密码科学技术研究和应用，依法保护密码领域的知识产权，促进密码科学技术进步和创新。

国家加强密码人才培养和队伍建设，对在密码工作中做出突出贡献的组织和个人，按照国家有关规定给予表彰和奖励。

第十条　国家采取多种形式加强密码安全教育，将密码安全教育纳入国民教育体系和公务员教育培训体系，增强公民、法人和其他组织的密码安全意识。

第十一条　县级以上人民政府应当将密码工作纳入本级国民经济和社会发展规划，所需经费列入本级财政预算。

第十二条　任何组织或者个人不得窃取他人加密保护的信息或者非法侵入他人的密码保障系统。

任何组织或者个人不得利用密码从事危害国家安全、社会公共利益、他人合法权益等违法犯罪活动。

D.4 《中华人民共和国反恐怖主义法》

《中华人民共和国反恐怖主义法》（以下简称《反恐怖主义法》）是为了防范和惩治恐怖活动，加强反恐怖主义工作，维护国家安全、公共安全和人民生命财产安全而制定的法律。《反恐怖主义法》由中华人民共和国主席于 2015 年 12 月 27 日发布，自 2016 年 1 月 1 日起施行。

下面是《反恐怖主义法》的部分摘录内容。

第十八条　电信业务经营者、互联网服务提供者应当为公安机关、国家安全机关依法进行防范、调查恐怖活动提供技术接口和解密等技术支持和协助。

第四十八条　反恐怖主义工作领导机构、有关部门和单位、个人应当对履行反恐怖主义工作职责、义务过程中知悉的国家秘密、商业秘密和个人隐私予以保密。违反规定泄露国家秘密、商业秘密和个人隐私的，依法追究法律责任。

第八十四条　电信业务经营者、互联网服务提供者有下列情形之一的，由主管部门处二十万元以上五十万元以下罚款，并对其直接负责的主管人员和其他直接责任人员处十万元以下罚款；情节严重的，处五十万元以上罚款，并对其直接负责的主管人员和其他直接责任人员，处十万元以上五十万元以下罚款，可以由公安机关对其直接负责的主管人员和其他直接责任人员，处五日以上十五日以下拘留：

（一）未依照规定为公安机关、国家安全机关依法进行防范、调查恐怖活动提供技术接口和解密等技术支持和协助的；

……

D.5　《中华人民共和国电子签名法》

《中华人民共和国电子签名法》（以下简称《电子签名法》）是为了规范电子签名行为，确立电子签名的法律效力，维护有关各方的合法权益而制定的法律。《电子签名法》由中华人民共和国第十届全国人民代表大会常务委员会第十一次会议于 2004 年 8 月 28 日通过，自 2005 年 4 月 1 日起施行。

下面是《电子签名法》的部分摘录内容。

第十三条　电子签名同时符合下列条件的，视为可靠的电子签名：

（一）电子签名制作数据用于电子签名时，属于电子签名人专有；

（二）签署时电子签名制作数据仅由电子签名人控制；

（三）签署后对电子签名的任何改动能够被发现；

（四）签署后对数据电文内容和形式的任何改动能够被发现。

当事人也可以选择使用符合其约定的可靠条件的电子签名。

第十四条　可靠的电子签名与手写签名或者盖章具有同等的法律效力。

第十五条　电子签名人应当妥善保管电子签名制作数据。电子签名人知悉电子签名制作数据已经失密或者可能已经失密时，应当及时告知有关各方，并终止使用该电子签名制作数据。

第十六条　电子签名需要第三方认证的，由依法设立的电子认证服务提供者提供认证服务。

第十七条　提供电子认证服务，应当具备下列条件：

（一）取得企业法人资格；

（二）具有与提供电子认证服务相适应的专业技术人员和管理人员；

（三）具有与提供电子认证服务相适应的资金和经营场所；

（四）具有符合国家安全标准的技术和设备；

（五）具有国家密码管理机构同意使用密码的证明文件；

（六）法律、行政法规规定的其他条件。

D.6 《国家商用密码管理条例》

《国家商用密码管理条例》(以下简称《条例》) 是为了加强商用密码管理，保护信息安全，保护公民和组织的合法权益，维护国家的安全和利益而制定的条例。《条例》于 1999 年 10 月 7 日由国务院颁布并同时生效。

下面是《条例》的部分摘录内容。

第七条　商用密码产品由国家密码管理机构指定的单位生产。未经指定，任何单位或者个人不得生产商用密码产品。商用密码产品指定生产单位必须具有与生产商用密码产品相适应的技术力量以及确保商用密码产品质量的设备、生产工艺和质量保证体系。

第八条　商用密码产品指定生产单位生产的商用密码产品的品种和型号，必须经国家密码管理机构批准，并不得超过批准范围生产商用密码产品。

第九条　商用密码产品，必须经国家密码管理机构指定的产品质量检测机构检测合格。

第十条　商用密码产品由国家密码管理机构许可的单位销售。未经许可，任何单位或者个人不得销售商用密码产品。

第十一条　销售商用密码产品，应当向国家密码管理机构提出申请，并应当具备下列条件：

（一）有熟悉商用密码产品知识和承担售后服务的人员；

（二）有完善的销售服务和安全管理规章制度；

（三）有独立的法人资格。

经审查合格的单位，由国家密码管理机构发给《商用密码产品销售许可证》。

D.7 《信息安全技术　信息系统密码应用基本要求》

2021 年 3 月 9 日，《信息安全技术　信息系统密码应用基本要求》(以下简称《基本要求》)(GB/T 39786—2021) 正式发布，并自 2021 年 10 月 1 日起实施。《基本要求》从行业标准上升为国家标准，是商用密码应用与安全性评估工作的重要里程碑，对促进我国密码事业发展和规范密码应用具有重要意义。

密码技术作为网络安全的基础核心技术，是信息保护和网络信任体系建设的基础，是保障网络空间安全的关键技术。《基本要求》(GB/T 39786—2021) 标准，适用于指导、规范信息系统密码应用的规划、建设、运行、测评。在《基本要求》基础上，各领域与行业可以结合本领域行业的密码应用需求来指导、规范信息系统密码应用。

该标准与等保测评相衔接，定级对应等保定级，体现了对信息安全以整体的思路全方位防护的基本理念，其部分摘取内容如下。

本标准从信息系统的物理和环境安全、网络和通信安全、设备和计算安全、应用和数据安全四个层面提出密码应用技术要求，保障信息系统的实体身份真实性、重要数据的机密性和完整性、操作行为的不可否认性；并从信息系统的管理制度、人员管理、建设运行和应急处置四个方面提出密码应用管理要求，为信息系统提供管理方面的密码应用安全保障。

D.8 《中华人民共和国数据安全法》

2021 年 6 月 10 日，第十三届全国人民代表大会常务委员会第二十九次会议通过《中华人民共和国数据安全法》（以下简称《数据安全法》），自 2021 年 9 月 1 日起施行。

数据已经成为数字经济的核心生成资料，如何防止数据的非法采集和滥用，在保障各方合法权益的同时释放数据利用的活力，形成一个合理、合法的数据生态，这是数据安全法需要解决的基本问题。

《数据安全法》在“第四章　数据安全保护义务”中明确指出：

第二十七条　开展数据处理活动应当依照法律、法规的规定，建立健全全流程数据安全管理制度，组织开展数据安全教育培训，采取相应的技术措施和其他必要措施，保障数据安全。利用互联网等信息网络开展数据处理活动，应当在网络安全等级保护制度的基础上，履行上述数据安全保护义务。

因为在等保中有对密码应用要求的评估项，所以数据安全法也对密码评估做出了要求。数据安全法在“第二章　数据安全与发展”中对检测评估的要求如下。

第十八条　国家促进数据安全检测评估、认证等服务的发展，支持数据安全检测评估、认证等专业机构依法开展服务活动。

国家支持有关部门、行业组织、企业、教育和科研机构、有关专业机构等在数据安全风险评估、防范、处置等方面开展协作。

D.9 《关键信息基础设施安全保护条例》

《关键信息基础设施安全保护条例》（以下简称《关基条例》）在 2021 年 4 月 27 日的国务院第 133 次常务会议通过，自 2021 年 9 月 1 日起施行。

《关基条例》的作用是保障关键信息基础设施安全，维护网络安全，其依据的上位法为《中华人民共和国网络安全法》。

关键信息基础设施是指公共通信和信息服务、能源、交通、水利、金融、公共服务、电子政务、国防科技工业等重要行业和领域的基础设施，以及其他一旦遭到破坏、丧失功能或数据泄露则可能严重危害国家安全、国计民生、公共利益的重要网络设施、信息系统等。

等保要求是作用于关基上的，《关基条例》“第一章　总则”指出：

第六条　运营者依照本条例和有关法律、行政法规的规定以及国家标准的强制性要求，在网络安全等级保护的基础上，采取技术保护措施和其他必要措施，应对网络安全事件，防范网络攻击和违法犯罪活动，保障关键信息基础设施安全稳定运行，维护数据的完整性、保密性和可用性。

条例中多处提及“密码”，相关描述如下。

第二十八条　运营者对保护工作部门开展的关键信息基础设施网络安全检查检测工作，以及公安、国家安全、保密行政管理、密码管理等有关部门依法开展的关键信息基础设施网络安全检查工作应当予以配合。

第四十二条　运营者对保护工作部门开展的关键信息基础设施网络安全检查检测工作，以及公安、国家安全、保密行政管理、密码管理等有关部门依法开展的关键信息基础设施网络安全检查工作不予配合的，由有关主管部门责令改正；拒不改正的，处五万元以上五十万元以下罚款，对直接负责的主管人员和其他直接责任人员处一万元以上十万元以下罚款；情节严重的，依法追究相应法律责任。

第五十条　存储、处理涉及国家秘密信息的关键信息基础设施的安全保护，还应当遵守保密法律、行政法规的规定。关键信息基础设施中的密码使用和管理，还应当遵守相关法律、行政法规的规定。

由此可以看出，密码管理部门对关基运营者有指导的责任和义务。

附录 E

代数基础

APPENDIX E

E.1 群、环、域

定义 E.1 群（group） 设 G 是一个非空集合，$*$ 是定义在集合 G 上的一个二元运算，$(G, *)$ 被称为群。$(G, *)$ 满足以下条件：

（1）单位元（identity element）：若 $\exists e \in G$，$\forall a \in G$，使得 $e * a = a$，则称 e 为 G 的单位元。

（2）逆元（inverse element）：若 $\forall a \in G$，$\exists a' \in G$，使得 $a' * a = e$，则称元素 a' 为 a 的左逆元。

（3）封闭（closure）：对于任意 a，$b \in G$，有 $a * b \in G$。

（4）结合律（associative）：对于任意 a，b，$c \in G$，有 $a * (b * c) = (a * b) * c$。

定义 E.2 环（ring）和交换环（communicative ring） 设 R 是一个给定的集合，在其上定义两种二元运算 $+$，$\cdot$。$+$，$\cdot$ 满足以下条件：

（1）$(R, +)$ 是一个交换群。

（2）$(R, \cdot)$ 是一个半群。

（3）a，b，$c \in R$，$a \cdot (b + c) = (a \cdot b) + (a \cdot c)$。

通常 $(R, +, \cdot)$ 被称为环，若 $(R, \cdot)$ 是一个交换群，则称其为交换环。

定义 E.3 域（field） 如果一个环中的非零元素与乘法运算结合可以形成一个群，则将该环称为域。

E.2 有限域的结构

E.2.1 有素数元素的有限域

定义 E.4 素域（prime field） 无真子域的域称为素域。

定义 E.5 素数阶的有限域（finite field of prime order） 设 p 是任意素数，整数模 p 是一个 p 阶有限域 $\mathbf{Z}_p$，$\mathbf{Z}_p$ 的非零元素组成一个乘法群 $\mathbf{Z}_p^*$。通常也用符号 $\mathbf{F}_p$ 表示 $\mathbf{Z}_p$。

定义 E.6 代数结构的特征（characteristic of an algebraic structure） 设存在一个最小正整数 n，对于每一个 $a \in A$，都有 $na = \nvdash$。如果不存在这样一个正整数，则称此代数结构特征为 0，特征记为 $\mathrm{char}(A)$。

定义 E.7 有限域的特征 每个有限域都有一个素数特征。

E.2.2 有限域的模不可约多项式

1. 不可约多项式

定义 E.8 代数结构上的多项式（polynomials over an algebraic structure） 设 A 是一个有 $+$，$\times$ 两种运算的代数结构，则代数结构 A 上的多项式为

$$f(x) = \sum_{i=0}^{n} a_i x^i$$

其中，n 是非负整数，系数 a_i 是 A 中元素。通常将 A 上的所有多项式组成的集合记为 $A[x]$。

定义 E.9　不可约多项式（irreducible polynomial）　设 $f \in A[x]$，如果 f 可以表示为 $f = gh$，$g \in A[x]$，$h \in A[x]$，则称 f 为 $A[x]$ 上的可约多项式，反之 f 为 $A[x]$ 上的不可约多项式。

同一形式的多项式，可能在一个代数结构上可约，而在另一个代数结构上不可约。

2. 用不可约多项式构造域

定义 E.10　多项式模　对于代数结构 A，如果有 f，g，q，$r \in A[x]$，$g \neq 0$，满足 $f = qg + r$，则 r 为 f 除以 g 的余数，记为 $r = f \pmod g$。$A[x]$ 中所有多项式模 g 的余数组成的集合记为 $A[x]_g$。

定理 E.1　多项式域　设 F 是一个域，f 是 $F[x]$ 上的一个非零多项式，如果 f 是一个不可约多项式，那么 $F[x]_f$ 是一个环，并且是一个域。

定理 E.2　多项式域的元素个数　如果素数 p 形成域 F，f 是 F 上的 n 阶不可约多项式，那么域 $F[x]_f$ 的元素个数为 p^n。

3. 用多项式基构造域

定理 E.3　线性独立　设 F 是一个有限域，$f(x) \in F[x]$，$f(x)$ 是一个 n 阶不可约多项式，如果 θ 是 $f(x) = 0$ 的一个根，则元素 1，θ，θ^2，$\cdots$，θ^{n-1} 称为在域 F 上线性独立。也就是说，只有 $r_0 = r_1 = \cdots = r_{n-1} = 0$ 时，$r_0 + r_1\theta + r_2\theta^2 + \cdots + r_{n-1}\theta^{n-1} = 0$ 才能成立。

定义 E.11　多项式基（polynomial basis）　设 F 是一个有限域，$f(x) \in F[x]$，$f(x)$ 是一个 n 阶不可约多项式，如果 θ 是 $f(x) = 0$ 的任意一个根，则元素 1，θ，θ^2，$\cdots$，θ^{n-1} 称为域 F 的多项式基。

附录 F

概率的相关概念

APPENDIX F

在进行试验或观察自然现象时，事件会出现以下 3 种情况。

（1）必然事件：在一定条件下必然发生的事件。

（2）不可能事件：在一定条件下不可能发生的事件。

（3）随机事件：在一定条件下可能发生也可能不发生的事件。

概率理论就是研究随机现象统计规律性的工具。

对于各类事件之间的关系可归纳如下。

（1）包含和相等：如果事件 A 发生必然导致事件 B 发生，则称事件 B 包含事件 A，记为 $A \subset B$ 或 $B \supset A$。如果 $A \subset B$ 和 $B \subset A$ 同时成立，则称 A 与 B 相等，记为 $A = B$。

（2）和：表示事件 A 和事件 B 中至少有一个发生，该事件为事件 A 和事件 B 的和，记为 $A \cup B$。

（3）积：表示事件 A 和事件 B 同时发生，该事件为事件 A 和事件 B 的积，记为 $A \cap B$ 或 AB。

（4）互不相容：通常用空集符号 $\varnothing$ 表示不可能事件。如果 A 和 B 不可能同时发生，则称 A 与 B 是互不相容事件，用符号表示为 $A \cap B = \varnothing$。

（5）互逆：用 ω 表示必然事件，如果 A 和 B 一定有一个事件发生但不可能同时发生，则称 A 与 B 是互逆事件，用符号表示为 $A \cup B = \omega$ 且 $A \cap B = \varnothing$，记为 $B = \overline{A}$ 或 $A = \overline{B}$。

（6）差：表示事件 A 发生而事件 B 不发生，该事件为事件 A 与事件 B 的差，记为 $A - B$，显然 $A - B = A\overline{B}$。

F.1 古典概率

在古典概率中（classical probability），获得结果的过程称为统计实验（statistical experiment），统计实验所有可能的结果称为采样空间（sample space），同时期望样本空间中的每个结果具有同样的可能性。

当进行经典检验时，事件发生的概率将等于产生该事件的结果数量与该实验的可能结果总数之比（即样本空间的大小）。更具体地说，如果 A 是事件的名称，f 是该事件在样本空间中发生的频率，N 是样本空间的大小，则事件 A 发生的概率为

$$P[A] = \frac{f}{N}$$

古典概率的严格描述如下。

（1）实验观察到的所有可能结果是有限的，记为 e_1，e_2，$\cdots$，e_n。

（2）结果两两互不相容，即 $e_i \cap e_j = \phi$，$i \neq j$，i，$j = 1$，2，$\cdots$，n，e_1，e_2，$\cdots$，e_n 为基本事件或样本点，所有样本点组成的集合称为样本空间 Ω。

（3）各个基本事件发生的可能性相等。

例 F.1 投掷一颗骰子，每掷一次有 6 种可能，显示的点数分别为 1，2，3，4，5，6，样本空间 $\Omega = 1$，2，3，4，5，6，每个结果的可能性（概率）如下。

掷出的点数	概率
1	$\frac{1}{6}$
2	$\frac{1}{6}$
3	$\frac{1}{6}$
4	$\frac{1}{6}$
5	$\frac{1}{6}$
6	$\frac{1}{6}$

下面分析各种事件的概率。

（1）“点数为 4” 的事件记为 “$x = 4$”，$P[x = 4] = 1/6$。

（2）“点数大于 4” 的事件记为 “$x > 4$”，$P[x > 4] = P[x = 5] + P[x = 6] = 1/3$。

（3）“点数大于或等于 4” 或 “点数不小于 4” 的事件记为 “$x \geqslant 4$”，$P[x \geqslant 4] = P[x = 4] + P[x = 5] + P[x = 6] = 1/2$。

（4）“点数不等于 4” 的事件记为 “$x \neq 4$”，$P[x \geqslant 4] = P[x = 1] + P[x = 2] + P[x = 3] + P[x = 5] + P[x = 6] = 5/6$。

（5）“点数大于或等于 2，小于或等于 5” 的事件记为 “$2 \leqslant x \leqslant 5$”，$P[x2 \leqslant x \leqslant 5] = P[x = 2] + P[x = 3] + P[x = 4] + P[x = 5] = 4/6 = 2/3$。

（6）“点数为 4 或 5” 的事件记为 “$x = 4 \text{ or } x = 5$”，$P[x = 4 \text{ or } x = 5] = P[x = 4] + P[x = 5] = 1/3$。

（7）“点数为 4 和 5” 的事件记为 “$x = 4 \text{ and } x = 5$”，$P[x = 4 \text{ and } x = 5] = 0$。概率为 0 是因为这个事件不可能发生。

F.2 条件概率

定义 F.1 条件概率（conditional probability） 设 A，B 是一个随机试验采样空间中的两个事件，在 B 发生的情况下 (且 $P(B) \neq 0$)A 发生的概率称为条件概率，记为 $P(A|B)$，$P(A|B) = \dfrac{P(AB)}{P(B)}$。

$P(AB)$ 表示事件 A 和 B 都发生，也可表示为 $P(A \cap B)$。

定义 F.2 独立事件（independent events） 对于事件 A，B，如果 $P(AB) = P(A)P(B)$，则称事件 A 和 B 是独立的。

两个事件独立表示事件的发生不会相互影响，其性质如下。

定理F.1　全概率定理（total probability theorem）　如果 B_1，B_2，$\cdots$，B_n 是概率空间的一个划分，并且 $P(B_i)\neq 0$，$i\in 1$，2，$\cdots$，n，则事件 A 在此采样空间中发生的概率为

$$P(A)=\sum_{i=1}^{n}P(A|B_i)P(B_i)$$

定理F.2　贝叶斯定理（Bayes's theorem）　对于事件 A，B，如果 $P(B)\neq 0$，则

$$P(A|B)=P(A)\times\frac{P(B|A)}{P(B)}$$

贝叶斯定理有着非常广泛的应用，有时获得的结果甚至可能与直觉相反。

例 F.2　假设对患有某种疾病的人诊断测试，给出阳性结果的概率为 0.95；应用于未患有该疾病的人，给出（假）阳性结果的可能性为 0.10。同时，假设估计有 0.5 % 的人口患有这种疾病。在一次随机筛查中，G 的疾病检测呈阳性。显然，在筛查之前，如果没有任何其他信息，则 G 患上这种疾病的概率为 0.005。一旦筛查完成，现在又知道 G 检测呈阳性，她患这种疾病的可能性会如何变化？也就是说，根据这一新信息，G 现在患这种病的概率是多少？

当被问及这个问题时，许多人会回答“95 %”，这个回答是不正确的。需要注意的是，前面提到的 95 % 是指一个人在患有疾病的情况下检测呈阳性的概率。此时想要相反的情况，即希望在检测呈阳性的情况下得知一个人患上这种疾病的概率。

更简洁地说，如果 A 是患疾病的事件，B 是检测阳性的事件，则在知道 $P(B|A)$ 的情况下想计算 $P(A|B)$。

通过树的形式将上述概率以可视化的形式进行表示，如图 F.1 所示。

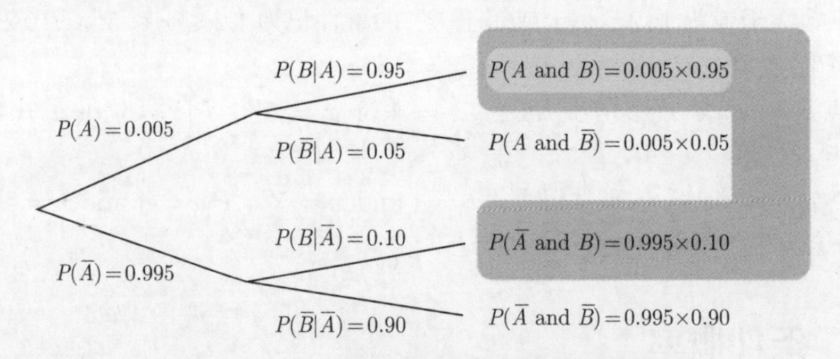

图 F.1　贝叶斯定理在流行病筛查中的应用

为了找到概率 $P(A|B)$，这里将重点放在已知 B 为真的情况下（以深色显示），并考虑 A 在这个缩小的空间内发生的可能性（以浅色显示）。

显然此时需要用到贝叶斯定理，设 A 是“得病的人”，B 是“测试为阳性”，则

$$P(\text{得病的人}\mid\text{测试为阳性})=\frac{0.005\times 0.95}{P(B)}$$

设 $\overline{A}$ 表示“没有得病的人”，$\overline{A}$ 和 A 构成采用空间的一个划分，则

$$P(B)=P(AB)+P(\overline{A}B)=0.005\times 0.95+0.995\times 0.10$$

由此可得

$$P(\text{得病的人} \mid \text{测试为阳性}) \approx 0.0456$$

需要注意的是一个人的检测结果呈阳性，但患上这种疾病的可能性却较低，这与直觉相反。这是因为该疾病在人群中的罕见性。即使是 95 % 的患有该疾病的人，与 10 % 的不患有该疾病的人相比仍然占少数。

F.3　随机变量

下面通过一个例子引入随机变量 (random variable)。

例 F.3　投掷 3 枚独立的硬币，设 C 为出现的正面（简记为 H）个数。如果 3 枚硬币都是正面或反面（简记为 T），则设 $M=1$，否则设 $M=0$。此时，每次试验都唯一地决定了 C 和 M 的值。例如，试验结果为正面、反面、正面，则 $C=2$，$M=0$；试验结果为反面、反面和反面，则 $C=0$，$M=1$。

实际上，C 表示正面硬币的数量，M 表示所有硬币正反面是否一致。为此可以将 C 和 M 构成一个函数，并将采样空间映射为一组数。

采样空间:

$$S=\{\text{HHH，HHT，HTH，HTT，THH，THT，TTH，TTT}\}$$

C 函数：

C(HHH)=3	C(THH)=2
C(HHT)=2	C(THT)=1
C(HTH)=2	C(TTH)=1
C(HTT)=1	C(TTT)=0

M 函数：

M(HHH)=1	M(THH)=0
M(HHT)=0	M(THT)=0
M(HTH)=0	M(TTH)=0
M(HTT)=0	M(TTT)=1

函数 C 和 M 是随机变量的示例。一般来说，随机变量是值域（值域（codomain）可以是任何东西，但通常为实数的子集）为样本空间的函数。

定义 F.3　离散型随机变量（discrete random variable）　离散型随机变量 X 是指定义在一个离散的结果空间 Ω(ω 是有限的或至多可数的) 上的实数值函数，为每个元素 $w\in\Omega$ 指定了一个实数 $X(w)$。

通常用 $\mathbb{X}$ 表示随机变量，用 $P[X=x]$ 表示随机变量取 x 的概率。如果随机变量在研究的问题中只有一个，可以简写为 $P[x]$，对于任意 $x\in X$，有 $0\leqslant P[X=x]\leqslant 1$ 且 $\sum_{x\in X} P[X=x]=1$。

定义 F.4 离散型随机变量的概率密度函数（probability density function） 设 X 为一随机变量，如果它定义在离散的结果空间 Ω 上，那么 X 的概率密度函数 PDF_X 就是 X 取某个特定值的概率：

$$\mathrm{PDF}_X(x) = P(w \in \Omega : X(w) = x)$$

概率密度函数的值总是大于或等于 0 的，并且和始终为 1，即 $\sum\limits_{x \in \Omega} \mathrm{PDF}_X(x) = 1$。

定义 F.5 离散型随机变量的累计分布函数（cumulative distribution function） 设 X 为一随机变量，如果它定义在离散的结果空间 Ω 上，那么 X 的累计分布函数 CDF_X 表示 X 不超过某个特定值的概率：

$$\mathrm{CDF}_X(x) = P(w \in \Omega : X(w) \leqslant x)$$

定义 F.6 随机变量的联合概率（joint probability） 和统计独立（statistical independence）设 X 和 Y 分别是定义在离散的结果空间 Ω 和 Ψ 上的随机变量，X 取 x 且 Y 取 y 的概率称为联合概率，记为 $P(X = x, Y = y)$，在不引起误解的情况下简记为 $P(x, y)$。如果对于任意 $x \in X$，$y \in Y$，都有 $P(x, y) = P(x)P(y)$，则称随机变量 X 和 Y 是统计独立的。

附录 G

信息论的相关概念

APPENDIX G

G.1 熵

定义 G.1 熵（encropy） 离散随机变量 $\mathbb{X}$ 的熵记为 $H(X)$，定义为

$$H(X) = -\sum_{x \in X} P(x) \log_2 P(x)$$

例 投掷一枚骰子，其采样空间 $\Omega = \{\text{head}，\text{tail}\}$，head 表示正面，tail 表示反面。设 $P(\text{head}) = \frac{1}{2}$，$P(\text{tail}) = \frac{1}{2}$，则可以定义一个随机变量 X（即定义一个函数）:

$$X(w) = \begin{cases} 6, & w = \text{head} \\ 7, & w = \text{tail} \end{cases}$$

此时有 $P(X = 6) = \frac{1}{2}$，$P(X = 7) = \frac{1}{2}$，则随机变量 $\mathbb{X}$ 的熵为

$$H(X) = -(P(6)\log_2 P(6) + P(7)\log_2 P(7)) = -\left(\frac{1}{2} \times (-1) + \frac{1}{2} \times (-1)\right) = 1b$$

由此可以看到，随机变量 X 映射到的实数值并不影响它的熵。

对于这个随机变量的取值，可以分别用 0，1 进行编码，即 $1b$ 的长度。

定义 G.2 联合熵（joint encropy） 离散随机变量 X 和 Y 的联合概率分布记为 $P(x，y)$，其联合熵记为 $H(X，Y)$，定义为

$$H(X，Y) = -\sum_{x \in X} \sum_{y \in Y} P(x，y) \log_2 P(x，y)$$

定义 G.3 条件熵（conditional encropy） 离散随机变量 X 和 Y 的联合概率分布记为 $P(x，y)$，其条件熵 $H(Y|X)$ 定义为

$$H(Y|X) = -\sum_{x \in X} \sum_{y \in Y} P(x，y) \log_2 P(y|x) = \sum_{x \in X} P(x) H(Y|X = x)$$

定理G.1 熵的上限 假设 X 是一个随机变量，概率分布为 $p_1，p_2，\cdots，p_n$，其中 $p_i > 0$，$1 \leqslant i \leqslant n$，那么 $H(X) \leqslant \log_2 n$，当且仅当 $p_i = \frac{1}{n}$，$1 \leqslant i \leqslant n$ 时，等号成立。

这个定理的证明用到了 Jensen 不等式。

定理 G.2 联合熵上限 假设 X，Y 是两个随机变量，那么 $H(X，Y) \leqslant H(X) + H(Y)$，当且仅当 X，Y 统计独立时，等号成立。

G.2 哈夫曼编码

下面简单分析哈夫曼编码 (Huffman coding)，解释其为何被称为最优编码，并给出最优编码的评价视角。

设某离散随机变量 X，有 4 个函数值 $\{a,\ b,\ c,\ d\}$，并且其概率为 $P(a)=0.05$，$P(b)=0.1$，$P(a)=0.25$，$P(a)=0.6$，下面对这 4 种情况进行编码。

（1）**方法一**：每遇到一个 1 表示开始一个字母，依次用后面 0 的个数表示不同字母，该方法记为 f。

$$f(a)=1 \quad f(b)=10 \quad f(c)=100 \quad f(d)=1000$$

（2）**方法二**：用连续 1 的个数表示不同字母，该方法记为 g。

$$g(a)=0 \quad g(b)=10 \quad g(c)=110 \quad g(d)=111$$

（3）**方法三**：哈夫曼编码是根据概率的大小依次编码，基本思路是概率大的编码长度短，概率小的编码长度长。哈夫曼编码过程如图 G.1 所示。

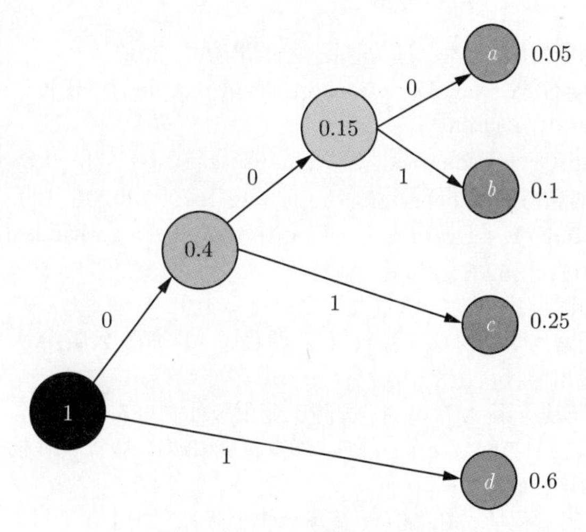

图 G.1　哈夫曼编码过程

该方法记为 h。

$$h(a)=000 \quad h(b)=001 \quad h(c)=01 \quad h(d)=1$$

通常使用编码的概率加权平均长度来表示编码的效率，该平均长度 $\boldsymbol{L}(f)=\sum_{x\in X}P(x)|f(x)|$。其中，$f$ 表示编码方法，$|f(x)|$ 表示编码后二进制串长度。

依次计算 3 种编码方法的平均长度如下。

$$\boldsymbol{L}(f)=0.05\times1+0.1\times2+0.25\times3+0.6\times4=3.4$$

$$\boldsymbol{L}(g)=0.05\times1+0.1\times2+0.25\times3+0.6\times3=2.8$$

$$\boldsymbol{L}(h)=0.05\times3+0.1\times3+0.25\times2+0.6\times1=1.55$$

该随机变量的熵为

$$H(X)=-(0.05\times\log0.05+0.1\times\log0.1+0.25\times\log0.25+0.6\times\log0.6)\approx1.49$$

由此可见，哈夫曼编码的平均长度与熵最为接近。进而可以证明，$H(X)\leqslant\boldsymbol{L}$（$X$ 的哈夫曼编码）$\leqslant H(X)+1$。

参考文献

[1] SHANNON C E. Communication theory of secrecy systems[J]. The Bell System Technical Journal, 1949, 28(4): 656-715.

[2] 戚征. 伪随机序列 [J]. 数学的实践与认识, 1972, 4: 29-48.

[3] 卿斯汉. 密码学与计算机网络安全 [M]. 北京: 清华大学出版社，2001.

[4] 冯登国. 计算机通信网络安全 [M]. 北京: 清华大学出版社, 2001.

[5] PHILIP N K. 密码学基础教程: 秘密与承诺 [M]. 徐秋亮, 蒋瀚, 王皓, 译. 北京: 机械工业出版社, 2017.

[6] 结城浩. 图解密码技术 [M]. 周自恒, 译. 北京: 中信出版社, 2017.

[7] DIFFIE W, HELLMAN M. New Directions in Cryptography[J]. IEEE Transactions on Information Theory, 1976, 22(6): 644-654.

[8] SHAMIR A. On the Cryptocomplexity of Knapsack Systems[J]. Proceedings of the Eleventh Annual ACM Symposium on Theory of Computing, 1979, 29: 118-129.

[9] ANDRAIU M, SIMION E. Evaluation of cryptographic algorithms[J]. Romanian Economic Business Review, 2011, 5: 52-62.

[10] 杨波. 现代密码学 [M]. 4 版. 北京: 清华大学出版社, 2019.

[11] SCHNEIER B. 应用密码学：协议、算法与 C 源程序 (原书第 2 版)[M]. 吴世忠, 祝世雄, 张文政, 等译. 北京: 机械工业出版社, 2013.

[12] 肖国震. 伪随机序列及其应用 [M]. 北京: 国防工业出版社, 1985.

[13] WILLIAM S. 密码编码学与网络安全：原理与实践（原书第二版）[M]. 杨明, 胥光辉, 齐望东, 等译. 北京: 电子工业出版社, 2001.

[14] 李浪, 邹祎, 郭迎. 密码工程学 [M]. 北京: 清华大学出版社, 2014.

[15] 高胜, 朱建明. 区块链技术与实践 [M]. 北京: 机械工业出版社, 2021.

[16] 冯登国. 可信计算: 理论与实践 [M]. 北京: 清华大学出版社, 2013.

[17] 曾贵华. 量子密码学 [M]. 北京: 科学出版社, 2006.

[18] 刘镇, 严波涛. 一种无可信第三方的智力扑克协议 [J]. 计算机应用, 2009, 29: 1836-1838.

[19] 冯登国. 密码分析学 [M]. 北京: 清华大学出版社, 2000.

[20] 张焕国. 密码学引论 [M]. 武汉: 武汉大学出版社, 2017.

[21] 张文政. 密码学的基本理论与技术 [M]. 北京: 国防工业出版社, 2017.

[22] 刘建伟. 网络安全: 技术与实践 [M]. 北京: 清华大学出版社, 2017.

[23] 贾春福. 信息安全数学基础 [M]. 北京: 机械工业出版社, 2017.

[24] JORE M, TUNSTALL M. 密码故障分析与防护 [M]. 赵新杰, 郭世泽, 张帆, 等译. 北京: 科学出版社, 2015.

[25] 沈永欢, 许履瑚, 蔡倩倩. 实用数学手册 [M]. 北京: 科学出版社, 1999.

[26] STINSON D R. 密码学原理与实践 [M]. 冯登国, 等译. 3 版. 北京: 电子工业出版社, 2016.

[27] STEVEN J M. 普林斯顿概率论读本 [M]. 李馨, 译. 北京: 人民邮电出版社, 2021.

[28] BENEDICT G，EMILY R. 哈佛概率论公开课 [M]. 薄立军, 李本崇, 译. 北京: 机械工业出版社, 2020.

[29] 韩东, 熊德文. 概率论 [M]. 北京: 科学出版社, 2019.

图书资源支持

感谢您一直以来对清华版图书的支持和爱护。为了配合本书的使用，本书提供配套的资源，有需求的读者请扫描下方的"书圈"微信公众号二维码，在图书专区下载，也可以拨打电话或发送电子邮件咨询。

如果您在使用本书的过程中遇到了什么问题，或者有相关图书出版计划，也请您发邮件告诉我们，以便我们更好地为您服务。

我们的联系方式：

清华大学出版社计算机与信息分社网站：https://www.shuimushuhui.com/

地　　址：北京市海淀区双清路学研大厦 A 座 714

邮　　编：100084

电　　话：010-83470236　010-83470237

客服邮箱：2301891038@qq.com

QQ：2301891038（请写明您的单位和姓名）

资源下载：关注公众号"书圈"下载配套资源。

资源下载、样书申请

书圈

图书案例

清华计算机学堂

观看课程直播